解説 悪臭防止法

上

弁護士 村頭秀人 著
Murakami Hideto

慧文社

はしがき

本書は，悪臭防止法による悪臭の規制内容や悪臭に関する裁判例の分析を中心として，悪臭に関する紛争の解決のために必要な知識を集約した書籍である。著者の前著である『騒音・低周波音・振動の紛争解決ガイドブック』(2011年，以下このはしがきでは「前著」として引用する）と同じく，感覚公害と呼ばれる公害をテーマにしている。また，悪臭に関する紛争の相談を受けたり受任したりした弁護士や，紛争の当事者，あるいは地方公共団体の公害苦情相談担当者等を主たる読者として想定していることも前著と同様である。

悪臭の事件について相談や依頼を受けたり，悪臭防止法の勉強をしたりしていると，自然な流れとして，においとは何か，人はなぜ（あるいは，どのようなしくみで）においを感じるのかといった，においそのものについての関心がわいてくる。ところが，においや嗅覚について知りたいと思って，代表的な書籍である『改訂　嗅覚とにおい物質』(川崎通昭・堀内哲嗣著，社団法人におい・かおり環境協会，2005年）を読んでみても，ある程度の化学の基本的知識を有していないと，途中でつまずいてしまう。

というのは，この本には，たとえば以下のような用語が説明なしに使用されているからである。

「元素」「原子」「電子」「分子量」「極性物質」「非極性物質」「モル濃度」「脂肪族化合物」「芳香族化合物」「有機化合物」「官能基」「原子番号」「質量数」「置換基」「炭化水素」「水酸基」「二重結合」「異性体」「不飽和結合」「炭素骨格」「分子間力」「水素結合」

これらの用語の中には，高校の化学で勉強した記憶があるものも多いが，そうだとしても，正確な意味は覚えていない。

これらの語の意味を，その都度インターネット等で調べることもできなくはないが，そのような断片的な知識では本当に理解することは難しい。それよりは，高校レベルの基礎的な化学の知識を一から勉強するほうが，遠回りのようではあっても結局は効率的である。

このような考えから，高校レベルの化学を勉強しなおし，基本から整理することにした。それが第1章の前半（1.1から1.4まで）である。

このうち，1.1から1.3までの概略を述べると，以下の通りである。

①　物質を形作る基本的構成単位である原子の構造と，原子が結合して物質

ができるしくみを知る（1.1「物質の構造」）。
② 物質の状態（固体・気体・液体）と，物質の量に関するさまざまな概念を知る（1.2「物質の状態と量」）。
③ 物質が化学変化によって他の物質に変化するしくみを知る。また，エンタルピー，エントロピー及びそれらを統合したギブスの自由エネルギーという概念を用いて，自然な状態では化学変化がどちらの方向に進むのかを判定する方法を知る（1.3「物質の化学変化」）。

そして，1.4（「有機化合物」）では有機化合物の構造や種類に関する知識を述べた（従って，有機化合物の反応は扱っていない）。

1.4で有機化合物について述べていながら無機物を扱わなかったのは，においを有する物質はほとんど有機化合物だからである。しかし，1.1から1.3までは，特ににおいに関連する知識を選択して述べたわけではなく，一般的な観点から化学の基本的知識を記述している。

中川徹夫神戸女学院大学教授は，本書でも多数引用している『化学の基礎－元素記号からおさらいする化学の基本－』（化学同人，2010年）のはしがきで，化学の基本は「化学式」（元素記号，分子式，組成式，電子式，構造式など），「粒子間の結合」（共有結合，イオン結合，金属結合，分子間結合など），「物質量」（粒子の数・質量・体積と物質量との関係，物質量を経由した粒子の数・質量・体積の相互関係など），「化学反応式」（化学反応式の作り方，化学反応式を用いた定量的な計算など）の4項目に尽きると述べておられるが，1.1から1.3までの記述はこの4項目をすべてカバーしており，化学の最も基本的な知識を整理したものである。

第1章の後半である1.5から1.9までは，においに関する知識をいろいろな角度から述べている。

1.5で人がにおいを感じるしくみについて述べた後，1.6でにおい物質の特徴を述べ，1.7で嗅覚の特性を説明した。1.6はにおう物質の視点から，1.7は人のにおいに対する感覚の視点から，それぞれにおいの特色を述べたものであり，1.6と1.7は一対をなしている。また，1.1から1.4までの部分と最も深く関連するのが1.6である。

1.8は，においの分析と評価の方法について述べており，この部分は次の第2章との関連が深い。

最後に，1.9でさまざまな脱臭技術についての概略的な説明を述べた。

第2章は，現在の悪臭防止法の内容の解説である。

この章では，公益社団法人におい・かおり環境協会編集『ハンドブック悪臭防止法六訂版』を活用して，悪臭防止法による悪臭の規制内容を詳細に記述した。

この第2章は，ハンドブック悪臭防止法六訂版の内容をほぼ網羅しているが，同書と比較した本書第2章の特色は以下の諸点である。

1) ハンドブック悪臭防止法六訂版は，悪臭防止法の各条文について逐条解説をする方式を採用しているが，本書はそうではなく，項目単位で章立てをして説明した。

2) 本書は，複数のインターネットのウェブサイトを活用して，悪臭防止法による規制の対象である22種類の特定悪臭物質に関する詳細な情報を記載した（2.5)。これは，ハンドブック悪臭防止法六訂版にはない本書独自の点である。

その一方で，一覧性のある特定悪臭物質の表も必要であると考え，特定悪臭物質に関する主要な情報のみを記載した一覧表を付録2として掲載した。このような一覧表はハンドブック悪臭防止法六訂版にも掲載されているが（同書31頁～32頁)，同書の一覧表よりも本書の一覧表のほうが簡略であり，その一方で，本書では前記の通り，本文に各特定悪臭物質の詳細な情報を載せている。

3) 本書では，ハンドブック悪臭防止法六訂版の情報だけでなく，環境省が公表している各種の文書（「ガイドライン」や「ガイドブック」）に記載されている情報も記載している。

本書第2章にはこのような特色があることから，この章には，ハンドブック悪臭防止法六訂版とは異なる独自の意義があると考えている。

第3章は，悪臭防止法以外の悪臭にかかわる法令の説明である。

大気汚染防止法と水質汚濁防止法は，悪臭防止法と同じく，有害な物質を排出する行為を規制する法律であるが，PRTR法と化審法（いずれも略称）は，これらとは異なり，化学物質の管理面における規制や化学物質に関する情報の提供を目的とする法律である。

以上4つの法律については，概略ではあるが，ある程度詳細に説明した。また，これらの法律以外にも悪臭に関連する法律は多数あるので，環境省の資料を引用して，それらの法律の名称及び各法律について数行のごく簡単な説明を記載した。

最後に，条例による悪臭の規制にはどのようなものがあるかを類型化して述べた。

第４章は，悪臭に関する裁判例の分析である。

この章では，前著と同じく，主要な裁判例を選んで検討するという発想ではなく，何らかの意味で悪臭が関連する裁判例はすべて検討するという方針をとり，また裁判所の裁判例だけでなく公害等調整委員会の裁定例も扱った（もっとも，悪臭に関する裁定例は数少ないが）。

他方，騒音の裁判例については，一読するだけでも膨大な時間と労力を要するような長大なもの（航空機騒音，鉄道騒音及び道路騒音の分野にそのようなものが多い）が多数あるのに対して，悪臭の裁判例にはそのようなものはほとんどない（あっても，判決文全体の中で悪臭に関する記述はわずかである）ので，前著とは異なり，大規模紛争の裁判例を別扱いにする必要はなかった。

騒音や振動の裁判例における判示事項はすべて悪臭の事件においても妥当すると考えられるので，随所で，騒音や振動の裁判例についての知識を前提として悪臭の裁判例を分析している。また，前著で述べた考えを修正したところ（たとえば，受忍限度は一般人を基準として判断するのかという論点）や，前著では検討していなかった論点を本書では掘り下げて検討したところ（たとえば，被害者が病気になった場合には受忍限度の問題ではなくなるのかという論点や，最判平成 7.7.7 は違法性段階説を採用したのかどうかという論点）もある。従って，裁判例の分析に関しては，前著と本書とは相互補完的である一方，本書は前著から一歩進んだ内容をも含んでいる。

その他，第４章の内容のより詳細な解説は 4.1 で述べる。

最後に，本書の形式面についていくつか述べる。

① 文末脚注（本文中に小数字で示している）は，引用あるいは参照した文献を示す場合にのみ使用し，補足的な説明は本文中に（注）として小さい活字で述べた。従って，本文中の記述の出所や根拠を調べる場合以外は，文末脚注は無視してかまわない。

② 人の呼称は「氏」で統一し，必要に応じて引用文献の執筆当時の地位を記載した。

③ 年の表記は，原則として第１章では西暦を用い，第２章以降では元号を用いた。

④ 文献や裁判例をかぎかっこに入れてそのまま引用する際には，読点をコンマに変え，また漢数字を算用数字に変えた。

⑤ 第１章及び第２章の中の図や絵のうち，出典を示したものは，その出典の文献をスキャナーでスキャンして取り込んだものである。

出典を示していないものは，文献を見て筆者が作成したものであるが，その作成には，一部はエクセルを用い，その他は米国の Advanced Chemistry Development, Inc. のフリーソフトである Chem Sketch を用いた。これはフリーソフトなのでインターネットでダウンロードできるが，平山令明著「Chem Sketch で書く簡単化学レポート」(講談社ブルーバックス，2004 年）は，このソフトの使用方法が説明されている上に，このソフトのインストールＣＤが付属しているので，便利である。

上巻目次

第１章　においと嗅覚の化学

第２章　悪臭防止法による悪臭の規制

第３章 悪臭に関するその他の法令

文献略称一覧表（文末脚注の中で用いた略称をゴシック体で示す）

［環境省］

環境省・臭気指数制度導入のすすめ　→環境省環境管理局大気生活環境室『悪臭防止法に定める臭気指数制度導入のすすめ』（発行年は不明だが，内容から見て 2000 年以降である）

環境省・臭気指数規制ガイドライン　→環境省環境管理局『臭気指数規制ガイドライン』（2001 年）

環境省・臭気対策行政ガイドブック　→環境省環境管理局大気生活環境室『臭気対策行政ガイドブック』（2002 年 4 月）

環境省・悪臭苦情対応事例集　→環境省環境管理局大気生活環境室「悪臭苦情対応事例集（東京都における臭気指数及び臭気濃度規制の運用事例）」（2003 年 3 月）

環境省・２号規準　→環境省水・大気環境局大気生活環境室『よくわかる臭気指数規制 2 号規準』（作成 2006 年度，改訂 2012 年度）

［単行本］

新しい科学の教科書化学編　→検定外中学校理科教科書をつくる会（編集代表：左巻健男）『新しい科学の教科書－現代人のための中学理科－化学編』（文一総合出版，2009 年）

石黒・対策技術　→石黒辰吉著『臭気の測定と対策技術』（オーム社，2002 年）

今西他・理工系のための化学　→今西誠之・金子聡・小塩明・湊元幹太・八谷巌編著『わかる理工系のための化学』（共立出版，2012 年）

岩崎・環境　→岩崎好陽著『においとかおりと環境』（アサヒビール，2010 年）

宇野・おさらいする本　→宇野正明著『高校の化学をイチからおさらいする本』（中経出版，2006 年）

旺文社化学事典　→齋藤隆夫監修『旺文社化学事典』（旺文社，2010 年）

大川・勉強法　→大川貴史著『高校化学とっておき勉強法』（講談社ブルーバックス，2002 年）

大野他・化学入門　→大野公一・妹尾学・今任稔彦・高木誠・福田豊・池田功著『化学入門』（共立出版社，1997 年）

岡野・有機化学　→岡野雅司著『岡野の化学をはじめからていねいに　無機・有機化学編』（ナガセ，2005 年）

岡野・理論化学　→岡野雅司著『岡野の化学をはじめからていねいに　理論化学編』（ナガセ，2005 年）

化学入門編　→日本化学会化学教育協議会「グループ・化学の本 21」編『「化学」入門編　身近な現象・物質から学ぶ化学のしくみ』（化学同人，2007 年）

川崎他・嗅覚とにおい物質　→川崎通昭・堀内哲嗣郎共著『改訂嗅覚とにおい物質』社団法人におい・かおり環境協会，2005 年）

川瀬・脱臭技術　→川瀬義矩著『はじめての脱臭技術』（東京電機大学出版局，2011 年）

川端・ビギナーズ　→川端潤著『ビギナーズ有機化学第 2 版』（化学同人，2013 年）

完全図解周期表　→ Newton 別冊『完全図解周期表第 2 版』（ニュートンプレス，2011 年）

技術と法規水質編　→公害防止の技術と法規編集委員会編『新・公害防止の技術と法規 2016 水質編』（一般社団法人産業環境管理協会，2016 年）

技術と法規大気編　→公害防止の技術と法規編集委員会編『新・公害防止の技術と法規

2016 大気編』(一般社団法人産業環境管理協会, 2016 年)
木原・基本と仕組み →木原信浩著『よくわかる有機化学の基本と仕組み』(秀和システム, 2006 年)
京極・ほんとうの使い道 →京極一樹著『ちょっとわかればこんなに役に立つ中学・高校化学のほんとうの使い道』(実業之日本社・2012 年)
金原・基礎化学 →金原粲監修『専門基礎ライブラリー新編基礎化学』(実教出版, 2013 年)
倉橋他・においとかおりの本 →倉橋隆・福井寛・光田恵著『トコトンやさしいにおいとかおりの本』(日刊工業新聞社・2011 年)
齋藤・「化学」がわかる →齋藤勝裕著『生きて動いている「化学」がわかる』(ベレ出版, 2013 年)
齋藤・きほん →齋藤勝裕著『有機化学のきほん』(日本実業出版社, 2009 年)
齋藤・元素 →齋藤勝裕著『元素がわかると化学がわかる』(ベレ出版, 2012 年)
齋藤・はじめて学ぶ →齋藤勝裕著『理系のためのはじめて学ぶ化学［有機化学］』(ナツメ社, 2008 年)
齋藤・有機化学がわかる →齋藤勝裕著『ファーストブック有機化学がわかる』(技術評論社, 2009 年)
櫻井・元素 →櫻井博儀著『元素はどうしてできたのか　誕生・合成から「魔法数」まで』(ＰＨＰサイエンスワールド新書, 2013 年)
左巻・化学の疑問 →左巻健男監修『読んでなっとく　化学の疑問』(技術評論社, 2010 年)
左巻他・教科書 →左巻健男編著『新しい高校化学の教科書』(講談社ブルーバックス, 2006 年)
７時間でわかる本 → PHP 研究所編『元素と周期表が７時間でわかる本』(PHP 研究所, 2012 年)
渋谷他・においの受容 →渋谷達明・外池光雄編著『アロマサイエンスシリーズ２１　においの受容』(フレグランスジャーナル社, 2002 年)
スクエア図説化学 →佐野博敏・花房昭静監修『スクエア最新図説化学』(第一学習社, 2007 年)
角・基礎化学 →角克宏著『環境を学ぶための基礎化学』(化学同人, 2014 年)
大系環境・公害判例３巻 →判例大系刊行委員会編著『大系環境・公害判例第３巻　騒音・振動』(2001 年)
地球のしくみ →新星出版社編集部編『徹底図解　地球のしくみ』(新星出版社, 2006 年)
東京化学同人化学辞典 →大木道則・大沢利昭・田中元治・千原秀昭編『化学辞典』(東京化学同人, 1994 年)
任田・有機化学 →任田康夫著『歴史から学びはじめる有機化学』(プレアデス出版, 2008 年)
東原・メカニズム →東原和成著『香りを感知する嗅覚のメカニズム』(八十一出版, 2007 年)
中川・化学の基礎 →中川徹夫著『化学の基礎－元素記号からおさらいする化学の基本』(化学同人, 2010 年)
楢崎・におい →楢崎正也著『におい　－基礎知識と不快対策・香りの活用』(オーム社, 2010 年)
馬場・基礎化学 →馬場正昭著『教養としての基礎化学　身につけておきたい基本の考え方』(化学同人, 2011 年)

ハンドブック　→社団法人におい・かおり環境協会編集『ハンドブック悪臭防止法六訂版』(ぎょうせい，2012 年)

ビジュアル化学　→ Newton 別冊『すぐわかる！ビジュアル化学』(ニュートンプレス，2011 年)

平山・化学反応　→平山令明著『熱力学で理解する化学反応のしくみ』(講談社ブルーバックス，2008 年)

福間・復習する本　→福間智人著『忘れてしまった高校の化学を復習する本』(中経出版，2012 年)

平成 28 年理科年表　→国立天文台編『理科年表　平成 28 年』(丸善出版，2015 年)

溝呂木・基礎知識　→溝呂木昇著『公害防止管理者になるための化学の基礎知識』(産業環境管理協会，2002 年)

三田・不思議な旅　→三田誠広著『原子への不思議な旅　人はいかにしてアトムにたどりついたか』(ソフトバンククリエイティブ株式会社，2009 年)

宮本他・有機化学　→宮本真敏・斉藤正治共著『大学への橋渡し　有機化学』(化学同人，2006 年)

山本他・よくわかる化学　→山本喜一・藤田勲著『ゼロからのサイエンスよくわかる化学』(日本実業出版社，2008 年)

用語と解説　→環境庁大気保全局大気生活環境室監修『最新においの用語と解説改訂版』(社団法人臭気対策研究協会，1998 年)

吉野・高校化学　→吉野公昭著『もう一度高校化学』(日本実業出版社，2010 年)

米山他・有機化学が好きになる　→米山正信・安藤宏著『有機化学が好きになる〈新装版〉』(講談社ブルーバックス，2011 年)

渡辺他・教わりたかった化学　→渡辺正・北條博彦著『高校で教わりたかった化学』(日本評論社，2008 年)

第１章　においと嗅覚の化学

1.1 物質の構造

1.1.1 物質と原子

物体と物質

「もの」は，質量と体積を持っている。逆に言えば，質量と体積を持っていれば，それはものである[1]。(注 1)(注 2)

ものの形や大きさに注目するときは「物体」といい，ものをつくっている材料に注目するときは「物質」という[2]（注 3)。化学は物質を研究する学問であり，特に物質の「構造」と「性質」と「化学反応」を研究する[3]。

(注 1) 質量と重さ [4]

質量と重さ（重量）とは同じ意味で使われることもあるが，違う意味のこともあるので，注意が必要である。

質量とは，ものの形が変わろうが，状態が変わろうが，運動していようが静止していようが，地球上であろうが月面上であろうが宇宙空間であろうが変わらない，ものの実質の量であり，物体に固有の「動かしにくさ」である。

一方，重さ（重量）は物体の量ではなく「力」に関係しており，ある物質が地球に引っ張られる重力（万有引力）の大きさである。

従って，物体の質量は地球上と月面上では全く変化がないが，重さは，月面（重力は地球の６分の１）では地球上の６分の１となる。また，無重力の宇宙空間でも物体に質量はあるが，重さは０になる。地球の表面上では，重さは質量に等しい。

(注 2)「もの」とは言えない例 [5]

「もの」とは言えない具体例として，熱・光・音がある。熱や光は「電磁波」という，物質があろうとなかろうと伝達される波であるのに対し，音は物質がないと伝達されない物質波（弾性波）である。

(注 3) 物体の定義[6]

物体の定義は，「一定の質量をもち，空間の一部分を占め，その存在を確認できるもの」である。

物質の分類

[混合物と純物質][7]

自然界に存在する土や岩石などのような物質の多くは，何種類かの成分物質がいろいろな割合で混ざり合ったもの（化学的に反応を起こして混ざったのでなく，ただ混ざり合ったもの[8]）であり，このような物質を混合物という。

他方，1種類の成分物質からできている物質を純物質という。

[化合物と単体][9]

純物質は，電気分解などの化学的方法で2種類以上の成分に分解できるものと，1種類の成分で構成され，分解できないものとに分類できる。前者は化合物，後者は単体という。

元素と原子

上の［化合物と単体］で述べた「成分」を元素という[10]。従って，化合物は2種類以上の元素からできている物質，単体は1種類の元素からできている物質である[11]。

元素は，物質を構成する最も基本的な成分である[12]。

また，元素は，物質を構成する粒子の種類を表す言葉であり，この粒子を原子という。逆に，元素としての性質を示す物質的な最小単位が原子であるともいえる[13]。(注1)(注2)(注3)

一つの化合物を構成する成分元素の質量比は，作り方によらず常に一定である。これを定比例の法則といい[14]，プルースト（1754 ~ 1826）が1799年に発表した[15]。

(注1)「元素」と「原子」という概念の歴史

古代ギリシャにおいて，すべてのものは基本的なあるものから成り立つと考えられ，それは「万物のもと（アルケー)」と名づけられた。そして，何がアルケーであるかという議論がされた。

タレス（BC624 ~ 546頃）は，アルケーは水であると主張し，アナクシメネス（BC585 ~ 528）は空気であると主張し，ヘラクレイトス（BC540 ~ ?）は火であると主張した。また，エンペドクレス（BC493 ~ 433頃）は土・水・空気・火の4つがアルケーであるとし，「4元素説」を唱えた。このとき初めて「元素」という考え方が登場した。

次に現れたのが，デモクリトス（BC460頃~ 370頃）であり，彼は，ギリシア語で「破壊することができない物」という意味のアトモス（atomos）という言葉から，分割できない最小の粒子として「アトム」を考え，これが「万物のもと」であると提唱した[16]。

しかしその後，この原子の考えは，アリストテレス（BC 384 ~ 322）によって完全に否定された。アリストテレスは，真空というものは存在しないと断定し，「自然は真空を嫌う」という原理を発表し，その原理でさまざまな自然現象を説明した。デモクリトスの説によれば，粒子である「アトム」の周囲には何もない空間が生じるので，真空というものを想定せざるを得ないが，アリストテレスは真空の存在を否定したのである[17]。そして，彼はエンペドクレスの4元素説を支持し[18]，究極の粒子は存在しないとした。アリストテレスの考えはその後2000年近くも正しいとされ，デモクリトスの説は完全に否定されたままであった[19]。

しかし，17世紀になって，1643年にトリチェリ（1608 ~ 47）が真空を作り，アリストテレスによって否定されていた「真空」が存在することが証明されたため，原子の考えが見直された[20]。ガリレイ（1564 ~ 1642）やニュートン（1643 ~ 1727）も原子という考えを持っていた[21]。

一方，元素に関して，ラボアジェ（1743 ~ 1794）は，水は水素と酸素が結合したものであって水自体は元素でないと主張し，4元素説を否定して，33の元素からなる元素表を1789年に発表した。この元素表には，水素や酸素に加えて光や熱も元素として含まれていた[22]。

このような新しい元素の考え方と原子説を結びつけたのが，ドルトン（1766 ~ 1844）である[23]。ドルトンは，元素の実体は原子であり，その違いは相対質量（原子量）にある，という近代原子論を提唱し[24]，1803年に，次の4点からなる原子説を立てた[25]。

① 物質は，それ以上は分割できない微粒子からなり，この微粒子を原子と呼ぶ。

② 各元素には，それぞれに固有な大きさ・質量・性質を持った原子がある。

③ 化合物は成分元素が一定の割合で結合してできている。

④ 化学変化では，原子の組み合わせが変わるだけで，原子そのものは新たに生成したり消滅したりすることはない。

ドルトンは，プルーストの定比例の法則に依拠していた。そして，1803年に世界で初めて原子の記号を発表し，また水素原子の質量を1としたときのそれぞれの原子の質量を「原子量」と呼び，その値も計算した。この原子量の考えは，現在にも受け継がれている[26]。

その後，多くの実験によって原子説は基本的に正しいことがわかり，原子の実在が確認されるようになった[27]。ただし，原子の存在が実際に証明されるのは，ドルトンの原子説の発表から100年以上あとのことである（1905年にアインシュタイン［1879～1955］が原子の存在を理論的に証明し，1908年にペラン［1870～1942］が原子の存在を実験で証明した[28]）。

上記の通り，ドルトンの原子説では原子は分割できないものとされ，原子は究極の微粒子とされた。19世紀末以後，後述する電子・陽子・中性子の発見により，原子は成分を持つ（つまり分割できる）ことがわかり，「原子」という語の本来の意味は失われたが，原子という語は今もそのまま使う[29]。

そして，1940年代からは素粒子が次々に見つかり，陽子や中性子さえ分割できることがわかったので，陽子・中性子・電子を原子の究極成分と見る考えも，第2次世界大戦末頃に消えた[30]。

(注2) 錬金術[31]

4元素説は，人工的に金を作り出すことを目的とした錬金術の流行を促した。すべてのものが4元素からなるのであれば，4元素から金を作ることも可能のはずだからである。

金を作ることには成功しなかったが，錬金術は磁器の製法やろ過・蒸留の技術，硫酸や硝酸，王水，塩基（アルカリ）等の有用な物質の発見，化学製品の開発などさまざまな成果をもたらし，現在の学問としての化学の礎を築いたといえる。

現在の技術によれば，水銀から金を作ることが可能である。加速器を使って，金より原子番号が一つ大きい水銀とベリリウムを衝突させると，水銀から陽子が1個飛び出し，金ができるのである。しかし，1年間実験をしたとしても0.00018グラムの金しか得ることができず，全く採算が合わない。

(注3)「原子」と「元素」

原子（英語でatom）とは，実際に存在する，数えることのできる粒子（物質を構成する具体的要素）のことをいうが，元素（英語でelement）は，物質が何からできているかという，その種類に着目して述べるときに使う言葉（性質を表す抽象的な概念）である。つまり，元素は原子の種類を表すのに対し，原子はその実体をさす。水素元素とはいわないし，原子周期表ともいわない[32]（周期表については後述する）。

原子は粒のニュアンスで1個，2個と数えるが，元素は1種類，2種類というほうがなじむ。つまり，量的なこと（重さ・数など）については「…原子」，性質的なことについては「…元素」といった使い方をする[33]。

ただし，外国では，元素という語は，抽象的な「陽子数で分類した原子の種類」と，具体的な物質（水素，鉄など）の両方をさす[34]。

原子・分子と物質の関係

すべての物質は原子からできている[35]。

一方，原子は集まって分子と呼ばれる構造体を作ることがあり，その分子が集まると物質となるが[36]，すべての原子が分子を作るわけではない[37]。すなわち,「すべての物質は原子からできている」とはいえるが,「すべての物質は分子からできている」とはいえない。

先回りして書くと，1.1.3 で述べるように，原子が結合する方法には大別して共有結合，イオン結合，金属結合の 3 種類があるが，このうち分子ができるのは，原子が共有結合によって結合した場合のみである。他の 2 つの方法によって結合した場合には，分子はできない[38]。(注 1)(注 2)

(注 1) アボガドロの分子説[39]

アボガドロ（1776 ~ 1856）は，後述する気体反応の法則を説明するためには，気体を作る粒子は，原子の場合だけでなく，いくつかの原子が一定の割合で結びついてできる粒子の場合もあると考えなければならないことを示し，これを分子と呼んだ。そして，1811 年に,「同温・同圧のもとでは，気体の種類に関係なく，同体積の気体には同数の分子が含まれる」という仮説を立てた。

この仮説は，その後多くの研究によって正しいことが実証され（分子説が公認されたのはアボガドロの死後の 1858 年以降である[40]），今日ではアボガドロの法則と呼ばれている（後述)。

(注 2) 原子と分子の定義

原子は，物質を形づくる最小の基本的構成単位で（但し，前述した通り，原子がこれ以上分けられないという意味ではない)，元素としての特性を持つ最小の微粒子である[41]。

物質を構成する最小粒子が原子である，という説明をする書籍もあるが[42]，これはドルトンの時代の考え方であって，現在では原子もさらに細かく分けられることがわかっているのだから,「最小粒子」というのは正確でない。従って,「最小粒子」でなく，上記のように「最小の基本的構成単位」と表現するほうが適切である。

一方，分子は物質としての特性を持つ最小の微粒子[43]，すなわち，物質の特性を失わない範囲で分割できる最小の粒子である[44]。

たとえば，水を分けていくとこれ以上分けられない小さい単位となり，これが分子である。分子は水の性質を持っている。この分子はさらに細かく分けることができ，1個の酸素原子と2個の水素原子に分けることができるが，酸素原子，水素原子はどちらも水の性質は持っていない[45]。

1.1.2　原子の構造と種類

原子の内部構造（原子核・陽子・中性子・電子）[46]

原子を実際に見ることはできないが，いろいろな実験事実を総合すると，原子は雲でできた球のようなものだと考えられている。

雲に相当する部分は電子雲と呼ばれ，複数個の電子（記号 e または e^-）からできている（但し，水素原子だけは電子が1個だけである）。

電子雲の中心には1個の「原子核」という粒子がある。

原子核はさらに，プラスの電気を持ついくつかの陽子（記号 p）と，電気を持たないいくつかの中性子（記号 n）からできている。陽子と中性子をあわせて「核子」と呼ぶ[47]。

陽子と中性子や，陽子同士，中性子同士の間には「核力」という力が発生しており，特に陽子と中性子の間で働く強い引力があるために，原子核はばらばらにならない[48]。

一方，電子はマイナスの電気を持っている。

陽子1個の持つ電気量と，電子1個の持つ電気量は，符号は反対であるが大きさは全く同じである（注1）。また，どの原子についても，（後述するイオンでない通常の原子である限り[49]），陽子の数と電子の数は同じである。このため，原子は全体として電気的に中性である[50]。(注2)

（注1）陽子と電子の電気量[51]

陽子の電気量は $+1.6022 \times 10^{-19}$ C であり，電子の電気量は -1.6022×10^{-19} C である。従って，符号は反対であるが大きさは厳密に一致する。C（クーロン）は電気量の単位である。

$+1.6022 \times 10^{-19}$ を電気素量といい，電気量の最小単位である。

電気素量を一単位として表した電気量が電荷である。たとえば，電子は－1の電荷を持つ。

陽子と電子の電気量が一致する理由はわかっておらず，「原子の不思議」とも表現される[52]。

（注2）素粒子

電子は現在のところこれ以上は細かく分けられないと考えられている。このように，それ以上細かく分けられない粒子を素粒子という[53]。

原子核を構成する陽子及び中性子（核子）は，さらに構造を持っており，それぞれクォークと呼ばれる粒子3個ずつからなっている[54]。クォークも素粒子の1種である[55]。

但し，これらは物理学の領域の問題であり，化学の領域では扱わない[56]。

陽子・中性子・電子の数と原子の種類（元素・元素記号）[57]

1.1.1で，原子の種類を表すのが元素であると述べたが，どの元素であるか（すなわち，どの種類の原子であるか）を決めるのが内部構造（陽子・中性子・電子の数）である。

上記の通り，通常の（すなわち，イオンでない）原子では，陽子の数と電子の数は同じである。

原子の性質（元素の種類）は，陽子の数によって決まる。そこで，ある原子に存在する陽子の数をその原子の原子番号（記号Z[58]）と呼ぶ。原子番号が異なると，原子の性質（元素の種類）が異なることになる。すなわち，元素の種類は原子番号によって決まる[59]。1つの元素には1つの陽子数が対応し，電子の数は（イオンでない限り）陽子の数と同じなので，1つの原子番号で陽子数と電子数が確定し，これで元素が確定する[60]。

元素の種類を特定して示すものとしては，原子番号のほかに，元素名と元素記号とがある[61]。

元素の名前はIUPAC（International Union of Pure and Applied Chemistry, 国際純正・応用化学協会[62]または国際純正・応用化学連合＝IUPAC［アイウパック］[63]）で議論された上で決定されているが，特に制約はなく，地名や原料，天体名，神名，人名など，元素名の由来はさまざまである[64]。

元素記号は，通常はアルファベット1文字または2文字で表され，1文字の場合は大文字のみ，2文字の場合は大文字＋小文字で示す[65]。元素記号は，元素名のラテン語や英語，ドイツ語の頭文字などからとられている。水素は英語でhydrogenなのでH，窒素は英語でnitrogenなのでN，酸素は英語でoxygenなのでO，鉄はラテン語でferrumなのでFeであり，金はラテン語の金あるいは光を意味するaurumからAuである[66]。

次頁の図は，ヘリウムHeの原子を模式的に示したものである。ヘリウムは陽子数が2個（従って原子番号は2），中性子及び電子もそれぞれ2個の原子である。但し，この模式図は極端に単純化したものであり，現在は，前述した通り，電子を雲のような形（電子雲という）で表すのが一般的である[67]。

図１　ヘリウムの原子模型（左巻他・教科書 33 頁）

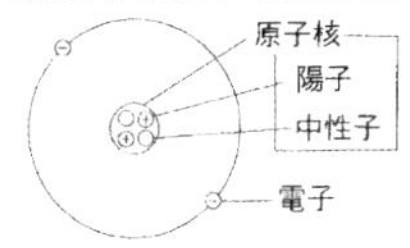

また，原子を記号表記するときは，元素記号の左上に質量数，左下に原子番号（＝陽子数）を併記する[68]。質量数については後で述べるが，陽子と中性子の個数を合計した数字である。質量数を表示することによって，後述する同位体（陽子の数が同じである［従って，同じ元素に属する］が，中性子の数が互いに異なる元素）を区別して表記することができる[69]。

従って，ヘリウムは原子番号が 2，質量数が 4（陽子と中性子はいずれも 2 個）であるから，以下のように表記する[70]。

$^{4}_{2}\mathrm{He}$

但し，原子番号は元素ごとに決まっているので（つまり，原子番号と元素記号は 1 対 1 に対応するので，元素記号を書けば原子番号を書く必要はない），省略することもある[71]。また，元素記号を使わない場合も末尾に質量数を表記して（たとえば，「ヘリウム 4」等）同位体を区別する[72]。但し，同位体の中で存在比が最も大きい原子は，数字は省略して書くことが多い[73]。

元素記号を使って物質を表した式を化学式という。物質の種類はきわめて多いが，それらはすべて元素の組み合わせでできているので，すべての物質は化学式を使って表せる[74]。化学式にはいろいろな種類があり，今後随時とりあげる。

周期表

元素を原子番号（すなわち陽子の数）の小さいものから順に配列すると，その性質が周期的に変化する。元素の性質のこのような周期的変化を，元素の周期律という[75]。

元素を原子番号の小さいものから順に並べ，性質のよく似た元素が縦の列に並ぶように配置した表を元素の周期表という[76]。周期表を付録 1 に示す。(注)

(注) 周期的に変化する性質[77]

元素を原子番号の小さいものから順に配列したときに周期的に変化する「性質」とは，単体の融点や沸点，原子のイオン化エネルギーや電子親和力，イオンの価数や大きさ，それが作る化合物の組成や溶解度等である。これらの概念については順次取り扱う。

元素の周期表で，縦の列に並ぶ元素の一群を族といい，1 族から 18 族までである。また，横の行を「周期」といい，第 1 周期から第 7 周期まである[78]。周期は後述する電子殻の数で分類される。第 1 周期では K 殻のみ，第 2 周期では K 殻と L 殻，第 3 周期では K・L・M 殻に電子が入る（第 4 周期以降は複雑になる）。最外殻の電子の数は K 殻では 2 個，L 殻以降は最大 8 個と決まっている[79]。

同じ族（縦列）に含まれる元素群を「同族元素」といい，化学的な性質が似ているので，特別な呼び名がついている[80]。1 族は水素 H を除いて「アルカリ金属」，2 族はベリリウム Be とマグネシウム Mg を除いて「アルカリ土類金属」という。また，16 族を「カルコゲン」，17 族を「ハロゲン」，18 族を「希ガス」または「貴ガス」という[81]。

1 族，2 族，12 ～ 18 族は同族元素の化学的性質がよく似ているので，「典型元素」という。一方，3 ～ 11 族の元素群を「遷移元素」といい，隣り合う元素の性質が似ている[82]。遷移とは，2 族と 12 族をつなぐという意味である[83]。

典型元素では，希ガスを除き，族の 1 の位の番号が，後述する価電子（最外殻にある電子）の数に一致する[84]。一方，遷移元素では，価電子の数は族番号によらず 2 または 1 である[85]。このように，遷移元素は価電子の数が 2 または 1 でほとんど変わらないために，似た性質を示すのである[86]。

また，すべての元素について，周期の番号と電子殻の数は同じである[87]。

典型元素には，室温で気体（水素 H，窒素 N，酸素 O，フッ素 F，塩素 Cl，希ガス元素），液体（臭素 Br，水銀 Hg），固体のものがある。一方，遷移元素はすべて室温で固体である[88]。

原子番号・元素名・元素記号のほかに周期表に記載されるものとして原子量があるが，これについては 1.2.2 で述べる。(注 1)(注 2)

(注 1) メンデレーエフによる周期表の原型

現在の周期表の原型をまとめたのは，ロシアの化学者であるメンデレーエフ（1834 ～ 1907）である[89]。メンデレーエフは，元素を原子 1 個あたりの質量の軽い順（すなわち原子量の順[90]）に並べていくと，同じような化学的性質を持つ元素が周期的に現れることを発見し，1869年に表を作って発表した[91]。これが周期表の原型であり，短周期表といわれる[92]。

メンデレーエフの作った短周期表にはいくつかの空欄があった（当時知られていた元素は63種類であったため）が，メンデレーエフはそこに未発見の元素があるはずだと考え，上下や前後との関係から，それらの性質を予言した。その後，予言通りの元素であるガリウムGa，スカンジウムSc，ゲルマニウムGeが発見され（発見年はそれぞれ1875年，1879年，1886年である[93]），このことにより，メンデレーエフの周期表の評価は非常に高くなった[94]。

現在の周期表では，前記の通り元素を原子番号順に並べる（長周期表と呼ぶ[95]）。元素の平均の質量（原子量）はその元素に存在する同位体の種類と存在比で決まるので，元素を質量順（原子量順）で並べる短周期表と，原子番号順で並べる長周期表では，順序が逆転することがある[96]。

当時は原子の構造がわからなかったため，原子番号（陽子数）という考え方はなかった。このため，原子の構造がまだ明らかではなかった19世紀後半では，周期律をきちんと説明することは困難であった[97]。従って，メンデレーエフの作成した短周期表では元素の順序と性質があわないところがあったために，そこは順序を入れ換えていたところ，20世紀になって原子の構造が明らかになったときに，その入れ替え後の周期表では元素が原子番号（＝陽子数）の順で並んでいたことが判明したのである[98]。

（注2）ランタノイドとアクチノイド[99]

3族の4つのうち，下（周期の数が大きい）の2つは，ランタノイドとアクチノイドと呼ばれる。普通は，周期表の1つのますには1つの元素が入るが，ランタノイドとアクチノイドというのは個々の元素の名前ではなく，グループの名前である。これらのグループはそれぞれ15個ずつの元素でできており，その内訳が周期表の下部に別表として示されている。

ランタノイドとアクチノイドに属する元素はそれぞれ性質がよく似ており，一般に，分離するのが非常に困難である。

金属元素と非金属元素[100]

自然界に存在する元素は，金属元素と非金属元素に分けられる。種類としては金属元素のほうが圧倒的に多く，元素の約5分の4が金属元素である。

しかし，次の図に示す通り，宇宙や地球の表面（地殻）では非金属元素のほうが圧倒的に多い。

宇宙と地球における元素の存在割合（質量比）（化学入門編 67 頁）

宇宙		地球	
水素	70.0 %	酸素	85.9 %
ヘリウム	27.1 %	水素	10.7 %

金属元素の中には，地球全体で数 mg しか存在しないものがある。たとえば，バークリウム（Bk，原子番号 97）やプロメチウム（Pm，原子番号 61）は，原子炉内や核燃料の再処理で mg 単位の量しか存在しない。(注 1)(注 2)(注 3)

（注１）金属元素と非金属元素の定義・区別

金属元素と非金属元素の定義や区別はあまりはっきりしない。以下の通りである。

金属元素の定義は，「単体が金属の性質を示す元素の総称」である。そして「金属」とは，「金属特有の性質（金属光沢，電気・熱伝導性，展性・延性）をもつ物質の総称」であり[101]，同義反復の感がある。そして，非金属元素とは，「金属元素以外の元素」である[102]。厳格な分類によって元素を分けた結果として金属元素と非金属元素を分けたというよりは，分類するよりも前に金属元素か非金属元素かが決まっていると考えたほうがよい[103]。

また，金属元素と非金属元素とはあまりきれいに分類されておらず，境界付近には「半金属元素」や「両性元素」のような中間的存在がある[104]。半金属元素とは，非金属元素であるが金属に近い性質を持つものであり，ホウ素 B，ケイ素 Si，ゲルマニウム Ge，ヒ素 As，アンチモン Sb，テルル Te などがある[105]。

なお，遷移元素はすべて金属元素であり，典型元素には金属元素も非金属元素もある[106]。一方，非金属元素はすべて典型元素である[107]。

（注２）クラーク数[108]

地殻の平均元素存在度を質量百分率で表した数字は，クラーク数として知られている。クラーク数は，気圏，水圏，地表から 16 ㎞までの岩石圏に存在する元素の値を合計したもので，地球化学者のクラーク（1847 ~ 1931）によって求められた。上位 2 つの酸素 O とケイ素 Si は，主にケイ酸塩として岩石中に大量に存在する。

1 番目から 20 番目までのクラーク数は以下の通りである。

クラーク数（1番目から20番目まで）

順位	元素	クラーク数
1	酸素 O	49.5
2	ケイ素 Si	25.8
3	アルミニウム Al	7.56
4	鉄 Fe	4.70
5	カルシウム Ca	3.39
6	ナトリウム Na	2.63
7	カリウム K	2.40
8	マグネシウム Mg	1.93
9	水素 H	0.83
10	チタン Ti	0.46
11	塩素 Cl	0.19
12	マンガン Mn	0.09
13	リン P	0.08
14	炭素 C	0.08
15	硫黄 S	0.06
16	窒素 N	0.03
17	フッ素 F	0.03
18	ルビジウム Rb	0.03
19	バリウム Ba	0.023
20	ジルコニウム Zr	0.02

(注3) 地球上及び人体における元素の構成割合

大陸の地殻（質量比），地球上の海水（質量比）及び地表付近の大気（体積比）における元素の構成割合はそれぞれ以下の通りである[109]。

大陸の地殻（質量比）

元素	比率（%）
酸素 O	47.4
ケイ素 Si	27.7
アルミニウム Al	8.2
鉄 Fe	4.1
カルシウム Ca	4.1

元素	比率（%）
マグネシウム Mg	2.3
ナトリウム Na	2.3
カリウム K	2.1
その他	1.8

海水（質量比）

元素	比率 (%)
酸素 O	85.76
水素 H	10.80
塩素 Cl	1.95
ナトリウム Na	1.08
マグネシウム Mg	0.13
硫黄 S	0.09
カルシウム Ca	0.04
カリウム K	0.04
その他	0.11

地表付近の大気（質量比）

元素	比率 (%)
窒素 N_2	78.08
酸素 O_2	20.95
アルゴン Ar	0.93
炭素C(CO_2として)	0.036
ネオン Ne	0.002
ヘリウム He	0.001
その他	0.001未満

また，人体における元素の構成割合（重量比）は次の通りである[110]。

人体（質量比）

元素	比率（%）
酸素 O	61
炭素 C	23
水素 H	10
窒素 N	2.6
カルシウム Ca	1.4
リン P	1.1
硫黄 S	0.2
カリウム K	0.2
ナトリウム Na	0.14
塩素 Cl	0.12
マグネシウム Mg	0.027

同位体

同じ元素に属する原子である（同じ元素であるとは，原子番号すなわち陽子数が同じということを意味する）のに，中性子の数が互いに異なる原子が存在する。これらの原子を互いに同位体（アイソトープ）と呼ぶ[111]。同位体は，化学的性質はほぼ同じである。つまり，原子番号（＝陽子の数）が異なれば（すなわち，異なる元素であれば）化学的性質が全く異なるが，中性子の数が異なっても，原子番号が同じであれば，化学的性質はほとんど変わらない。

それぞれの元素では，陽子と中性子の数が同じものが安定している場合が多いといえる。ただし，水素の場合は陽子 1 つだけのときも安定している[112]。

自然界に存在する元素には同位体を持つものが多いが，同位体を持たない元素も 21 種類ある。具体的には，ベリリウム（Be），フッ素（F），ナトリウム（Na），アルミニウム（Al），リン（P），スカンジウム（Sc），マンガン（Mn），コバルト（Co），ヒ素（As），イットリウム（Y），ニオブ（Nb），ロジウム（Rh），ヨウ素（I），セシウム（Cs），プラセオジム（Pr），テルビウム（Tb），ホルミウム（Ho），ツリウム（Tm），金（Au），ビスマス（Bi），トリウム（Th）である[113]。(注 1)(注 2)(注 3)

(注 1) 水素の同位体[114]

具体例として，水素の同位体には $^{1}_{1}H$, $^{2}_{1}H$, $^{3}_{1}H$ の３種類がある。$^{1}_{1}H$ は最も多く存在する水素であり，$^{2}_{1}H$ は重水素（ジュウテリウム，記号D），$^{3}_{1}H$ は三重水素（トリチウム，記号T）と呼ばれる。Hの左下に記される原子番号（＝陽子の数）はすべて1であるから，これらはすべて水素であるが，中性子数がそれぞれ0，1，2であるので，Hの左上に記される質量数はそれぞれ1，2，3となる。

(注 2) 同位体の性質は「同じ」なのか「ほとんど同じ」なのか

同位体については，①（化学的）性質は（「全く」をつけるものとつけないものがある）同じであると述べる文献[115]，②（化学的）性質はほとんど（あるいはほぼ）同じと述べる文献[116]，③性質が互いに少しだけ異なると説明する文献[117]があり，説明の仕方が分かれている。なお，中性子の数が違う以上，質量が少し異なることは間違いない[118]。

(注 3) 同素体[119]

同位体と紛らわしいものに，同素体というものがある。同素体とは，同じ元素でできた単体で，原子の構成が異なるために性質の異なる物質をいう。従って，同素体は単体に限られる。

たとえば，酸素 O_2 とオゾン O_3 は同じ酸素からできた単体だが，沸点などの物理的な性質や反応性などが互いに異なる。これらは酸素の同素体であるといい，また互いに同素体の関係にあるという。多くの元素の単体は1種類しか存在せず，同素体が存在するのは一部の元素のみで，酸素の他に，炭素（ダイヤモンド，黒鉛，フラーレン，カーボンナノチューブなど），硫黄（斜方硫黄，単斜硫黄，ゴム状硫黄など），リン（黄リン，赤リンなど），スズ（灰色スズ，白色スズ）などがある。

原子と原子核の大きさ

原子の直径は種類によって異なるが，約0.1ナノメートル[120]（1億分の1センチメートル[121]）程度である（10^{-10} メートルまたは 10^{-8} センチメートル[122]）。(注)

(注) ナノメートル・マイクロメートル[123]

1ナノメートルはnmと表記し，10億分の1メートル（10^{-9} m）である。ナノメートルの1,000倍の長さがマイクロメートル μ m で，100万分の1

メートル（1,000分の1ミリメートル）である。かつてはマイクロメートルのことをミクロン（記号μ）と呼んでいたが，1967年の国際度量衡総会でミクロンの名称と記号は廃止された[124]ので，通常はミクロンは使われない。

つまり，原子は1億（10^8）倍してやっと1センチメートルの大きさになる。ある物質の1立方センチメートル（$1cm^3$）に原子がぎっしり詰まっているとすると，その中には$10^8 \times 10^8 \times 10^8 = 10^{24}$（1,000,000,000,000,000,000,000,000，すなわち1億の1億倍の1億倍）個という，途方もなく多数の粒子が存在することになる[125]。

また，原子全体を拡大してピンポン玉の大きさにしたら，同じ拡大率で拡大したピンポン玉は地球ほどの大きさになる[126]。

一方，原子核の大きさは，およそ$10^{-13} \sim 10^{-12}$センチメートル程度であり[127]，原子全体の大きさの10000分の1程度である[128]。原子全体を直径200メートルの野球場の大きさと考えると，原子核はその中心にある1円玉（直径2センチ）の大きさにすぎない[129]。電子の大きさは不明だが，10^{-18}メートル以下とされる[130]。

なお，原子の半径は，原子番号順に大きくなるわけではない。これは，原子番号が増えるのに伴って電子の数が増えるが，同時に陽子の数も増えるため，原子核が持つプラスの電荷が大きくなって電子を引きつける力が大きくなり，全体の原子の大きさが小さくなることがあるためである（原子核の大きさは原子全体に比べて非常に小さいため，原子の大きさはほとんど電子によって決まる）[131]。

陽子・中性子・電子の質量[132]

陽子・中性子・電子の質量は以下の通りである。

- 陽子の質量　　　1.6726×10^{-27} kg
- 中性子の質量　　1.6749×10^{-27} kg
- 電子の質量　　　9.1094×10^{-31} kg

従って，陽子よりも中性子のほうがごくわずかに質量が大きいが，ほぼ等しいとみてよい。一方，電子の質量は陽子や中性子の質量に比べて非常に小さい。

計算してみると，電子の質量は，陽子の質量の約1836分の1（計算式は$\frac{1.6726 \times 10^{-27}}{9.1094 \times 10^{-31}} = 1.83612 \times 10^3$），中性子の質量の約1839分の1（計算

式は $\frac{1.6749 \times 10^{-27}}{9.1094 \times 10^{-31}} = 1.83865 \times 10^{3}$）である。

従って，原子の質量は陽子の数と中性子の数だけで決まると考えてよい。

質量数

前記の通り，原子の質量は陽子の数と中性子の数だけで決まると考えてよいことから，ある原子のもつ陽子の数と中性子の数の和（すなわち，核子の数）を質量数（記号 A[133]）と呼び，その原子の質量を表す概念として用いる。質量数は，その性質上（個々の同位体ごとに数えるため）常に整数である[134]。

「質量」という名がつくが，電子を無視しているので，質量を厳密・正確に表す数値ではない。(注)

(注) 原子量

後述する原子量は原子の質量そのものを表す数値であるが，同位体の存在比による平均値であるから，これも，ある特定の原子（陽子と中性子の数がただ一通りに決まっている原子）の原子量を厳密に示すものではない（それを示すのは原子の相対質量である)。

ボーア模型

電子は原子核の周りを適当に回っているわけではなく，原子核の周りをいくつかの層に分かれて運動している。これらの層を電子殻という。これらの電子殻に入ることのできる電子の数は決まっている[135]。

電子殻は，原子核に近い内側から順に 1，2，3，・・・，n と正の整数を割り振る。この正の整数を量子数[136] または主量子数という。また，それぞれの電子殻にはアルファベットの名前がついており，順に K 殻，L 殻，M 殻，N 殻と呼ばれる。それぞれの電子殻には $2n^2$ 個，すなわち順に 2 個，8 個，18 個，32 個の電子が入ることができる[137]。

各電子殻（K 殻，L 殻，M 殻，N 殻）を衛星軌道に見立て，原子核のまわりを電子が回っている様子を表現した図をボーア模型という[138]。(注)

原子番号 1（水素 H）から 18（アルゴン Ar）までの 18 種類の元素のボーア模型（ボーアの原子模型[139]，ボーアの原子モデルともいう）は以下の通りである[140]。

図2　ボーア模型（吉野・高校化学23頁）

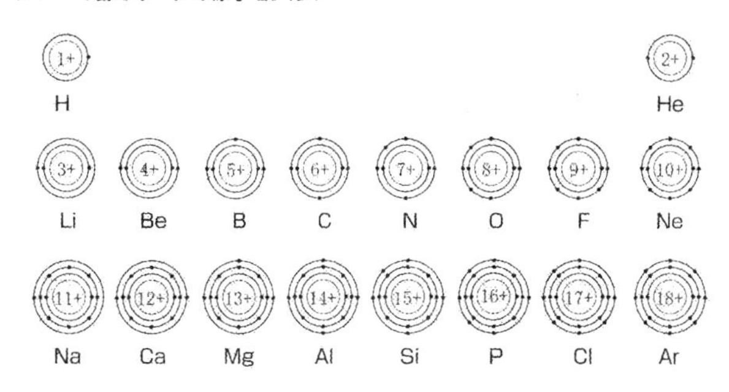

上のボーア模型の通り，原子番号が1から18までの範囲では，電子は，原子核に近いK殻から順に収容されていく。たとえば原子番号11のナトリウムNaでは，電子の数も11個であるので，K殻に2個，L殻に8個，M殻に1個の電子が配置される。この電子の配列の仕方を「電子配置」といい[141]，電子配置を示した図を「電子配置図」という[142]。

原子番号19のカリウムKと，原子番号20のカルシウムCaの電子配置はやや特殊である。

カリウムは原子番号が19なので電子は19個であり，まずK殻に2個，L殻に8個入ることは想像がつくが，次のM殻には（M殻には18個入るはずなのに）8個しか入らず，残りの1個は次のN殻に入る。
また，カルシウムでも同様で，K殻に2個，L殻に8個，M殻に8個，N殻に2個入る。

次のスカンジウムSc（原子番号21）に至って，またM殻に入るようになる（つまり，K殻に2個，L殻に8個，M殻に9個，N殻に2個）。

これは，M殻の9番目に入るよりも，N殻の1番目や2番目に入るほうがエネルギー的に低い状態であり，電子はエネルギー的に低いところから先に入っていこうとするからである。従って，「電子はM殻に18個まで，N殻に32個まで入る」というのは，最大に入ったときのことを言っているだけで，電子が電子殻に入る順番までは表していない[143]。

（注）ボーア模型

ボーア（1885～1962）はデンマークの理論物理学者である[144]。ボーアは1913年に惑星モデルで水素原子を説明したが，他の原子は扱わなかったし，図2のような図を発表したわけでもない[145]。

最外殻電子・価電子

電子の収容されている最も外側の電子殻にある電子を「最外殻電子」という。前の例のナトリウム Na では，最外殻は M 殻であり，最外殻電子の数は 1 個である。

最外殻電子のことを「価電子」といい，価電子の数によって原子の結合の仕方が定まる[146]。(注)

(注) 価電子と最外殻電子[147]

厳密には，価電子と最外殻電子は同一ではない。価電子の意義は，「原子の電子殻に存在する電子のうち，化学結合の形成に寄与する電子」であり，通常は最外殻の s 軌道や p 軌道（この意義については後述する）に存在する 1 ～ 7 個の電子が価電子に相当するが，鉄 Fe や銅 Cu などの遷移元素では，内殻の d 軌道に存在する電子も価電子になる場合がある。

価電子の数が同じ原子は化学的性質がよく似ている。原子の性質は価電子数によって決まっているといえる[148]。

なお，価電子を数える際に，最外殻電子の数がその電子殻の最大収容数と同じである（これを閉殻状態という[149]）かあるいは電子数が 8 であるときに，特別にゼロと数える。価電子ゼロと数える原子の電子配置は，原子にとって最も安定した電子配置である。具体的には，ヘリウム He，ネオン Ne，アルゴン Ar，クリプトン Kr，キセノン Xe，ラドン Rn の 6 種類の希ガスである[150]。これらの原子では，最外殻電子の数は 8 個であるが，価電子の数はゼロである。価電子というのは原子の結合に関与する電子であり，希ガスの場合には非常に安定性が高く，結合しない（化学変化と関係しない）ので，最外殻電子は価電子とはみなされないわけである[151]。

原子番号 1 から 20 までの原子の電子配置は以下の通りである[152]（大野他・化学入門 8 頁には，原子番号 103 までの原子の電子配置が掲載されている）。

原子の電子配置（原子番号 1 から 20 まで）

原子番号	元素名	元素記号	電子殻				価電子
			K 殻	L 殻	M 殻	N 殻	
1	水素	H	1				1
2	ヘリウム	He	2				0
3	リチウム	Li	2	1			1
4	ベリリウム	Be	2	2			2
5	ホウ素	B	2	3			3
6	炭素	C	2	4			4
7	窒素	N	2	5			5
8	酸素	O	2	6			6
9	フッ素	F	2	7			7
10	ネオン	Ne	2	8			0
11	ナトリウム	Na	2	8	1		1
12	マグネシウム	Mg	2	8	2		2
13	アルミニウム	Al	2	8	3		3
14	ケイ素	Si	2	8	4		4
15	リン	P	2	8	5		5
16	硫黄	S	2	8	6		6
17	塩素	Cl	2	8	7		7
18	アルゴン	Ar	2	8	8		0
19	カリウム	K	2	8	8	1	1
20	カルシウム	Ca	2	8	8	2	2

小軌道[153]

ボーアの原子モデルは，最外殻電子の様子を客観的に理解するためにはわかりやすいものであるが，実際の電子殻はボーアの考えたモデルとは異なっている。具体的には，K 殻（最も内側の電子殻）以外の電子殻はすべて，1 つの軌道ではなく，小軌道が立体的に合体したものであり，小軌道が電子を収容できる数はすべて 2 個である。

L 殻は 4 つの小軌道（1 個の s 軌道と 3 個の p 軌道）が合体したもの，M 殻は 9 個の小軌道（1 個の s 軌道，3 個の p 軌道，5 個の d 軌道）が合体したものである。

K 殻は，1 個の小軌道（s 軌道）のみからなる。

小軌道は，副殻（これと区別する意味で，電子殻を主殻ということがある），原子軌道，原子オービタルあるいは単に軌道，オービタルと呼ぶこともある。

電子殻には主量子数nという数字を割り振ったのに対して，副殻には方位量子数l（エル）を割り振る。それぞれの電子殻（主殻）に存在する副殻の数は決まっており，主量子数nの電子殻においては，方位量子数l（エル）は次の値しかとれない。

l＝0，1，2，…，n−1

つまり，K殻（n＝1）では，l＝0のみとなるから，l＝0となる1種類の副殻しか存在しない。L殻（n）では，l＝0，1に対応する2種類の副殻が存在し，M殻ではl＝0，1，2に対応する3種類の副殻が存在する。

副殻にも電子殻と同様にアルファベットの名前がつけられており，l＝0，1，2の副殻をそれぞれs軌道，p軌道，d軌道という。しかし，s軌道はK殻にもL殻にも（すべての電子殻に）あるし，p軌道はL殻以上の電子殻に存在するので，どの電子殻に存在する軌道であるかを示すために，sやpの前に電子殻の主量子数nを添える。たとえばK殻に存在するs軌道はn＝1だから1s軌道，L殻に存在するp軌道はn＝2だから2p軌道などと表し，区別する。

それぞれの電子殻において，s軌道は1個しか存在しないのに対して，p軌道は3個（それぞれp_x軌道，p_y軌道，p_z軌道と呼ぶ）が存在する[154]。

これらの軌道の概形は図3の通りである。

図3　s軌道とp軌道（中川・化学の基礎15頁）

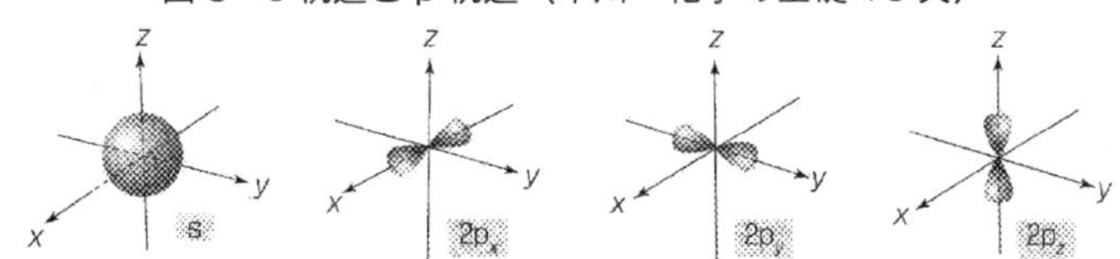

前述の通り，それぞれの軌道には2個の電子が収容できる（注1）（注2）。

（注1）軌道の数と電子の最大収容数の関係[155]

先に，それぞれの電子殻には$2n^2$個の電子が収容できると述べた。このことを軌道（副殻）の数との関係から述べると，以下の通りである。

それぞれの軌道には2個の電子が収容できる。K殻には1個の1s軌道しかないので，K核の軌道の数は全部で1個であり，最大収容電子数は2個である。これに対してL殻には2s軌道と2p軌道が存在する。s軌道は1個，p軌道は3個なので，L殻の軌道の数は全部で4個であり，最大収容電子数は8個である。従って，K殻とL殻のいずれについても，最大収容電子数は$2n^2$となっている。

(注2) 電子の雲[156]

量子力学によれば，電子のような小さな粒子には，位置と運動量の両方を同時に正確に求めることはできないという不確定性原理が成り立っている。つまり，電子がどこにあるのかを決めようとすれば，どの方向にどれくらいの速度で運動しているのかがわからなくなり，運動の方向や速度を決めれば場所が特定できなくなってしまう。

その代わり，「電子が存在しうる領域」なら知ることができる。1個の電子は，その領域の中で無数の場所に同時に無数に存在している。また，電子は粒子としての性質とともに波動としての性質も持っている。

これらを考慮して示したのが軌道であり，軌道といっても，そのような立体の表面を電子が回っているわけではなく，その立体の中や外にも電子は存在している。電子が発見される確率が同じところをつないでみると，上の図のような形になるということである。電子が存在する確率が高い領域は雲を濃く，確率が低い領域は雲を薄く描く。

この図からわかる通り，電子はパチンコ玉のような硬い粒ではなく，原子核のまわりを取り囲む「雲」のようなものだと考えられている。ただ，原子同士の結合等を説明するにはボーアの惑星型モデルのほうがわかりやすい。

電子配置[157]

副殻まで考慮した電子配置は，以下の通りである。

電子の持つエネルギーは連続ではなく，不連続な値をとる。この不連続なエネルギーの値をエネルギー準位（エネルギーレベル）という。原子内の電子は，エネルギー準位の低い軌道から順に配置されていく。これは，エネルギーの低いほうが安定した状態だからである[158]。

原子殻のエネルギー準位は，主量子数nが小さいほど低く，K殻 ＜L殻 ＜M殻の順になる。従って，電子はK殻 → L殻 → M殻の順に配置される。また，同一電子殻内に存在する軌道のエネルギー準位は方位量子数lが小さいほど低く，s軌道＜p軌道の順になる。従って，電子はs軌道→p軌道の順に配置される。

たとえば，水素原子Hの電子数は1個である。この電子はエネルギー準位の最も低いK殻に入る。K殻には1s軌道しかないから，この電子は1s

軌道に入る。K殻の1s軌道を□，電子を・で表現すると，水素原子の電子配置は[・]と表現できる。

また，ヘリウム原子Heの電子数は2個であり，いずれもK殻に入る。水素にならって電子配置を示すと，[・・]となる。

この方式で原子番号1から18までの原子の電子配置を示すと，図4の通りである。

図4　原子番号1から18までの原子の電子配置（中川・化学の基礎16頁）

電子殻	K	L		M	
軌　道	1s	2s	2p	3s	3p
$_{1}$H	[・]				
$_{2}$He	[・・]				
$_{3}$Li	[・・]	[・]	□□□		
$_{4}$Be	[・・]	[・・]	□□□		
$_{5}$B	[・・]	[・・]	[・]□□		
$_{6}$C	[・・]	[・・]	[・][・]□		
$_{7}$N	[・・]	[・・]	[・][・][・]		
$_{8}$O	[・・]	[・・]	[・・][・][・]		
$_{9}$F	[・・]	[・・]	[・・][・・][・]		
$_{10}$Ne	[・・]	[・・]	[・・][・・][・・]		
$_{11}$Na	[・・]	[・・]	[・・][・・][・・]	[・]	□□□
$_{12}$Mg	[・・]	[・・]	[・・][・・][・・]	[・・]	□□□
$_{13}$Al	[・・]	[・・]	[・・][・・][・・]	[・・]	[・]□□
$_{14}$Si	[・・]	[・・]	[・・][・・][・・]	[・・]	[・][・]□
$_{15}$P	[・・]	[・・]	[・・][・・][・・]	[・・]	[・][・][・]
$_{16}$S	[・・]	[・・]	[・・][・・][・・]	[・・]	[・・][・][・]
$_{17}$Cl	[・・]	[・・]	[・・][・・][・・]	[・・]	[・・][・・][・]
$_{18}$Ar	[・・]	[・・]	[・・][・・][・・]	[・・]	[・・][・・][・・]

ここで，一つの□（すなわち軌道）への電子の入り方については，各小軌道にまず1個ずつ入り，すべての小軌道がいっぱいになったら2個目が入るというパターンが見られる。たとえば炭素C原子（原子番号は6だから電子は6個）について，まずK殻に2個入り，残りの4個のうち2個はL殻の2s軌道に入るところまでは問題ないが，残った2個が2p軌道に入る場合には，2p軌道のうち同じ一つに入るのか，それとも別々の2p軌道に1個ずつ入るのか，2通り考えられるが，後者の入り方をする。従って，炭素の2s軌道の電子配置は[・][・]□となる。

これは，電子には

1）スピン（自転運動の向き）を同じにして，エネルギーの近い別々の軌道に入ることを優先し，

2）エネルギーの近い別々の軌道に入ることができなければ，スピンを逆向きにして同じ軌道に入る，

という性質があるからである。

前者の性質をフントの規則，後者の法則をパウリの排他律という[159]。

次に，電子配置を記号で表現する方法もある。

水素とヘリウムについて示すと，電子殻（主殻）のみを考慮した場合には水素の電子配置は K^1，ヘリウムは K^2 と表せる。また，軌道（副殻）まで考慮した場合は水素の電子配置は $1s^1$，ヘリウムは $1s^2$ と表せる。ここで，上付数字の１や２はK殻または1s軌道に存在する電子の数を示している。なお，数字が１の場合には省略することもある。

炭素原子をこの方式で示すと，電子殻のみを考えた場合には K^2L^4 となり，軌道まで考えた場合には，３個のｐ軌道（$p_xp_yp_z$ 軌道）を区別して書くと $1s^22s^22p_x{}^12p_y{}^1$ と表せる。但し，px，py，pzはエネルギー準位が等しいため，区別せずに $1s^22s^22p^2$ と表す場合が多い。

窒素原子Nの場合には，電子配置は，電子殻のみを考えた場合は K^2L^5，副殻まで考慮した場合には $1s^22s^22p^3$ となる（□方式による表し方は図４の通りである）。

電子式

価電子（前述の通り，通常は最外殻電子）を「・」で示して表した原子を電子式という。電子式は，元素記号のまわりに最外殻電子を４方向にできるだけ対を作らないように配置する。対の電子があるときには，上下左右の区別はないので，どの方向の電子を対にしてもかまわない[160]。

電子式の実例は以下の通りである[161]。

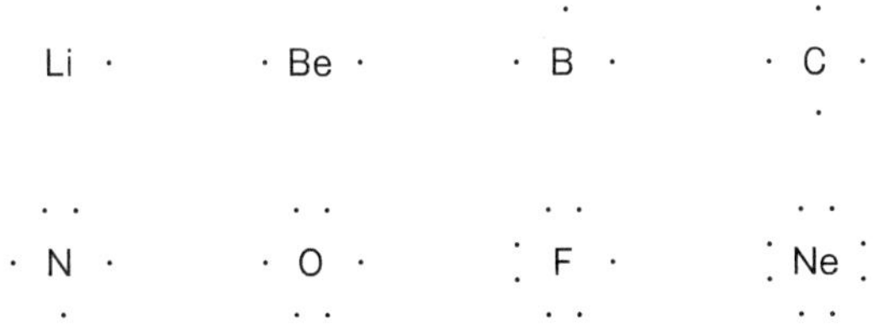

```
                          ·           ·
 Li ·      · Be ·       · B ·       · C ·
                                      ·

  ··         ··           ··          ··
· N ·      · O ·        : F ·       : Ne :
  ·          ··           ··          ··
```

イオン[162]

原子の電子配置は，価電子が0のときが最も安定している。そこで，価電子が1から7までの原子は，価電子0の原子と同じ電子配置になるために，電子を放出したり受け取ったりしようとする。

たとえば，ナトリウムNa原子（原子番号11）は価電子1で，M殻に1個の電子がある。これに最も近い希ガスはネオンNe原子（原子番号10）であるから，Na原子がM殻の電子を1個放出すれば，Ne原子と同じ電子配置になる。

このとき，陽子（プラスの電気を持つ）は11個で変わらず，電子（マイナスの電気を持つ）が1個減って10個となったために，もとは全体として電気的に中性だったものが，全体としてプラスの電気を帯びるようになる。このような，プラスの電気を帯びた粒子をイオンという。

次に，塩素Cl原子（原子番号17）について考えると，周期表でClの最も近くにある希ガスは，アルゴンAr（原子番号18）である。塩素がアルゴンと同じ電子配置になるためには，M殻に1個電子を取り入れる必要がある。

そうすると，陽子（プラスの電気を持つ）が17個であるのに対して，電子（マイナスの電気を持つ）が1個増えて18個になるので，全体として電気的に中性であった塩素原子が，電子を1個取り入れたことで全体としてマイナスの電気を帯びることになる。

このように，イオンにはプラスの電気を帯びたものとマイナスの電気を帯びたものがある。前者を「陽イオン」，後者を「陰イオン」という。

陽イオンになるためには，原子が電子を放出する必要があるが，原子から電子1個を放出させる（取り去る）のに必要なエネルギーがイオン化エネルギーである。このイオン化エネルギーが小さい原子ほど，小さな力で電子を取れるので，陽イオンになりやすい。(注)

電子を放出して陽イオンになる性質を「陽性」とい，金属元素は陽性である。

（注）イオン化エネルギー[163]

イオン化エネルギーの大小は，最外殻電子が正の電荷を持つ原子核に引きつけられる力の大小と関係している。この力が大きいほど，イオン化エネルギーは大きくなる。原子核が電子を引きつける力は，原子核の正電荷が大きくなるほど強まり，また電子と原子核の距離が大きいほど弱くなる。原子番号が大きくなると，前者は強まり，後者は弱くなるため，2つの効果は相反する。

ところで，2個以上の電子を持つ原子では，最外殻電子は他の電子からの斥力を受ける。とくに，より内側の電子殻の電子1個から受ける斥力は，原子核からの引力をほぼ原子番号1つ分減らした分だけ弱くする働きをする。この効果を遮蔽効果という。原子番号の増加につれて原子核の正電荷は順次増加するが，同じ電子殻に電子が追加されるときは原子核との距離は一定であるので，イオン化エネルギーは原子番号とともに増加する。一方、希ガス原子から，次の原子番号を持つ原子であるリチウムLi，ナトリウムNa，カリウムK等のアルカリ金属原子に進むときには，1つ外側の電子殻に電子が入るので，この電子はそれより内側のすべての電子による遮蔽効果を受けるようになり，原子核から受ける引力が大きく弱められて，イオン化エネルギーが大きく低下する。

このように，イオン化エネルギーは，原子番号が増加するにつれて，原子の電子配置を反映した同期的な変化を示す。

次の図は，最外殻電子の数とイオン化エネルギーを示すグラフである。

図5　最外殻電子の数とイオン化エネルギー（大野他・化学入門9頁）

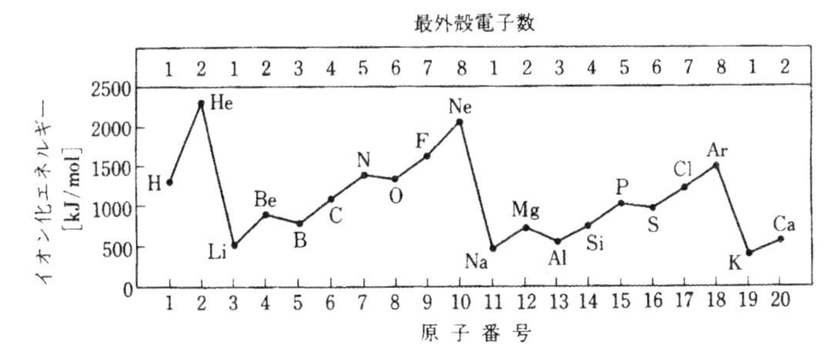

ヘリウム，ネオン，アルゴン等の希ガスはイオン化エネルギーが大きいので，電子を失いにくく，安定している。

陰イオンになるためには，原子が電子を取り入れる必要がある。電子を取り入れて陰イオンになる性質を「陰性」といい，非金属元素は陰性である。

電子を取り入れるためには，代償としてエネルギーを支払う必要がある。原子が電子1個を取り入れて1価の陰イオンになるために放出できるエネルギーを「電子親和力」という。一般に，電子親和力が大きい（たくさんエネルギーを支払える）原子ほど陰イオンになりやすい。(注)

(注) 電子親和力[164]

電子親和力は，相当する1価陰イオンから電子を取り去るのに要するエネルギーに等しい。フッ素F，塩素Cl，臭素Brなど，希ガス原子より原子番号が一つだけ小さい原子（ハロゲン原子）は，電子親和力が大きい。これは，電気的に中性な原子の場合と比べて1価陰イオンでは電子が1個多いため，希ガス原子のところで遮蔽効果が急に大きくなり，その一つ手前で遮蔽効果が最小になるからである。

原子が放出した電子の数または取り入れた電子の数を「イオンの価数」という。上の例で，ナトリウムは1価の陽イオン，塩素は1価の陰イオンになったということである。

イオンの呼び名は，陽イオンの場合には元素名に「イオン」をつける。たとえばナトリウムのイオンは「ナトリウムイオン」である。

一方，陰イオンは，元素名の末尾を「〜化物」に変えた上で「イオン」をつける。たとえば塩素のイオンは塩化物イオンである。ただし，酸からできるイオンは酸の名称に「イオン」をつける。たとえば，硝酸のイオンは「硝酸イオン」である[165]。

イオンを式で表すときには，元素記号の右上に価数（1は省略する）と電荷の符号をつけて表す。これをイオン式という。

たとえば，ナトリウムイオンはNa^{+}，塩化物イオンはCl^{-}となる。アルミニウムは電子を3個放出してアルミニウムイオンAl^{3+}になり，酸素原子は電子を2個取り入れて酸化物イオンO^{2-}になる。

以上のように，1つの原子がイオンになったものを「単原子イオン」という。これに対して，2個以上の原子からなる原子団がイオンになったものもあり，これを「多原子イオン」という。

多原子イオンの電荷がいくつになるかは，その原子団に含まれるすべての原子の価電子の合計を求め，それに最も近い8の倍数にするために電子を何個放出するか，あるいは取り入れる必要があるかによって決まる。たとえば，以下の通りである。

・NH_4^{+}（アンモニウムイオン）

価電子の合計は $5 + 1 \times 4 = 9$ 。従って，1個放出して8となるので，1価の陽イオンとなる。

・NO_3^{-}（硝酸イオン）

価電子の合計は $5 + 6 \times 3 = 23$ 。従って，1個取り入れて24となるので，1価の陰イオンとなる。

・SO_4^{2-}（硫酸イオン）
価電子の合計は 6 + 6 × 4 = 30 。従って，2 個取り入れて 32 となるので，2 価の陰イオンとなる。

水素 H の場合は，最も多く存在する同位体である $^1_1$H は，陽子 1 個，電子 1 個，中性子ゼロという構成であるが，これがイオンになる場合には，（電子 1 個を取り入れるようにも思われるが，そうではなく）電子 1 個を放出して H^+となる。これは電子も中性子もなく，陽子だけからなる[166]。非金属元素で陽イオンになるのは水素イオンのみである。

多原子イオンの名称については規則はなく，それぞれ固有の名称が定められている[167]。

原子番号 1 から 20 までの原子のうち，14 族と 18 族にはイオンがない。これは，次の理由による。

18 族は希ガスであり，非常に安定した状態であるから，電子を取り入れたり放出したりすることがない。また，14 族の炭素 C とケイ素 Si は，4 個の電子が出て行こうとする力と，4 個の電子を取り入れようとする力とがつりあって，いずれのことも生じないためにイオンができない。もっとも，14 族の下のほう（周期の数字が大きいほう）のスズ Sn や鉛 Pb についてはイオンが存在する[168]。

原子が陽イオンになると，原子のときよりも小さくなる。これは，最外殻電子を放出することにより，電子殻が一つなくなるからである。

逆に，原子が陰イオンになると，原子のときよりも大きくなる。これは，原子では，中心にあるプラスの陽子の持つ電気力でマイナスの電子を引きつけているのであるが，電子を取り入れたためにマイナスが増え，引力が弱まったためであると考えられる。

また，同じ電子配置を持つイオンの大きさを比べてみると，O^{2-}，F^-，Na^+，Mg^{2+}，Al^{3+} はどれもネオン Ne 原子と同じ電子配置のイオンになるが，原子核中の陽子数が最も多い Al^{3+} が一番小さくなる。これも，プラスの陽子が多いほど中心に引きつける力が大きいためである。

元素は何種類あるか[169]

前述した通り，原子とは物質を構成する実体のある粒子であるのに対して，元素は性質を表す抽象的な概念である。それでは，元素あるいは原子は何種類あるのだろうか。

大ざっぱには，元素の種類は約 110 種類であり，そのうち約 90 種類は自然界に存在し，それ以外は人工的に作られたものである，と把握しておけばよいが[170]，より厳密・正確に述べようとすると，次のように長い説明が必要となる。

まず，元素（原子）の種類については，現在も新元素の合成をめぐって世界中で激しい競争が繰り広げられており[171]，ある研究によれば，理論的には173番の元素まで存在することが可能であるという[172]。周期表の93番目（ネプツニウムNp）以降の元素はすべて人工的に合成され，発見されたものであり[173]，これらは超ウラン元素と呼ばれる[174]。92番目の元素がウランUだからである。

最後に正式名称がつけられた元素は，原子番号113, 115, 117, 118の4つの元素であり，これらはIUPACによって2015年12月に正式に元素として認定され[175]，2016年11月に以下の通り正式名称及び元素記号が定められた[176]。

元素番号113　ニホニウム　Nh
115　モスコビウム Mc
117　テネシン　Ts
118　オガネソン　Og

正式名称をつける権利は各元素の発見者に与えられており，ニホニウムについては日本の理化学研究所が発見者と認定されたため，同研究所が命名した[177]。

なお，正式名称が決まる前には，これらには「ウンウン」で始まる仮の名前がつけられていた。ウンとは数字の1を意味し，「ウンウン」で「11」となる。「ウンウン」の後に続く言葉もそれぞれの元素番号に対応した意味となっており[178]，元素記号は原子番号の各位の数字名の頭文字を並べ，100の桁のアルファベットのみを大文字とし，他は小文字とする[179]。具体的には次の通りである[180]。

元素番号113　ウンウントリウム　Uut
115　ウンウンペンチウム　Uup
117　ウンウンセプチウム　Uus
118　ウンウンオクチウム　Uuo

以上のように，現時点で正式名称のある元素は118種である。

次に，自然界に（つまり，天然に）存在する元素の数については，以下の通りである[181]。

天然に存在する元素の第1群は，安定同位体を持つ元素である。安定同位体とは，放射性同位体に対比される概念で，ある元素の安定な原子のことであり[182]，非放射性の同位体である[183]。

同位体の中には，時間が経つと放射線（電子やヘリウム原子核）がひとりでに飛び出して，陽子や中性子の数が変わってしまうものがある。そうすると，原子は別の種類の元素に変身する。このような変化を原子の放射性崩壊という[184]（注）。

（注）放射性崩壊の種類[185]

放射性崩壊（原子核崩壊ともいう[186]）には，α崩壊（原子核がα線［ヘリウム原子核］を放出し，原子は原子番号が２つ小さい元素に変わる），β崩壊（原子核中の中性子がβ線［電子］を放出して陽子に変わり，原子は原子番号が１つ大きい元素に変わる），γ崩壊（原子核がγ線［光子］を放出する。元素や同位体の種類は変わらない）の３種類がある。

このように，時間が経つとひとりでに放射性崩壊が起こって別の元素に変身する同位体のことを放射性同位体（ラジオアイソトープ[187]）といい[188]，これには，自然界に存在する「天然放射性同位体」と，加速器などを利用して人工的に作られる「人工放射性同位体」とがある[189]。

一方，放射性崩壊が起こらない（従って，別の元素に変わらない）同位体のことを安定同位体という[190]。

安定同位体が存在しない元素（つまり，その元素の同位体がすべて放射性である[191]）のことを放射性元素という[192]。原子番号90のトリウムTh以降の元素はすべて放射性元素である[193]。(注1)(注2)

（注1）「放射性元素」と「放射性同位元素」[194]

「放射性同位元素」とは，放射性同位体と同じ意味であり，「放射性元素」とは異なる。放射性元素とは元素レベルの呼び名である（元素の中に同位体は複数存在する）が，放射性同位元素とは同位体レベルの呼び名である。

（注2）原子核反応[195]

原子核が反応を起こして他の原子核に変化することを原子核反応という。原子核崩壊（放射性崩壊）反応は原子核反応の一つである。他の原子核反応としては，核融合反応，核分裂反応等がある。原子核の持つエネルギー（陽子と中性子を結びつける結合エネルギーのことで，安定性の目安である）は，原子の質量数が60程度の原子の原子核がもっとも低く，それより質量が大きくても小さくても高エネルギーになる。エネルギーが低いほうが安定性が高く，エネルギーが高いほど不安定である。

質量数60程度の原子に比べて質量が小さい原子の原子核を2個融合して大きな原子核にすれば，余分なエネルギーが放出される。これが核融合エネルギーで，太陽の中で行われている反応である。

反対に，質量が大きい原子核を分裂させたときに放出されるエネルギーが核分裂エネルギーである。原子力発電は，ウラン ^{235}U の核分裂エネルギーを利用している。また，地球の内部が熱く保たれている理由の1つはウランの核分裂反応であると考えられている[196]。

放射性同位体が崩壊する速さは，その同位体によって異なる。始めにあった放射性同位体の原子数が半分にまで減少する時間のことを半減期という。半減期は千差万別で，短いものでは何万分の1秒，長いものでは数十億年である[197]。

なお，半減期の2倍の期間が経過したときにはゼロになるわけではなく，半分の半分すなわち1/4になる[198]。

放射性同位体は，鉛などの安定同位体に到達するまで放射性崩壊を繰り返す[199]。このような一連の反応をまとめて崩壊系列という[200]。

放射性元素でない元素，つまり安定同位体を持つ元素は，81種（原子番号1の水素Hから83のビスマスBiまでのうち，43のテクネチウムTcと61のプロメチウムPmを除く。この2種は陽子数と中性子数のバランスが悪いために，どの同位体も天然には存在できない）ある。但し，この81種のうちでヘリウムHeは特殊で，安定ではあるが非常に軽いために，できたそばから宇宙に逃げてしまうが，放射性元素の崩壊で生まれ続けているため，生成量と消失量がつりあっている[201]。

これら81種の元素については，他の元素に変わることはない安定同位体が存在するから，天然に存在すると言えることは疑いない。

天然に存在する元素の第2群は，放射性元素でありながら，半減期が非常に長いか，あるいは半減期は短くても別の放射性元素から生まれ続けるために天然に存在する元素であり，8種ある（ポロニウムPo，ラドンRn，フランシウムFr，ラジウムRa，アクチニウムAc，トリウムTh，プロトアクチニウムPa，ウランU）[202]。

以上の合計89種が，天然に存在する元素である[203]。

元素はいつできたか[204]

137億年前の宇宙の始まりの際に起こったビッグバンのときに作り出された生成物は，暗黒エネルギー（ダークエネルギー）が68 %，暗黒物質

（ダークマター）が 27 %，残りの 5 % のみが物質であった。「ダーク」とは，人に見えない（肉眼はもちろん，人間が利用できるありとあらゆる観測手段をもってしても見えない）ことを意味する。

この 5 % の物質の大部分は水素原子 H であり，残りはヘリウム He とベリリウム Be であった。それ以外の元素は，その後にできたものである。元素がつくられるタイミングは，ビッグバンの他，恒星の内部及び超新星爆発の計 3 種類である。

1.1.3　原子の結合

1.1.3.1　原子が結合する理由と結合の種類

単体と化合物[205]

1.1.1 で述べた通り，1 種類の元素からなる物質を単体，2 種類以上の元素からなる物質を化合物という。地球上には単体は数百種類しかないが，化合物は数千万種もある（注）。化合物の中には，水や二酸化炭素，食塩などの天然の化合物もあるが，多くは人工的に化学者によって合成された化合物である。

物質が存在し，人間の目で確認できるためには，安定である（変化しにくい）ことが必要である。地球上の，窒素や酸素や水を含む大気が 1 気圧で，かつ温度が－10 ～ 30 ℃ という条件下では，単体という状態で安定に存在できる元素はそれほど多くない。そのため，人間の目に直接見える世界に存在するほとんどの物質は，化合物という形をとっている。

（注）化合物の種類

この項について参照した化学入門編 68 頁の表現は，「化合物はわかっているだけでも 2000 万～ 3000 万種類もあるといわれている」である。しかし，有機化合物のところで説明する通り，「8000 万種以上の有機化合物が知られている」と述べる文献もある。

結合しない原子[206]

物質ができるためには，個々の原子どうしが結びつく（結合する）必要がある。イオン同士の結びつきや原子同士の結びつきのことを化学結合という[207]。

原子同士が結合する上での主役は，それぞれの原子が持っている電子である。そして，原子が結合する理由を知るには，性質上結合しない元素と結合する元素の電子配置を比較するとよい。

結合しない元素とは，周期表の18族（一番右側）の元素であり，これらは「希ガス」と呼ばれ，いずれも原子が単独で存在し，結合することはほとんどない（つまり，単体とはならないし，化合物もほとんどない。現在でも，ヘリウムHe，ネオンNe，アルゴンArの化合物は知られていない[208]）。「希ガス」とは，希にしか存在しない気体（ガス）という意味である。空気中に含まれる量は，ヘリウムHeは約0.0005 %，ネオンNeは約0.0018 %，アルゴンArは約0.93 %である。

このように大気中に少量しか存在しない理由は，希ガスの原子は他の原子と反応しにくく，他の原子と結合を作りにくいため，希ガスは地球ができたときから岩石などと結合せずに大気中に存在し，他の気体と同様にどんどん宇宙に出て行ってしまったからである[209]。

希ガスの電子配置の特徴は，最も外側の電子殻（最外殻と呼ばれる）が電子でちょうど満たされている（2個，8個，18個，32個など。これを閉殻という）か，あるいはそこに8個の電子が存在すること（これをオクテット構造という）である。このとき，希ガスは電子を受け取る必要もなく，電子を放出する必要もないので，結合を作らなくてもよい。このために，希ガスは他の原子とほとんど反応せず，一つの原子で安定している[210]。

他方，希ガス以外の大部分の元素では，最外殻には，収容できる数にぴったりの電子は入っていない。このように，電子殻が収容可能な数を満たしていないのは不安定なので，原子は最外殻が2個，8個，18個，32個，…の収容可能な電子数を満たすように相手を探して反応する。そして，電子を外部からもらったほうが安定なときは最外殻に電子を受け入れて，また最外殻に電子が数個しかないときはそれを放出して，希ガスのような安定な電子配置になろうとする。希ガス型の電子配置をとれば，安定して存在することができる。

その結合の仕方については次項以下で述べるが，このように，原子は単独で存在するものはまれで，単体や化合物として，他の原子と結合した状態で存在する。

前述の通り，希ガスの場合には，原子が結合することなく，1個の状態で安定し，特性を持つ分子としてふるまうため，単原子分子と呼ばれる[211]。

イオン化エネルギーと電子親和力[212]

希ガスの安定性は，イオン化エネルギーの観点からも説明できる。

原子から電子を取り去るには，くっついているものを引き離さなければならないので，外部からエネルギーを加える必要がある。前述の通り，気体状態の原子から電子１個を取り去る（その結果，１価の陽イオンになる）のに必要なエネルギーをイオン化エネルギーという。

図６ イオン化エネルギーのグラフ（福間・復習する本 40 頁）

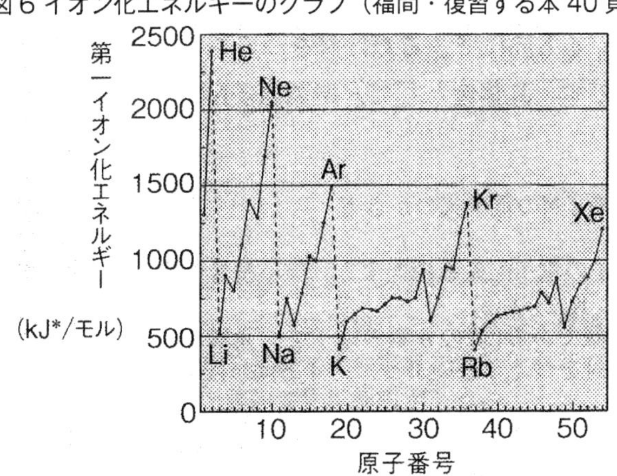

＊kJはエネルギーの単位。

大まかには，同族元素では周期表で下に行くほどイオン化エネルギーが小さくなり，同周期元素では周期表で右に行くほどイオン化エネルギーが大きくなる。前者の理由は，取り去るべき最外殻電子と原子核との距離が大きくなり，クーロン力（静電気力，すなわち正（＋）の電荷を持つ粒子と負（－）の電荷を持つ粒子とが引き合う力である[213]）が小さくなるためであり，後者の理由は，原子核中の陽子数が増加するため，取り去るべき最外殻電子と原子核との間のクーロン力が大きくなるためである。

イオン化エネルギーは，金属では小さく，非金属では大きい。そして，イオン化エネルギーが小さいほど１価の陽イオンになりやすい。希ガスは最も安定した状態であるから，イオン化エネルギーの値が非常に大きい。つまり，電子を取り去ることが難しいのであるから，希ガスはそれだけ安定な構造であり，希ガスは他の物質とほとんど反応しない。

イオン化エネルギーと対になる概念が電子親和力である。電子親和力とは，気体状態の原子が電子１個を取り入れて１価の陰イオンとなるときに放出するエネルギーである。

電子親和力は，その値が大きいほど１価の陰イオンになりやすい。イオン化エネルギーについては，小さいほど陽イオンになりやすいが，電子親和力は逆である。

電子親和力は，金属では小さく，非金属では大きく，希ガスでは極めて小さい。

結合の種類

結合の種類には，単体も化合物も，大きく分けてイオン結合，金属結合，共有結合の３通りがある[214]。

前述した通り，原子の種類すなわち元素には金属元素と非金属元素の２種類があるので，その組み合わせ方は，金属元素同士，金属元素と非金属元素，非金属元素同士の３通りがある。原子がどの結合方法をとるかは，その組み合わせによる。以下の通りである。

・金属元素と非金属元素…イオン結合
・非金属元素同士…共有結合
・金属元素同士…金属結合[215]

同種類または異なる種類のいくつかの原子が結合してできた粒子を分子といい[216]，分子は物質を構成する基本粒子の一つであるが[217]，原子が結合したものがすべて分子となるわけではない。原子の結合が分子となるかどうかは結合の方法によって決まり，上記３種の結合方法のうち，分子を作るのは共有結合の場合のみである[218]。

また，前述した通り，希ガスは原子が他の原子と結合することなく単独で特性を持つ分子としてふるまうので，単原子分子と呼ばれる[219]。

これから，それぞれの結合方法の説明を述べるが，結合の強さは共有結合のほうがイオン結合よりも強い[220]。

金属結合の強さはさまざまであり[221]，加熱すると簡単に融けてしまう（結合が弱い）金属もあれば，なかなか融けない（結合が強い）金属もある。金属結晶の中で最低の融点を持つ金属は水銀 Hg で，融点は－39℃である（水銀は常温で液体である唯一の金属である）。また，最高の融点を持つ金属はタングステン W で，融点は3410℃である[222]。

1.1.3.2 イオン結合[223]

イオン結合とは，一言で言えば原子が陽イオンや陰イオンになり，陽イオンと陰イオンが引き合って結びつく結合方法である。

前述の通り，金属元素はすべて陽性元素であり，最外殻電子を放出しやすく，陽イオンになりやすい。他方，希ガス以外の非金属元素は陰性元素であり，電子を引きつけて最外殻に取り入れやすく，陰イオンになりやすい。

このため，金属元素の原子と非金属元素の原子が近づくと，金属の原子から非金属の原子へと電子が移動して，それぞれが陽イオンと陰イオンになる。そうすると，クーロン力によって結合する。これがイオン結合である。

クーロン力は，電荷を帯びている粒子の間の距離の２乗に反比例し，電荷の大きさの積に比例する。つまり，電荷の大きさが大きいほど，また電荷間の距離が小さいほど，クーロン力は大きい[224]。

イオン結合ができると，それぞれの原子の電子配置が，原子番号の近い希ガス原子の電子配置と同じになる[225]。

イオン結合を電子式で書くと，次のようになる。

塩化ナトリウムの場合

$$\mathbf{Na}^{+}\left[:\ddot{\underset{..}{\mathbf{Cl}}}:\right]^{-}$$

塩化マグネシウムの場合

$$\left[:\ddot{\underset{..}{\mathbf{Cl}}}:\right]^{-}\mathbf{Mg}^{2+}\left[:\ddot{\underset{..}{\mathbf{Cl}}}:\right]^{-}$$

このように，２つの原子の間の点がどちらの原子に所属するのかを明確にするために，マイナスのほうのイオンにカッコをつける。

イオン結合でできた物質を化学式で示す場合には，組成式を用いる。組成式とは，結合する粒子の種類と個数を最も簡単な比で示した式である[226]。

そして，組成式は＋（陽イオン）→ －（陰イオン）の順に並べ，名称は－（陰イオン）→ ＋（陽イオン）の順とする。名称については，「～化～」とし,「イオン」や「物イオン」という語は省略する[227]。また，プラスとマイナスの電荷の最小公倍数を用い，陽イオンと陰イオンの合計した電荷がゼロとなるようにする[228]。

たとえば，塩化ナトリウムは NaCl となる[229]。

多原子イオンからなるイオン結合の物質について組成式を作る場合には，単原子イオンと同様に一つの部品として考え，多原子イオンを複数倍する場合には必ず（　　）をつけて整数倍する。たとえばアンモニウムイオン NH_4^+ と硫酸イオン SO_4^{2-} が結合した場合には，硫酸アンモニウム $(NH_4)_2SO_4$ となる[230]。

イオン結合は強い結合なので（注），その結合を引き離すためには大きなエネルギーが必要であり，結合をゆるめて液体にするには相当な高温にしなければならない。そのため，イオン結合の物質は一般に融点や沸点が高く，すべて常温で固体である[231]。

（注）イオン結合の強さ[232]

イオン結合は，両イオンの電荷の絶対値の積が大きいほど強く，また，イオンの半径の和が小さいものほど強くなる。このことは，電荷間に働くクーロン力の大きさが，２つの電荷の大きさの積に比例し，電荷間の距離の２乗に反比例することと関係している。

クーロン力は三次元的に働くため，固体を形成するときには陽イオンと陰イオンが互いに規則正しく配列した結晶が形成される[233]。結晶とは，その物質を構成する原子や分子，イオンといった粒子が規則正しく整列してできている固体のことであり，イオン結合からなる結晶をイオン結晶という[234]。

イオン結晶中の陽イオンと陰イオンは互いに引き合うように交互に規則正しく整列している。また，物質中の正の電荷と負の電荷が同数になるように結合しているため，全体として電気的に中性となっている[235]。

前記の通り，イオン結合は，陽イオンと陰イオンの間のクーロン力で結合しているため，たたかれてイオンの配列がずれると，同種のイオンが重なり合い，電荷間に反発力が生じて割れてしまう。このため，後述する金属結合とは異なり，イオン結合はもろく，展性や延性はない[236]。

また，金属結合のように電荷を運んでくれる自由電子のようなものはないので，イオン結晶は電気を通さない。しかし，加熱して融解させたり水に溶かして水溶液にしたりすると，イオンが動けるようになって電荷を運ぶので，電気が流れる[237]。

1.1.3.3　共有結合

共有結合のしくみ

希ガス（18族の元素）を除き，非金属元素は陰性が強く，電子を引きつけて陰イオンになりやすく，陽イオンにはなりにくい。そのため，非金属元素の原子同士では，片方が陽イオンになり，もう片方が陰イオンになって，イオン結合するということは考えられない[238]。

そこで，この組み合わせの場合には，２個の原子の電子殻が重なり合い，一方の持つ電子が他方の原子にも属し，両原子がその電子を共有することによって結合する。これを共有結合という[239]。共有結合によって，各原子は希ガス型電子配置（閉殻あるいはオクテット構造）になる[240]。各原子の最外殻に８個（K殻は２個）の電子が存在する状態が安定な状態であるという法則をオクテット則という[241]。

分子は共有結合によってできる[242]。分子中の各原子のまわりには，常に８個（水素Hは２個）の電子が存在している[243]。(注)

(注) 分子の種類 [244]

これまでに見つかった自然界に存在する分子と，人間が作った分子とを合計すると，2010年４月現在，分子の種類は約5200万種類を超え，この数は毎日増えていく一方である。

共有結合は，生物を構成する有機化合物を形作る最もありふれた結合である。この結合で結びつく元素は主にC（炭素），H（水素），O（酸素），N（窒素）である[245]。

具体例として，水素原子２個が共有結合により結合して水素分子ができる仕組みを図示すると，以下の通りである[246]。

図７　水素分子のでき方（左巻他・教科書70頁）

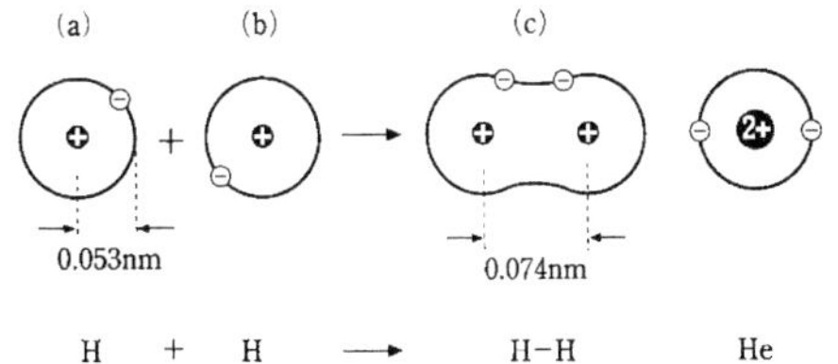

水素原子2個が近づくと，上図のようにK殻が重なり合う。このとき，2つの原子核が電子を引きつける強さは等しいので，2個の価電子（最外殻電子）は両方の原子核を回ることになる。これを電子が共有されたといい，できた価電子のペアを共有電子対という。結合を形成すると，K殻に2個の電子が回っている希ガス元素のヘリウムHe原子に似た電子配置（閉殻）となる。

電子式による表示

電子式で水素分子のでき方を示すと，

H˙＋.H＝H：H

となる[247]。イオン結合とは異なり，原子がイオンにならないので，プラスやマイナスの符号はつけない[248]。

分子式による表示[249]

分子を化学式で表す方法の一つが分子式である。

分子式は，分子を構成する原子の元素記号に，その原子の数を右下に添えて書く。但し数が1のときは書かない。

たとえば，水素分子はH_2，水分子は水素原子2個と酸素原子1個からなるので，H_2Oである。

2種以上の非金属元素からなる分子（化合物）では，次の順序で書く。

B，Si，C，P，N，H，S，I，Br，Cl，O，F

単原子分子については元素記号がそのまま分子式となる。すなわち，He，Ne，Ar等である。添字の1は書かない[250]。

共有電子対[251]

電子殻のうちのK殻は電子の定員が2，L殻は定員が8である。L殻の場合，4つの部屋があり，1つの部屋に2個ずつの電子がペアになって入る。但し，電子はすべてマイナス（－）の電荷を持っているので，互いに反発する。このため，L殻に電子が入っていくとき，4個までは一つの部屋に1つずつ入り，5個目から，既に1個の電子が入っている部屋に新たにもう1個の電子が入り，ペアを作る（前述したフントの規則及びパウリの排他律）。

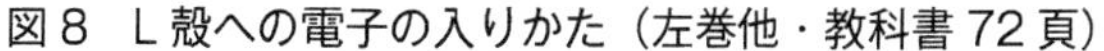

図８　Ｌ殻への電子の入りかた（左巻他・教科書 72 頁）

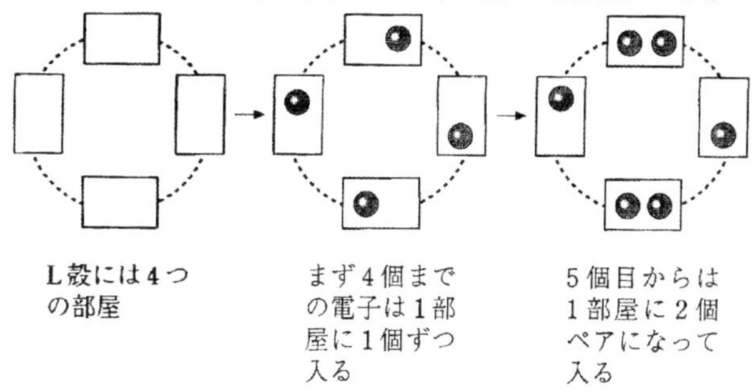

ペアになっていない電子を不対電子といい，不対電子を持つ原子同士が近づくと，不対電子同士がペアを作り，不対電子は両方の原子の原子核の周りを回ることになる。この不対電子のペアを共有電子対という。

また，それぞれの原子でもともとペアになっていた電子（すなわち，共有結合に使われない価電子のペア）を非共有電子対という。

アンモニアとメタンの分子のできかたを以下に示す。

図９　アンモニアとメタンの分子のできかた（左巻他・教科書 72 頁）

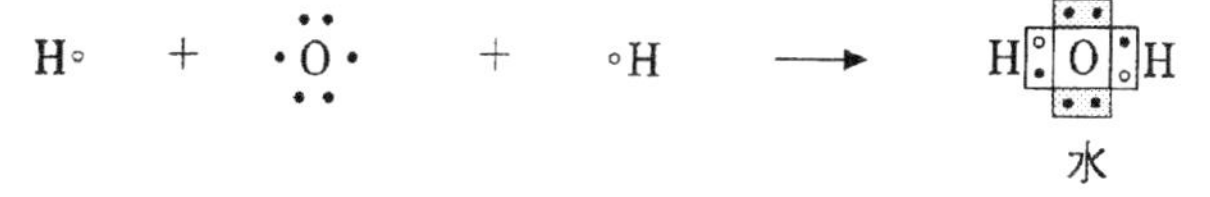

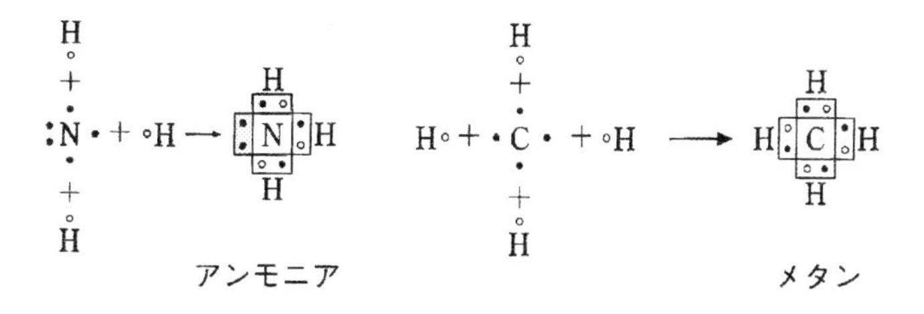

共有電子対　非共有電子対

二重結合・三重結合[252]

水や，アンモニア，メタンにおける共有結合は，１対の共有電子対（従って２個の電子）からできている。これを単結合という。

これに対して，二酸化炭素分子 CO_2 中の酸素原子 O は２つの不対電子を持ち，炭素原子Ｃは４つの不対電子を持つので，すべての不対電子がペアを作ろうとして，炭素原子の右と左それぞれに２対の共有電子対が形成される。これを二重結合という。

また，窒素原子Ｎは３つの不対電子を持つので，もう一つの窒素原子が近づくと，３対の共有電子対を形成する。これを三重結合という。(注)

(注) 四重結合[253]

実験室では，炭素原子が四重に結合した例も確認されている。ただし，非常に不安定ですぐに壊れてしまう。

二酸化炭素分子と窒素分子の電子式は以下の通りである。

図10　二酸化炭素分子と窒素分子の電子式（左巻他・73頁）

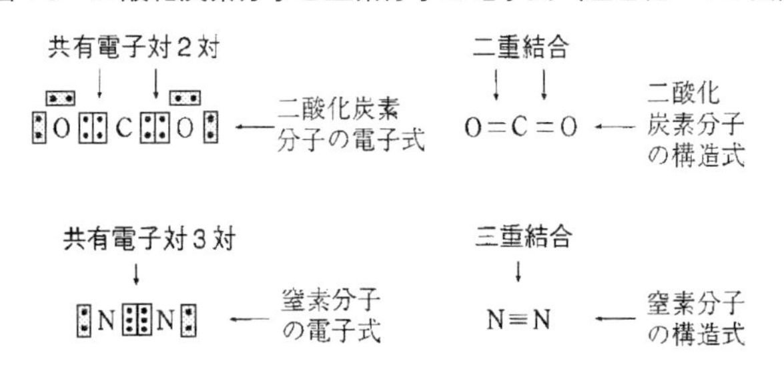

構造式[254]

分子の電子式中の共有電子対１対を１本の線（これを価標という）で表し，非共有電子対を省略した化学式を構造式という。

電子式は価電子（最外殻電子）の数に着目した表し方で，構造式は共有電子対の数に着目した表し方であるといえる。

水素，水，塩素，アンモニアの電子式と構造式は以下の通りである。

図 11　水素，水，塩素，アンモニアの電子式と構造式（吉野・高校化学 39 頁）

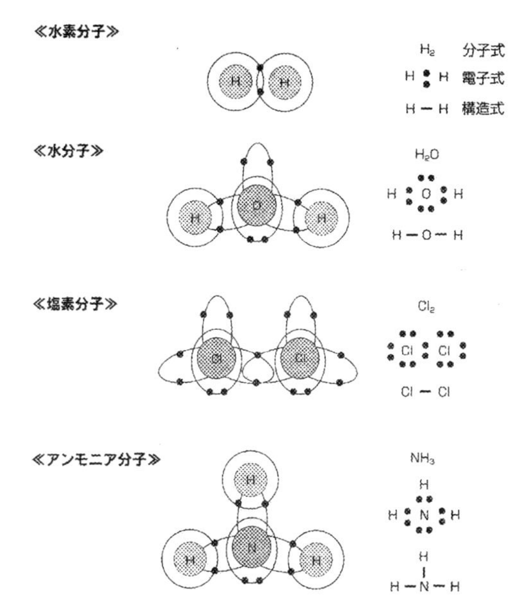

構造式は原子間の結合の様子を表しているが，分子の実際の形を表しているとは限らない。実際の分子は次のような形をとる[255]。

図 12　分子モデル（左巻他・教科書 76 頁）

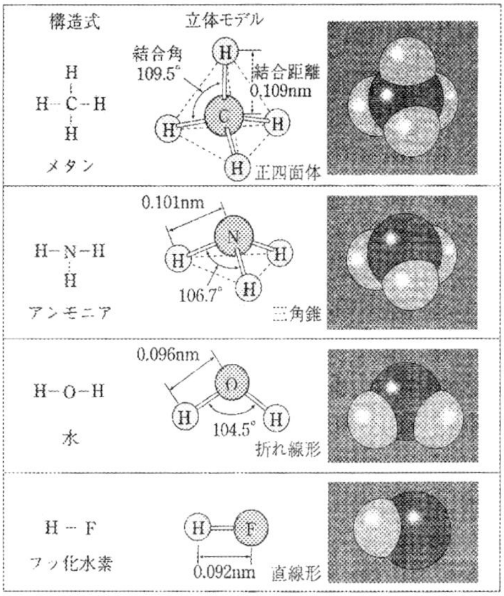

示性式[256]

原子数が多い分子に関しては，構造式が複雑になるため，構造式を簡易に表現した示性式が使われる場合が多い。示性式では，価標をすべて省略するか，あるいは骨格となる原子間の共有結合以外の価標をすべて省略する。

示性式の例として，プロパンは $CH_3—CH_2—CH_3$（または $CH_3CH_2CH_3$），メタノールは $CH_3—OH$（または CH_3OH），エタノールは $CH_3—CH_2—OH$（または CH_3CH_2OH，あるいは C_2H_5OH）と表す。

原子価[257]

共有結合をする電子が出し合うのは，ペア（対）になっていない電子（不対電子）である。この不対電子の数や，イオンになったときの価数を原子価という。

イオン結合の場合には，最外殻から何個の電子を放出したか（相手の原子に与えたか）で正の原子価が決まり，反対に他の原子から何個の電子をもらうかで負の原子価が決まる。

周期表の族と主な原子価は次の通りである[258]。

周期表の族と主な原子価

周期表の族	1	2	13	14	15	16	17	18
第2周期	Li	Be	B	C	N	O	F	Ne
第3周期	Na	Mg	Al	Si	P	S	Cl	Ar
主な原子価	1	2	3	4	3	2	1	0

原子番号が大きくなると，1種類の原子で2種類以上の原子価を示すものが多くなる。たとえば16族の硫黄Sは，2価（H_2Sなど）の他に，4価（SO_2など）や6価（SO_3など）の原子価を示すことがある。これは，原子番号が大きくなると，外殻にある電子が入る部屋が増え，電子がいろいろなパターンで詰まることで外殻電子の中にできる不対電子の数が変化するからである。(注)

(注) 価電子・原子価・価標という3つの用語の整理[259]

価電子とは，原子の電子殻に存在する電子のうち，化学結合の形成に関与する電子をいう。通常は最外殻のs軌道やp軌道に存在する1～7個の電子が価電子に相当するが，鉄Feや銅Cuなどの遷移元素では，内殻のd軌道に存在する電子も価電子になる場合がある。18族（希ガス）元素の原子の最外殻電子は2個（ヘリウムHe）または8個であるが，化学結合をつくりにくいので価電子はいずれもゼロとする。

原子価とは，原子が化学結合をつくる際に，他の原子とつくりうる単結合の数をいう。通常は水素原子n個と結合できる場合の原子の原子価をn価と表し，たとえば，酸素原子Oは水素原子Hの2個と結合して水分子H_2Oとなるため2価である。ただし，第3周期以降の元素では，不対電子をつくる数により複数の原子価を示すものが多い。たとえば，リンPは水酸化リンPH_3となる場合は3価，十酸化四リンP_4O_{10}となる場合は5価になる。

価標とは，構造式において共有結合で結ばれていることを表す棒線をいう。物質の化学式を構造式で表すときに，共有結合で結ばれている部分に存在する1つの共有電子対を1本の棒線を使って書き表す。二重結合で結ばれている場合は2本の線で，三重結合は3本の線で表す。原子の結合手という言葉について，価電子のことであると説明する文献と，価標のことであると説明する文献があるが，価電子のことであると理解するのが適切であると思う。このことについては有機化合物のところで述べる。

原子が共有結合をする理由[260]

エネルギーとは何らかの仕事をする能力のことをいうが，一般に物質は，エネルギーの小さい状態になるような方向に自然に変化を起こす。そして，エネルギーが小さい谷底の状態になると変化を起こしにくくなる。この状態を安定な状態という。

原子同士が近づくと結合を作るのは，結合したほうがエネルギー的に安定だからである。原子は，共有結合を形成して，希ガス元素の電子配置をとって安定になろう（エネルギーを小さくしよう）として共有結合をする。その証拠に，原子同士が安定な結合を作ると，必ず熱や光などの形でエネルギーが放出される。

配位結合[261]

一方の原子は電子を出さず，もう一方の原子がその非共有電子対を出し，その電子対を2つの原子が共有するという形の結合がある。これを配位結合という。配位結合は共有結合の特別の場合で，できてしまえば他の共有結合と区別はつかない。電子式や構造式を書くときは，配位結合したイオン全体を［　　］で囲み，その外側の右上に電荷を記入して表す。

具体例として，アンモニアと水素イオンからできるアンモニウムイオンや，水と水素イオンからできるオキソニウムイオンがある。

アンモニアと水素イオンからアンモニウムイオンができる配位結合[262]

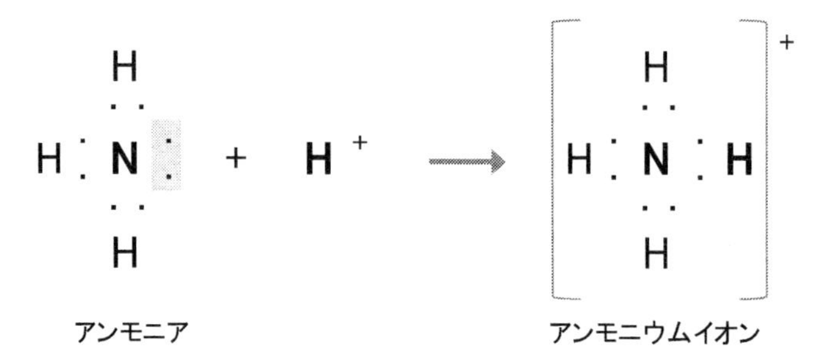

水と水素イオンからオキソニウムイオンができる配位結合[263]

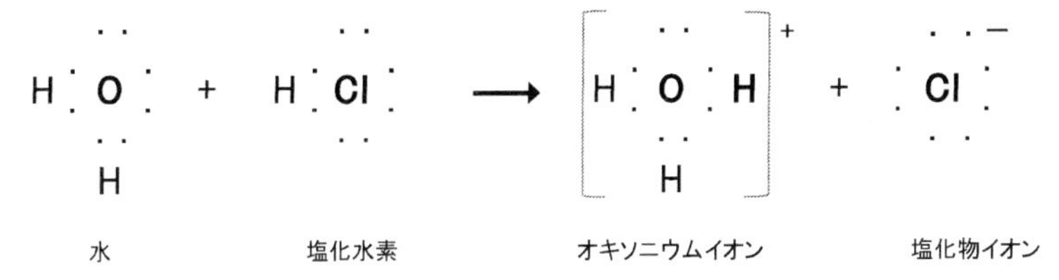

1.1.3.4　金属結合[264]

金属原子の価電子の数は1～3個と少なく，これらの価電子を放出して陽イオンになりやすい。そのため金属原子が多数集まると，原子から価電子が放出され，金属中を自由に移動できるようになる。

電子同士は区別がつかないので，いったん自由になった電子は，もともとどの原子の電子だったかを考えるのは無意味になる。つまり，どの原子の所属でもない自由な電子になっている。そして，価電子はすべての原子によって共有される。

このとき，金属中を自由に移動できる価電子（すなわち最外殻電子）を自由電子といい，この自由電子が金属の陽イオン全体で共有されることにより，金属原子同士が互いに結びつく。

すなわち，金属の陽イオンはプラスの電荷を，自由電子はマイナスの電荷を持っているので，両者間に引力が生じる。この引力によって原子が結合するのが金属結合である[265]。金属結合の場合は分子を構成せず，金属結晶を構成する[266]。

電流は電子の流れであり，自由電子があるために金属は電気をよく導く（電子はマイナスの電荷を持つため，電子の流れの方向と電流の向きは逆である[267]）。また，熱運動を自由電子が伝えるために，熱もよく導く。自由電子による結合には方向性がないため，どんな形になっても結合ができる。そのため，金属は引っ張ると延びる延性や，たたくと広がる展性を示す（金属に力が加わっても，原子の動きとともに自由電子が動くことで，原子と原子の結合が切れることなくずれることができるので，こわれずに変形することが可能である[268]）。

その他の金属の性質としては，金属光沢と呼ばれる特有の光沢がある（みがくと光る）こと，融点が高いものが多いという点があげられる[269]。

多くの金属が銀色であるのは，金属の自由電子が金属表面ですべての色の光を吸収し，即放出する（つまり，すべての光を反射する）からである[270]。

これが金属光沢の原因である[271]。

金属結合でできた物質を化学式で表す場合には，特定の数の原子からできている分子とは異なり，多数の原子が集まっているために元素記号の右下の添字が書けないので，最も簡単な比である1を使う組成式を用いる。1は省略するので，結局元素記号と一致する。たとえば，ダイヤモンドはC，ケイ素はSi，ナトリウムはNa，鉄はFe，銅はCu，金はAuである[272]。

1.1.3.5　電気陰性度[273]

電気陰性度とは，結合を形成している2つの原子のそれぞれが，その結合にかかわっている電子を引きつける強さを相対的に表したものである（数値が大きいほど電子を強く引きつける）。周期表では，おおむね右上の元素ほど大きく，左下の元素ほど小さい。希ガスは結合をほとんど形成しないので定義されない。

アメリカのポーリング（Pauling）は，フッ素を4.0として各原子の電気陰性度を算出した。その数値は以下の通りである。

ポーリングの電気陰性度

H 2.1						
Li 1.0	Be 1.5	B 2.0	C 2.5	N 3.0	O 3.5	F 4.0
Na 0.9	Mg 1.2	Al 1.5	Si 1.8	P 2.1	S 2.5	Cl 3.0
K 0.8	Ca 1.0	So 1.3	Co 1.8	As 2.0	Se 2.4	Br 2.8
Rb 0.8	Sr 1.0	Y 1.2	Sn 1.8	Sb 1.9	Te 2.1	I 2.5
Cs 0.7	Ba 0.9	La 1.1	Pb 1.8	Bi 1.9	Po 2.0	At 2.2
Pr 0.7	Ra 0.9	Ac 1.1				

非金属元素の電気陰性度は一般に大きいので，非金属原子間に存在する電子は原子に強く束縛され，共有電子対としてその場にとどまる。この結合が

共有結合である。

これに対して，金属元素の電気陰性度は一般に小さいので，金属原子間に存在する電子は束縛をあまり受けずに自由に動き回る。これが自由電子であり，これによる結合が金属結合である。

非金属原子と金属原子が結合しようとすると，非金属元素は金属元素よりもかなり電気陰性度が大きいので，共有した電子は極端に非金属原子のほうに偏り，その結果，非金属原子が電子を完全に取り込んで陰イオンになる。他方，相手の金属原子は陽イオンになる。このようにしてできた陽イオンと陰イオンがクーロン力で結合するのがイオン結合である。結合する２原子の電気陰性度の差が大きいほど，その結合のイオン性は大きい。

以上より，原則的に非金属元素同士は共有結合，金属原子と非金属原子はイオン結合，金属原子同士は金属結合によって結合することになる。

ただ，すべての物質が３種類の結合方法のどれか一つにはっきり分類できるわけではなく，２種類の結合方式をあわせ持った物質もある。たとえば，石鹸は共有結合性とイオン結合性をあわせ持った構造をしている。また，塩化水素（HCl）は，水に溶かすと水素イオンと塩化物イオンに分かれるからイオン結合と考えてもよいが，非金属元素同士の結合だから共有結合と考えることもできる。

このように，便宜上，理解しやすいように結合を分類しているが，実際には「○○結合の物質」とはっきり言い切れるものは非常に少なく，多くの物質はいろいろな結合の性質をあわせ持ったものと言える[274]。

1.1.4　原子の結合方法による物質の分類

４種類の物質[275]

結合の種類によって物質を分類すると，以下のように，すべての物質は，４種類のいずれかに分類される。結合の種類が３種類なのに物質の種類が４種類であるのは，共有結合によってできる物質が２種類あるからである。

①　イオン結合の物質

金属原子からできた陽イオンと，非金属原子からできた陰イオンがイオン結合によって結合してできる。分子をつくらない。イオン結合は強い結合なので，常温・常圧ではすべて固体である。

②　金属

金属原子が多数金属結合してできている。分子をつくらない。金属結合は強いものから弱いものまであるので，融点の幅も広い。最も融点が低いものは水銀 Hg で－39℃，最も融点が高いものはタングステン W の 3410℃である。常温・常圧では水銀以外はすべて固体である。

③　分子性物質

非金属原子が共有結合によって分子となり，分子が分子間力によって結合している物質，つまり分子が集合してできた物質である[276]。分子間力による結合には，ファンデルワールス結合や水素結合などがある。

分子間力はイオン結合，共有結合，金属結合に比べると非常に弱いので，分子性物質には気体や液体も存在する。

多くの原子が共有結合でつながり，分子量が 1 万以上になった分子は高分子と呼ばれる。たとえば，ポリエチレンやポリスチレンなどのプラスチックがこれにあたる[277]。

④　共有結合の結晶[278]（共有結合結晶あるいは共有結晶ともいう[279]）

分子が分子間力で結合している③とは異なり，多数の（高分子よりも多い[280]）原子が共有結合で結びつくことによって巨大分子を形成し，結晶として存在する物質である。(注)

分子結晶では，原子 2 つが共有結合によって結びついたあとは，不対電子はもう余っていないので，さらに別の原子と共有結合していくということはない。これに対して共有結合結晶では，4 本の手を持つ炭素同士が結びついても，まだ 3 本の手が余っているので，さらにどんどんつながっていく。このため，多数の原子が共有結合で結びつくということが生じるわけである[281]。

大きな結晶や小さな結晶など，結晶中の原子数は一定ではないので，組成式で表す[282]。

共有結合結晶の具体例としては，C（ダイヤモンド，グラファイト [黒鉛][283]），Si（ケイ素），SiO_2（二酸化ケイ素），SiC（炭化ケイ素）がある[284]。共有結合は非常に強いため，共有結合結晶は硬くて融点が高く，すべて常温で固体である。また，一般に電気を通さない。但し，グラファイト（黒鉛）は電気を通す。

グラファイトは，価電子 4 個のうち 3 つが共有結合し，網目状の層をつくっている。層と層は分子間力で結びついているので，はがれやすい。この特色を用いて鉛筆がつくられる。また，価電子の残り1個は層の間を自由に動くことができる。グラファイトが電気を通すのはこのためである。

（注）結晶[285]

多くの純物質は，液体を冷やして固体にすると結晶となる。たとえば硫黄Sを水晶加熱して液体にして，これをゆっくり冷やすと，単斜晶系硫黄と呼ばれる独特の形状をした結晶となる。

しかし，沸騰するほどの高温の液体にしておいて，一気に水に入れて冷やす，つまり分子が勝手に動き回っている状態で急に温度を下げると，分子は今いた位置でそのまま動けなくなるので，規則正しく並んだ結晶とは違う状態となる。このように，固体の構成粒子の配列が乱れた状態を非晶質という。硫黄の場合は，無定形硫黄とかゴム状硫黄と呼ばれるのが非晶質である。

砂糖の成分であるショ糖にも，氷砂糖の結晶やべっこう飴のような非晶質のものがある。ショ糖の濃い水溶液に，ショ糖の結晶の種を入れて，2週間くらいかけて結晶の種の表面にショ糖分子が規則正しくくっついていくと，きれいな氷砂糖の結晶ができる。逆に，砂糖水を熱して煮詰め，熱いうち（160℃）に銅やステンレスの型に流し込んで，急激に冷やして固めたものがべっこう飴である。

このように，単斜晶系硫黄や氷砂糖などは，構成粒子が規則的に並んでおり，それが外観に現れて独特な形をしているので，結晶と呼ばれる。一方，構成粒子の配列が不規則である（しかし，粘性が強くて動けない[286]）ガラス，無定形硫黄・べっこう飴・ゴム[287]・プラスチックなどは，無定形固体または非晶質（アモルファス）といわれる。

水素結合とファンデルワールス結合[288]

電気陰性度が異なる原子同士が結合した分子の場合，分子全体では電荷は中性であるが，電荷の分布にわずかな偏りが生ずることがある。たとえば，水分子は酸素と水素という非金属元素でできているので，分子の仲間だが，水素と酸素は共有している電子を引きつける力が違っており，酸素のほうが力が強い。このため，水素原子と酸素原子が近接すると，酸素原子のほうが電気陰性度が高いため，電子雲は酸素のほうに引っ張られ，水素原子は少し＋，酸素原子は少し－の電荷を持つ。これを，$H^{\delta+}$，$0^{\delta-}$と表す。δ（デルタ）は「ごくごく小さな」という意味である[289]。

このように，電気陰性度の大きいフッ素F・酸素O・窒素Nなどの原子と共有結合している水素原子が他の分子の陰性の原子との間に作る結合を水素結合と呼び，このような結合を，結合に極性があるという。また，分子内に電荷の偏りを持つものを極性分子という。

水に食塩などを入れると，陽イオンには水分子の酸素原子が，陰イオンには水素原子が近づいて結合し，水中に引き出して溶かす。しかし，油のような分子は電気的な偏りがないため，水分子と結合しにくいので，溶け合わない。(注)

（注）水の融点・沸点[290]

一般に，同じ族で同じような形の分子を作るときは，分子同士に働く分子間力は分子量が大きいほど強くなる。

ところが，同じ 16 族元素である酸素 O，硫黄 S，セレン Se，テルル Te の水酸化物（水素との化合物）である，水 H_2O，硫化水素 H_2S，セレン化水素 H_2Se，テルル化水素 H_2Te を比較すると，水は最も分子量が小さいにもかかわらず，水だけがかけ離れて融点や沸点が高い（水以外の物質はすべて常温で気体である)。これは上記の原則からは説明できないが，この理由は，水分子が極性分子であり，一方の分子である酸素ともう一方の分子である水素との間に水素結合を持つため，分子同士の間に普通の分子間力より強い力である水素結合が働いているからである。この結合を切るためには，1 気圧で 100℃まで加熱しなければならない。

水分子は，水素結合があるために勝手に動くことができず，ある瞬間は近くの分子と水素結合でつながり，そしてすぐに分子運動でそれを切って，また新たな分子と水素結合しながら運動している。このような，水分子の水素結合が切れたりつながったりするのは，10 ～ 12 秒くらいの非常に短時間の間に起こっている[291]。

極性分子と対比されるものは，無極性分子である。これには，①電気陰性度の差がゼロのもの（単体）と，②各原子間では偏りがあるが，互いに打ち消しあうため，分子全体としては無極性となるものとがある[292]。後者の例としては，二酸化炭素やメタンがある[293]。

次の図は，無極性分子と極性分子を示したものである。

図 13　無極性分子と極性分子（左巻他・教科書 82 頁）

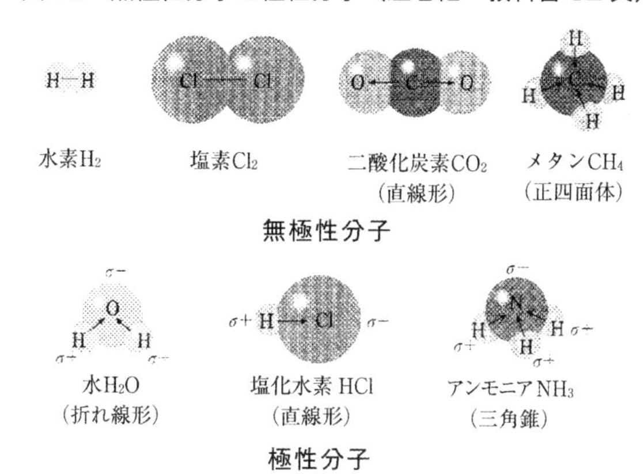

ファンデルワールス結合とは，すべての分子間にはたらく弱い引力であるファンデルワールス力による結合である[294]。

分子中の動き回る電子は，分子中でいつも均一に分布しているわけではなく，瞬間的に見れば偏って存在しているときがある。瞬間的に電子がどこかに偏ると，隣の分子内の電子もその影響を受けて偏る。このような瞬間的な電荷の偏りの結果働く分子間のクーロン力が，ファンデルワールス力である。

ファンデルワールス力等の分子間力は，分子量が大きいほど大きくなる（あるいは，分子間力は分子 1 個の質量が大きいほど強く働くとも言える[295]）。これは，分子量の大きい分子にはたくさんの電子が含まれているので，瞬間的な電荷の偏りが大きくなるからである[296]。

分子間力が強い，つまり分子同士が強く引き合っている物質は，熱運動で分子を揺り動かして液体にしたり，完全にばらばらに引き離して気体にしたりするためには，より高温にしなければならない。従って，分子間力が強い物質ほど融点や沸点が高いといえる[297]。

結合の強さは，水素結合のほうがファンデルワールス結合よりも 10 倍くらい強い[298]。しかし，分子間結合自体は，化学結合（3 種類の結合）に比べるとたいへん弱い結合であり，水素結合の強さは共有結合の 5 分の 1 ないし 10 分の 1 程度である[299]。従って融点や沸点は低く，分子性物質だけに気体や液体が存在する。ただ，水素結合が働く分子からなる物質の沸点や融点は，働かない場合に比べて特異的に高くなる[300]。

物質の種類と電気の通しやすさ[301]

イオンは＋や－の電荷を持っているので，電気を運べる。従って，イオンを含む物質は電気を通す。

また，金属はすべて自由電子を持っていて，それが自由に動けるので，電気を通す。

一方，分子は電気的に中性の粒子なので電気を運べないから，分子でできた物質は電気を通さない。プラスチックや繊維のような高分子や，ダイヤモンドのような共有結合結晶も電気を通さない。これらはイオンではなく，電子は原子の中に閉じ込められていて，自由電子のように自由に移動できないためである。

物質の種類と溶けやすさ[302]

化学では「似たものどうしはよく溶ける」という言葉がある。分子性物質（分子でできた物質）同士はよく溶け合い，金属と金属もよく溶け合うという意味である。

分子性物質は弱い引力である分子間力で結合しているため，分子同士であれば種類が違っても混ざりやすいが，イオン結合の物質はやや強いイオン結合でイオンが結びついているため，分子がイオンの間に入ってばらばらにすることはできない。このため，分子性物質とイオン性物質は溶けにくい。

もっとも，水は食塩などのイオンをよく溶かすが，これは水分子が極性を持つためである。

水に食塩を入れると，食塩の中の陽イオンには水分子の酸素原子（わずかにマイナスの電荷を持つ）が，陰イオンには水素原子（わずかにプラスの電荷を持つ）が近づいて結合し，水中に引き出して溶かす。

しかし，油のような分子は電気的な偏りがないため水分子と結合しにくいので，溶け合わない。水と油が溶け合わないのはこのためである。

1.2 物質の状態と量

1.2.1 物質の状態

物質の三態[303]

物質には，固体，液体，気体という３つの状態があり，これらをまとめて物質の三態という。液体と気体をまとめて流体という。

物質の三態の間の変化（状態変化という）は次のように呼ばれる。

固体⇒液体　：融解
液体⇒固体　：凝固
液体⇒気体　：蒸発
気体⇒液体　：凝縮
固体⇒（液体を経ない）気体　：昇華
気体⇒（液体を経ない）固体　：昇華

固体，液体，気体をそれぞれ固相，液相，気相と呼ぶことがあり，融解や蒸発のように状態が変化することを相変化という[304]。

固体は一定の形と体積を持ち，構成粒子同士が化学結合や分子間結合により強く結合している。このため，密度は大きく，流動性を示さない。(注)

(注) 密度・比重[305]

体積１立方センチメートル（cm^3）当たりの質量（g）を密度といい，固体や液体の場合は［g / cm^3］という単位で表す。気体の場合には値が小さくなりすぎるので，１立方デシメートル（dm^3 = リットル，L）のときの質量［g / dm^3］で表すことが多い。

密度 = 質量 / 体積　である。

密度と混同されやすいものとして，比重がある。比重とは，固体や液体の密度を水の密度（1.0 g / cm^3）と比較した値である。ある物質が水に浮くということは比重が１よりも小さいこと，逆に水に沈むということは比重が１よりも大きいことを意味する。

気体は一定の形と体積を持たず，構成粒子の間に働く力は極めて弱い。そのため，密度の値は非常に小さく，流動性を示す。

液体は気体と同様に一定の形を持たないが，固体と同様に一定の体積を持つ。構成粒子同士は比較的強度に結合しており，密度の値は大きい。しかし，固体のように粒子の位置が固定されているわけではなく，気体のような流動性を示す。このように，液体の状態は固体と気体の中間状態である。

物質が固体・液体・気体のうちどの状態で存在するかは，物質を構成する粒子（原子や分子）の間に働く力（引力）と，粒子の運動の激しさとのかね合いによってきまる。

物質の内部では温度に応じて粒子が絶えず動いており，温度が高くなると分子や原子の運動が激しくなる。温度がさらに高くなり，分子や原子の運動がより激しくなると，それらの粒子はついには粒子間の引力を振り切って，より自由に運動するようになる。従って，固体は温度が上がると液体になり，液体の温度がさらに上がると気体となる。

このことをさらに詳しく説明すると，以下の通りである。

粒子の動き[306]

固体では，原子や分子などの粒子が互いにできるだけ近くなるようにぎっしり集まっている。その内部では粒子の間の距離が小さく，粒子同士に強い力が働いている。従って，各粒子は定位置でわずかに振動しているだけで，ほとんど動かない。

液体では，粒子はかなりぎっしり詰まっているが，その集合状態は固体より不規則で，粒子はそれぞれの位置を変えて絶えず動いている。そのため，液体はそれ自体の形はなく，流れ動く性質（流動性）がある。液体と固体を比べると，液体では粒子が動けるだけのすきまがあることになり，一般的には液体のほうが粒子間の距離が大きい。従って，一定の質量の固体が融けて液体になると，多くの物質は体積が増える。つまり，普通の物質では，固体よりも液体のほうが密度が小さい。(注 1)

気体になると，粒子はばらばらな状態で存在し，粒子の間の距離が非常に大きく，粒子自体の体積より空間部分の体積のほうが圧倒的に大きくなる。つまり，粒子同士の間にほとんど力が働かず，粒子は空間を自由に飛び回っている。液体と同様に，気体にもそれ自体の形はなく，流動性がある。当然，密度はかなり低くなる。たとえば，1 気圧で 100 ℃の気体の水の密度は，100 ℃の液体の水の密度の 1700 分の 1 である。

要約すると，固体の状態では各粒子は基本の定位置を変えずに振動している。液体では，粒子がお互いの位置を変えるように絶えず移動している。気体では，粒子は空間を自由に激しく飛び回っている。(注 2)

(注 1) 水の特殊性[307]

水の固体である氷は，液体の水に浮く。これは，通常の物質とは異なり，氷（固体）のほうが水（液体）よりも密度が小さいことを意味する（液体状態の 3.98 ℃で密度が最大になる。この密度は固体の氷の 1.1 倍である)。

この理由は，氷では多数の水分子が水素結合によって結合するときに隙間の多い空洞部分が多数できるためである。つまり，$1 cm^3$ という体積に含まれる水分子の数は氷よりも水のほうが多い。

水を高い温度からだんだん冷やしていくと，熱振動が小さくなって分子間の隙間が小さくなり，密度が大きくなるが（これは通常の物質と同じ)，他方，水素結合によって分子同士がくっついていくと，分子間の隙間が大きくなり，密度が小さくなる（これは水に特有の現象である)。このような，熱振動が小さくなる影響と水素結合の影響とのどちらが大きいかによって，密度が大きくなるか小さくなるかが決まり，その境が 3.98℃である。3.98℃より高温では熱振動が小さくなる影響のほうが強いので，低温にするほど密度が大きくなり，3.98℃より低温では水素結合の影響のほうが強いので，低温にするほど密度が小さくなる。つまり，3.98℃のときが最も密度が大きい。

もしも他の物質と同じように氷が液体の水に沈むとしたら，北の海では凍った水から順に下に沈んでいき，最終的には海全体が凍りついてしまったであろう。氷山が海に浮いて外部の冷気を遮断し，海全体が凍らずにすむ（このため，水中に生物が住むことができる）のも，水の特異な性質に由来している[308]。

(注 2) 気体分子の運動の速度[309]

20 ℃，1 気圧における酸素分子 O_2 や窒素分子 N_2 の運動の速度は約 500 m/s であり，音速（約 340 m/s）を超える非常に早い速度である。気体分子の速度は，軽い気体の分子ほど，また同じ種類の気体では温度が高いほど，速い。

エネルギー

エネルギーとは「仕事をする能力」[310] あるいは「仕事ができる能力」[311] を意味する。エネルギーは，原子や分子のように固定した形を持つものではなく，仕事をどのような形で行うかによって，エネルギーの形態は様々に変わる[312]。本節では，様々なエネルギーの形態のうちの運動エネルギーとポテンシャルエネルギーについて触れる（エネルギーについては 1.3.4 で詳細に述べる)。

運動エネルギーとは，物体が運動することにより持つエネルギーで，物体が静止するまでになす仕事である[313]。質量が大きく，早く動いている物体ほど大きな運動エネルギーを持っている[314]。

ポテンシャルエネルギーとは，物体の存在する位置だけで決まるエネルギーであり，位置エネルギーともいう。ポテンシャルエネルギーと運動エネルギーの和を力学的エネルギーという[315]。

ポテンシャルエネルギーについては，

・引き合う関係にあるものは，互いに離れているほどポテンシャルエネルギーが大きい。

・反発しあう関係にあるものは，互いにくっついているほどポテンシャルエネルギーが大きい。

という性質がある。

前者の例は地球と人の関係である。高いところにいる（すなわち，地球から離れている）人ほど，大きなポテンシャルエネルギーを持っている。地表にある物体が重力に引かれて落下すると，位置エネルギーは減少し，運動エネルギーに変わる[316]。

正（＋）の電荷と負（－）の電荷は互いに引き合うから，正負の電荷の距離が大きいほどポテンシャルエネルギーは大きい。一方，正電荷間や負電荷間には反発力が働くので，電荷間の距離が近いほどポテンシャルエネルギーが大きくなる[317]。

物質の状態変化と熱及びエネルギーの関係[318]

物質を構成する分子や原子は，不規則で無秩序（ランダム）な運動をしている。物質の温度とは，その分子や原子などの粒子１つ１つの運動のエネルギーを平均したものである。これに対し，熱とは，粒子の持つエネルギーの総和である。同じ温度の物質が２倍の質量あれば，その物質の持つ熱は２倍となる。

物質の構成粒子のランダムな運動のエネルギーを「熱エネルギー」と呼ぶ。単に「熱」というときは，温度差のある物体間の熱エネルギーの流れを意味する。(注)

物質に熱が加えられると，熱は物質を構成する原子や分子の運動のエネルギーに変わり，温度が上昇し，さらには物質の状態が変化する。このとき，「物質の内部エネルギーが増大する」という。

熱を加えるとは，物質を作っている粒子（原子，分子，イオンなど）に運動を加えて揺さぶり，粒子の運動を激しくすることである。したがって，温度が上がるとは，粒子の運動が激しくなることである。このような粒子の運動を熱運動という。つまり，温度とは，熱運動の激しさを表す指標である。

電子レンジによる加熱の原理は，レンジ自体は熱を発生しないが，レンジから出る電波（マイクロ波）を食品に照射すると，極性を持つ水分子がエネルギーを吸収して激しく運動するため，水分子を含む食品の温度が上昇し，加熱された状態になるということである。

（注）エネルギー（熱）の単位

現在，世界共通のエネルギー（熱）の単位はジュール（J）である。1ジュール（J）は，1ニュートン（N）の力が，力の方向に物体を1メートル動かすときの仕事（およそ100 gの重さの物体を1 m持ち上げる仕事）をするときのエネルギーである。

エネルギーの単位には，カロリー（cal）もある。かつてはカロリーを熱の単位，ジュールを力学的なエネルギーの単位として使い分けていたが，両者はともにエネルギーという実体を表していることに違いがないので，現在の科学では，エネルギーの単位としてジュールを使うことが推奨されている。しかし，カロリーの単位は現在でも使われている。1カロリーは4.184Jである[319]。

同じ温度でも，物質の粒子を運動させるのに必要な熱エネルギーは物質によって異なる。ある物質の粒子がどのくらい熱エネルギーを必要とするかは，物質の比熱が示す。比熱とは，その物質の一定質量（基準は1 g）を一定温度（基準は1 ℃）上昇させるのに必要な熱エネルギー（単位はJ）である。比熱が大きい物質ほど，温まりにくく，さめにくい。

主な物質の比熱は下表の通りである。

主な物質の比熱

物質	比熱［J/(g・℃)］
水（液体）	4.2
水（固体）＝氷	2.1
アルミニウム	0.88
鉄	0.44
銅	0.38
銀	0.24
ガラス	0.67

この表の通り，液体の水は大きい比熱を持つが，これは，水の分子同士の引力（分子間力）が大きく，動きにくいからである。

圧力[320]

運動している気体分子が容器の壁にぶつかると，壁に力を加える。このとき単位面積（$1m^2$）に働く力を圧力と呼ぶ。

圧力はパスカル（記号 Pa）という単位で表される。1 Pa は，$1m^2$ の面積に 1 N（ニュートン）の力が働いたときの圧力である（1 N は 1 kg の物体を $1m/s^2$ で加速する力であり，地球上で 1 kg の物体にかかる重力は 9.8 N である)。つまり，$1 Pa = 1 N / m^2$ である。

地球上の空気が地表に及ぼす空気の圧力を大気圧という。大気圧の大きさは，イタリアのトリチェリ（1608 ～ 1647）の行った実験でわかる。一端を閉じたガラス管（約 1 m）に水銀を満たし，ガラス管の開いた端をゴム栓などで閉じて，やはり水銀の入った容器の中に入れ，ガラス管を立てて端のゴム栓を外す。すると，水銀はいくらか管の下から出て行き，容器の水銀面の約 76 ㎝上のところで止まる。このとき，管の上の隙間はトリチェリの真空と呼ばれ，通常は無視できるほどのごくわずかの水銀の蒸気の他は何もない。

水銀柱は，容器の水銀面に空気の分子がぶつかることによって生じる大気圧で支えられている。大気圧が小さくなれば水銀柱は低くなり，逆に大気圧が大きくなれば水銀柱は高くなる。

大気圧は数字が大きくなるので，普通はヘクトパスカル（記号 hPa）という単位で表される。1 hPa = 100 Pa である。また，キロパスカル（kPa）は 1000 Pa である。

水銀柱の高さから圧力を表すこともある。水銀柱が 760 ㎜のときの圧力を 760 ㎜ Hg または 76 ㎝ Hg と表示し，1 気圧（1 atm）と決めた。

これらの関係を表すと，$1 atm = 760 mmHg = 1.013 \times 10^5 Pa = 1013 hPa = 101.3 kPa$ である。

固体と液体の移り変わり（融解・凝固）[321]

固体が液体になる（融解する）には熱が必要であり，これを融解熱という。

水の融解熱は 80 カロリー／ g である。つまり，氷が解けるには 1 g あたり 80 カロリーを必要とする。

通常，物質に熱を与えると温度が上がるが，融解が起こりつつある物質では，熱が加わっても融解が進むだけで，温度は上がらず，一定値にとどまる。このとき加えられた熱は融解という状態変化に使われている。このような熱を潜熱ということがある。

融解のような状態変化は圧力の変化によっても起こるが，通常は圧力一定，とくに標準大気圧（1 atm）の下での状態変化に着目し，単に融点というときは 1 atm の下での融点を示す。

逆に液体が固体になる（凝固）には熱を取り去る必要があり，これを凝固熱という。水が氷となるためには 1 g あたり 80 カロリーを取り去る必要がある。

液体と気体の移り変わり（蒸発と沸騰・凝縮と凝固）[322]

液体の分子はすべて同じ熱エネルギー（あるいは運動エネルギー[323]）を持っている（つまり，すべて同じ速度で運動している）のではなく，早いもの（平均より大きい熱エネルギーを持つ分子）から遅いもの（平均より小さい熱エネルギーを持つ分子）までさまざまである。大きい熱エネルギーを持つ分子は，表面から分子間力をふり切って空間中に飛び出していく。これが蒸発である[324]。

蒸発が液体の表面からだけ起こるのは，液体内部にある分子が四方八方の分子からの引力（分子間力）で束縛されているのに対し，表面にある分子は内側にある分子の引力しか受けていないので，激しい運動をしている分子は，分子間力を振り切って飛び出しやすくなるからである。

水を入れた容器にふたをしておけば，気体になった分子が飛び去ることはなく，そのうち液体の水の表面にぶつかり，液体内部に戻ってくるから，液体の質量は減らない。

温度が高くなると，大きなエネルギーを持つ分子が多くなり，蒸発が盛んになる[325]。

水は，通常の大気圧（常圧＝1 気圧）のもとでは，温度が 100 ℃になると液体の内部からも蒸発が起こって，気体の水（水蒸気）になる。この現象が沸騰である。この温度では，内部で四方八方から分子間力を受けている分子でも気体にできるほど，分子の運動が激しくなる。

物質が沸騰して液体から気体に変化しているときには，加熱し続けているにもかかわらず温度が上昇しない。これは，液体のように粒子が集まっている状態から気体のように粒子がばらばらに散らばるためには大きなエネルギーを必要とするので（たとえば，水を水蒸気にするために必要なエネルギーは，同じ質量の水を１℃上昇させるために必要なエネルギーの約540倍にもなる)，沸騰して液体から気体に変化している間は，加熱によるエネルギーは粒子が分散するためだけに使われ，温度上昇には使われないためである。そして，沸騰を続けるためには，沸騰により奪われるエネルギーを補給するために，外部から熱を供給する必要がある[326]。

常圧（1気圧）で液体から気体に変化する温度を沸点（または標準沸点[327]）という。純物質はそれぞれ決まった沸点を持っているので，沸点は物質を調べるときの重要な手がかりとなる。

また，混合物に含まれるそれぞれの物質の沸点が異なることを利用して，混合物から純物質を取り出すことができる。すなわち，混合物の液体を一度沸点まで加熱して蒸気を冷やすことで，ある物質の液体だけを取り出し（分離)，きれいにする（精製）方法を蒸留というが，混合物を加熱していくと，沸点の最も低い成分から気化していくので，それぞれの気化した気体を冷やして分離していく方法により，１回の蒸留で，その混合物を構成する何種類かの物質に分離することができる。これを分留（分別蒸留）という。

圧力が変わると沸点も変化する。たとえば，前述の通り，１気圧での水の沸点は100℃であるが，高山などの気圧が低いところでは水の沸点は100℃よりも低くなり，低い温度で沸騰する。富士山の山頂での水の沸点は87℃である[328]。

逆に，圧力鍋は，内部の圧力を高くすることで，普通の鍋よりも高い沸点で調理できるようになっている[329]。(注)

(注) 飽和蒸気圧

ある物質の液体と共存する，その物質の気体（蒸気）の圧力を蒸気圧という[330]。

液体分子が液面から飛び出し気体分子になる現象が蒸発である[331]。液体の分子はすべて同じ熱エネルギーをもっているわけではなく，平均より大きい熱エネルギーをもつ分子も，小さい熱エネルギーをもつ分子もあるので，大きい熱エネルギーをもつ分子は表面から分子間力をふり切って空間中に飛び出していくのである[332]。

温度が一定であれば，単位時間に液面から飛び出す分子の数は一定である。他方，気体分子が増えると，逆に液面に衝突して液体分子に戻る（これを凝縮という）気体分子も出てくる[333]。

密閉された容器内において，十分時間が経過すると，蒸発する分子の数と凝縮する分子の数とが等しくなり，見かけ上蒸発も凝縮も起こっていないように見える状態（平衡状態という[334]）になる（気体分子の数は一定になる）。この現象を「気液平衡」という[335]。

気液平衡に達すると，気体分子の数が一定になるので，気体による圧力も一定になる。このときの蒸気の圧力を飽和蒸気圧（あるいは単に蒸気圧）という[336]。飽和蒸気圧の定義は，「液体とその物質の気体（蒸気）が平衡状態にあるときの気体の圧力」である[337]。

蒸気圧は物質によって温度ごとに決まっており，一般に，温度が高くなると蒸気圧も高くなる（液体の温度が上昇すると，分子間力に打ち勝つだけのエネルギーを持つ分子の割合が増えるためである[338]）。また，一定温度では，気体の体積を減少させても，減少した分だけ気体が凝縮して液体になるため，蒸気圧は変わらない。蒸気圧は気体での最大圧力を意味する[339]。同じ温度では，蒸気圧の大きい物質ほど蒸発しやすい[340]。

なお，蒸気圧は他の気体が混じっていても変わらない[341]。

空気中の水蒸気の量は湿度で表されるが，これはその温度のときの飽和蒸気圧に対する実際の蒸気圧の比を％で表したものである[342]。

ある物質の液体と気体が共存するときの温度と圧力の関係を表した図が蒸気圧曲線である。蒸気圧曲線から，液体が沸騰するときの温度と圧力の関係がわかる[343]。

図 14　蒸気圧曲線（化学入門編 96 頁）

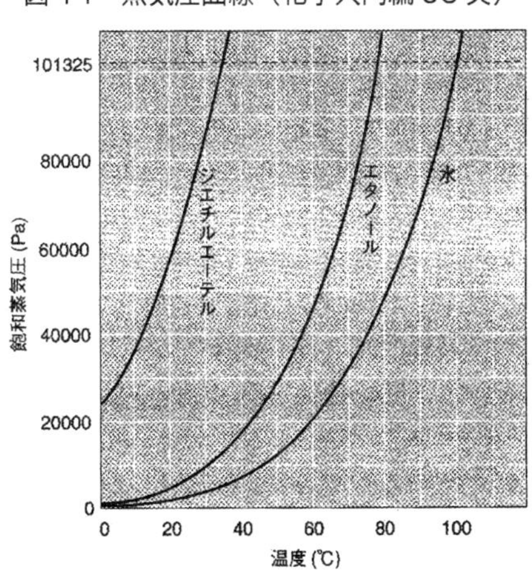

飽和蒸気圧の観点から沸騰を説明すると，以下の通りである[344]。

液体が蒸発していくとき，その温度により飽和蒸気圧が決まっている。

水の内部に，小さな水蒸気の泡ができたとする。その水蒸気の飽和蒸気圧

が 1.013×10^5 Pa より小さいとき（水温が100℃より低いとき）には，泡の外側の圧力（大気圧＋水の深さで決まる水の圧力）により，その泡は押しつぶされてしまう。

100 ℃のときの水の飽和蒸気圧は 1.013×10^5 Pa なので（深さによる水の圧力は，たいていは大気圧［約 10 mの水の深さに相当する］に比べて非常に小さいので無視できる），100 ℃の水の中にできた水蒸気の泡では，泡の中からの圧力（泡を膨らませる圧力）と外からの圧力（泡をつぶそうとする圧力）が釣り合い，泡は水の内部に存在できることになる。こうして，泡が次々と浮かび上がってきては水面から出て行く現象が起こる。これが沸騰である。

最初の泡ができにくいときには，沸点以上の温度でも沸騰しないことがある。この状態を過熱状態という。過熱状態の液体は，突然爆発的に沸騰することがあり，この現象を突沸という。

沸騰は，大気の圧力とその液体の飽和蒸気圧が等しくなる温度で起きる。従って，大気の圧力が変われば，沸騰する温度が変わる。大気圧が 1.013 $\times 10^5$ Pa（1 atm）のときに沸騰する温度が，その物質の沸点である。

次に，気体の温度が下がっていくと，ある温度で液体に変化する。これが凝縮である。凝縮が起こり始める温度は沸点に等しい。沸点以上では液体は存在しないためである。熱を奪い続けるとしばらく沸点での凝縮が続くが，気体がすべて液体に変わるわけではなく，沸点での飽和蒸気圧を示すだけの分子は気体状態のままで残る。

さらにゆっくりと熱を奪っていくと，加熱の過程を逆に進み，全体の温度が下がっていき，ある温度に達すると液体が固体に変化する。これを凝固という。液体がすべて固体に変わるまで温度は一定にとどまり，この温度を凝固点という。凝固は融解と逆の変化であり，凝固点と融点は等しい。また，液体が凝固するとき，融解熱と同じ量の熱エネルギーが放出され，これを凝縮熱（凝固熱）という。

固体になっても，気体の一部が残る。固体と気体の間では直接変化が起こり，これが昇華である。固体と平衡にある気体の量は，与えられた温度で一定の値を示す。これが示す圧力を昇華圧という。分子結晶はかなり高い昇華圧を示すことがあるが，それ以外の結晶の昇華圧は非常に小さい[345]。(注)

（注）蒸発熱・凝縮熱

液体が気体になる（蒸発する）のに必要な熱を蒸発熱（かつては気化熱と

呼んだ）という。水の蒸発熱は 100 ℃で 539 cal/g である。

また，100℃以下でも水は蒸発し，蒸発熱は低温ほど大きい。20℃では 586 cal/g，0 ℃では 596 cal/g である。

逆に気体が液体になる（凝縮する）には熱を取り去る必要があり，これを凝縮熱という（以前は凝固熱と呼んだが，最近は凝縮熱ということが多い）[346]。

凝縮熱と蒸発熱は等しい。分子からできている物質では融点や沸点が高いほど，また融解熱や蒸発熱が大きいほど分子間力が大きいと考えられる[347]。

軽い（つまり分子量の小さい）分子のほうが分子の運動する速度が速いので，液体にするためにはより多くの熱を取り去る必要があり，従ってより低温まで冷やさないと液体にならない。すなわち，分子量の小さい気体のほうが沸点は低い。但し水は例外で，前述した通り，水分子は極性を持ち，水素結合と呼ばれるやや強い結合を作るので，沸点が 100℃と比較的高い[348]。

なお，分子量については次節参照。

分子量と沸点の関係[349]

常温での状態	気体				液体			固体	
物質	水素 H_2	メタン CH_4	酸素 O_2	プロパン C_3H_8	水 H_2O	硫酸 H_2SO_4	臭素 Br_2	ヨウ素 I_2	ブドウ糖 $C_6H_{12}O_6$
分子量	2	16	32	44	18	98	160	254	180
沸点(℃)	−253	−161	−183	−42	100	(分解)	59	184	(分解)

気体と固体の移り変わり（昇華）[350]

固体から液体を経ずに直接気体となる現象，及び，逆に気体から直接固体となる現象を昇華という。

固体から気体となる現象は，結晶を作る結合力が弱い分子結晶の場合に活発に起こる。

気体分子は固体分子より大きなエネルギーを持つので，昇華も熱が必要であり，これを昇華熱という。昇華熱は同じ条件における融解熱と蒸発熱の和に等しい。

溶解[351]

我々の身の回りにある液体は，ほとんど溶液，つまりある液体の物質に他の物質が溶け込んでいるものである。溶けている物質を「溶質」，溶かしている液体を「溶媒」という。

具体例として，イオン結合でできたイオン結晶である塩化ナトリウムが水に混じる様子は，次の通りである。

水分子は代表的な極性分子であって，下の図のように酸素側に電子が引きつけられており，酸素側はマイナスの，水素側はプラスの電荷を帯びている。

図 15　水分子（吉野・高校化学 98 頁）

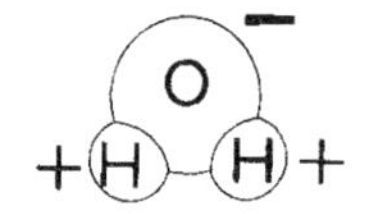

塩化ナトリウムの結晶を水に入れると，下の図のように，水分子の酸素側（−）が陽イオンの Na^+ を取り囲むようにして結晶から水の中に引き込み，水分子の水素側（+）は陰イオンの Cl^- を取り囲み，水中に引き込んでいく。このように，水分子が静電気的な引力で取り囲む現象を「水和」という。水和した溶質が水中に拡散していく現象が溶解である。特に，溶質がイオンで，陽イオンと陰イオンに離れてばらばらになることを「電離」という。

図 16　塩化ナトリウムの水和（吉野・高校化学 98 頁）

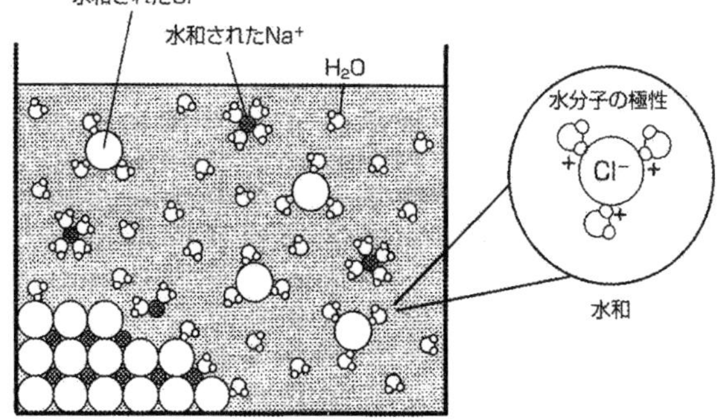

イオン結晶は陽イオンと陰イオンが静電気的な引力で強く結合しているが，その結合力より水和による結合のほうが安定する場合には溶解する。従って，イオン結晶でも結合力の強い塩化銀 AgCl や硫酸バリウム $BaSO_4$ などは水に溶けにくい。

塩化ナトリウムのように水中で電離する物質（すなわち，水溶液が電流を流す物質[352]）を「電解質」という。これに対して，分子からなる物質は水に溶けてもイオンに分かれないので，電気を導かない。このように，水溶液が電流を流さない物質を「非電解質」という[353]。

溶液にはさまざまな色のものもあるが，溶解すると液体は必ず透明（光が通過する状態）になる。固体を溶かしたとき，今まで目に見えていた固体が全く見えなくなるのは，溶解すると溶質の分子やイオンが一つ一つ完全にばらばらになるためである。物が見えるのは，光が物体の表面や物体と物体との境界面で反射し，その反射光が目に入るからであるが，分子やイオンは極めて小さいので，ばらばらになると可視光が反射や散乱を起こさずに素通りしてしまうから，透明になるのである[354]。

固体と気体の溶解度[355]

溶媒に固体の溶質を入れると，溶質が溶けだして溶液の濃度が大きくなっていく。しかし，溶ける量には限界があるため，やがて溶けていた溶質が析出して，結晶に戻るようになる（溶液中を比較的ゆっくり動いているイオンが，結晶表面に触れたときに表面のイオンとの引力によって再び結合するからである）。

そして，溶けだす物質と析出する物質の数が同じになり，見かけ上溶解が止まった状態になる。この状態を「溶解平衡」といい，ある温度で，溶質がそれ以上溶けなくなった溶液を「飽和溶液」という。

飽和溶液の状態は，溶質の種類や温度によって，溶けることのできる限界値が決まっている。ある温度で水 100 g に溶けられる溶質の質量を，その温度での溶解度という。温度と溶解度の関係を示した曲線を溶解度曲線といい，固体の溶解度は温度が高くなるほど大きくなるものが多い。この理由は，温度が高くなると粒子の熱運動は活発になるので，結晶から溶け出す粒子が増え，また，温度が高いと溶液中で比較的ゆっくり動いている粒子の割合は減少するため，結晶に戻ってくる粒子の数が減少するからである。

一方，気体では，固体とは逆に，温度が上がると溶解度は小さくなるものが多い。これは，温度が上がると水溶液中の水分子や溶質の気体分子の熱運動が活発になり，気体分子が溶液から飛び出しやすくなるため，液体に溶け込む気体の分子数よりも，液体表面から外へ飛び出す分子数のほうが増加するためである[356]。

固体の場合に温度が高くなると溶解度が大きくなるのは，温度が高くなると結晶から溶液中に出て行く粒子数が増えるからであるから，粒子の熱運動という点から考えると，温度を上げると熱運動が激しくなり，束縛を離れて自由に動くようになるということでは，同じような現象と考えられる[357]。

気体の溶解度は，溶媒に接している気体の圧力が 1013 hPa（1atm = 1 気圧）のとき，1 L の溶媒 に溶けた気体の体積を標準状態（0 ℃，1013 hPa）に換算した値で示したり，質量で示したりすることが多い[358]。(注)

（注）標準状態[359]

化学では気体の標準状態というと，0 ℃，1 気圧を指し，「室温」「常温」という場合には 15 ℃程度を想定する（但し，常温とは 25 ℃であると述べる文献もある[360]）。0 ℃は標準温度，1 気圧は標準圧力と呼ばれる。他方，日本薬局方では「標準温度」を 20 ℃と定め，化学熱力学（広辞苑によれば，化学熱力学とは「気体・液体・溶液などの性質や相平衡・化学平衡などを取り扱う熱力学の一部門」である）で「標準状態」というときには 25 ℃，1 気圧を示す（平山・化学反応はこれを標準状態と呼んでいる[361]）ので，不明なときには確認したほうがよい。また，日本工業規格 JIS Z 8703（試験場所の標準状態）では，「標準状態の温度」を試験の目的に応じて 20 ℃，23 ℃，25 ℃のいずれかとし,「常温」を 5 ～ 35 ℃の範囲としている。

気体の溶解度は，圧力の影響を強く受ける。窒素 N_2 や酸素 O_2 などの，溶解度が小さく，溶媒と反応しない気体では，気体の圧力と溶け方との間には,「一定量の溶媒に溶け込む気体の質量（または物質量）は，一定温度であればその気体の圧力（分圧）に比例する」という関係が成り立つ（注)。これを「ヘンリーの法則」という。塩化水素 HCl やアンモニア NH_3 等の溶解度が大きい気体は，水と反応しているため，ヘンリーの法則は当てはまらない[362]。

混合気体の場合には，各成分気体の溶解度はそれぞれの気体の分圧に比例する[363]。

（注）分圧[364]

分圧とは，混合気体中の成分気体それぞれが，他の成分気体を取り除いて単独で全体積を占めると仮定したときの圧力である。

イオンの水和[365]

一般に，イオンが水分子を引きつける能力（水和の能力）は，イオンの大きさが小さいほど，またイオンの電荷（＋やーの数）が大きいほど強い。

ふつう陽イオンは陰イオンに比べて小さいため，水分子を引きつける力はより強い。陽イオンの価数が2価，3価と増すにつれてさらに強くなり，いっそう安定化する。陽イオンに水和が起こるときには，水分子中のδ^-（ごくわずか負）に帯電した酸素原子の非共有電子対が陽イオンに配位結合をする。一方，陰イオンへの水和は，水分子中のδ^+（ごくわずか正）に帯電した水素原子が陰イオンの負電荷を受け入れる形で起こる。

最も小さい水素イオンH^+は特に水和が強く，H^+は普通1分子の水に配位結合したオキソニウムイオンH_3O^+として存在する。

水和をする物質は水とよくなじんで溶けやすく，水和しない物質（無極性分子＝油性の物質）は水に溶けにくい。

イオン結晶の多くは電解質で，その水溶液は電気を導く（注）。しかし，分子からなる物質は，水に溶けてもイオンに分かれないので，電気を導かない。すなわち，非電解質である。

（注）濡れた手が感電しやすい理由[366]

濡れた手で電気器具などに触ると感電しやすいのは，汗などに含まれている塩化ナトリウムなどの電解質が水に溶けて，電流を流すようになるためである。

分子からなる物質の例として，有機化合物であるエタノールC_2H_5OHについて述べると，エタノール分子はエチル基C_2H_5とヒドロキシ基OHからなり，エタノール分子の水溶性はヒドロキシ基に由来する。この基が極性を持っているので，水分子と水素結合で引き合い，エタノール分子のまわりに水分子が弱く結合し（すなわち水和が起こり），水とエタノールはよく混ざり合い，溶解が起こる。エタノールは電離しないので，非電解質である[367]。

ヒドロキシ基のように水和しやすい基を親水基という。一方，エチル基は水分子に親和性を示さず，水和しない。このような基を疎水基という。疎水基のみで親水基を持たない物質や，親水基に対して疎水基の多い物質は水に溶けにくく，逆に疎水基に対して親水基が多い物質は水に溶けやすい[368]。

一般に，イオン結晶や極性分子は，極性を持つ溶媒である水にはよく混じり合う。しかし，極性を持たないベンゼンやヘキサンといった無極性分子の溶媒にはほとんど溶けない。ただし，無極性分子どうしは相性がよく，混じり合う[369]。

溶液の濃度の表し方[370]

溶液中に含まれている溶質の量をその溶液の濃度という。溶液の濃度を表すのに，一般に次のような量が用いられる。

① 質量パーセント濃度

溶液中に含まれている溶質の質量をパーセントで表した濃度。溶液 100 g の中に含まれる溶質の質量（g）である。液体や固体物質の濃度として一般的によく用いられる。単にパーセントといえば質量パーセントを意味する。

② 体積パーセント濃度

体積 100 mL の中に含まれる物質の体積（mL）の割合を示す。気体の濃度を表すときに用いられることが多い。

③ モル濃度

溶液 1 L 中に含まれている溶質の量を物質量（mol）で表した濃度で，単位記号は mol / L（mol については次の 1.2.2 で述べる）。試薬びんから溶液を取り出したとき，モル濃度がわかっていれば，その体積を量ることで溶質の物質量が簡単にわかるので，化学実験ではモル濃度を使うことが多い。

④ 質量モル濃度

溶媒 1 kg 中に溶けている溶質の量を物質量（mol）で表した濃度で，単位記号は mol / kg。

⑤ ppm，ppb，ppt

ppm は parts per million の略で，1 ppm は 100 万分の 1（10^{-6}）を示し，ppb は parts per billion の略で，1 ppb は 10 億分の 1（10^{-9}）を示し，ppt は parts per trillion の略で，1 ppt は 1 兆分の 1（10^{-12}）を示す。従って，1 ppm = 0.0001%，1 ppb = 0.001ppm, 1 ppt = 0.001ppb である。これらは，食品添加物や大気汚染，水質汚濁などで非常に微量の成分の濃度を表すときに用いられる。気体の場合には体積の割合，液体や固体の場合は質量の割合として用いることが多い。

状態図[371]

ふつう縦軸に圧力，横軸に温度をとり，物質の状態を示した図を状態図という。状態図は，物質がある温度と圧力のもとで，気体，液体，固体のどの状態で存在するかを示す。

以下に，水と二酸化炭素の状態図を示す。

図17　水と二酸化炭素の状態図（京極・ほんとうの使い道45頁）

■ 水と二酸化炭素の状態図

●水の状態図

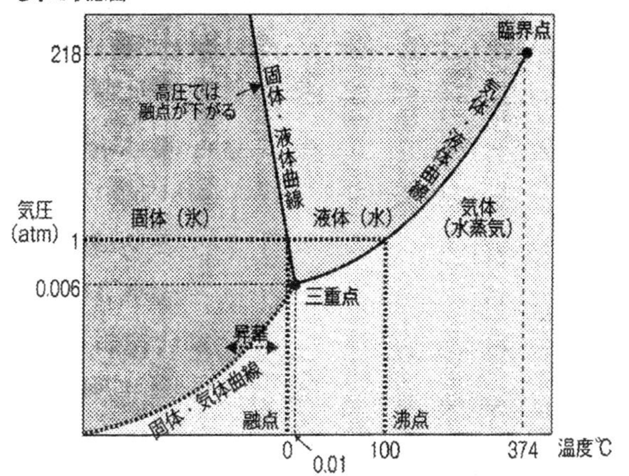

●二酸化炭素の状態図

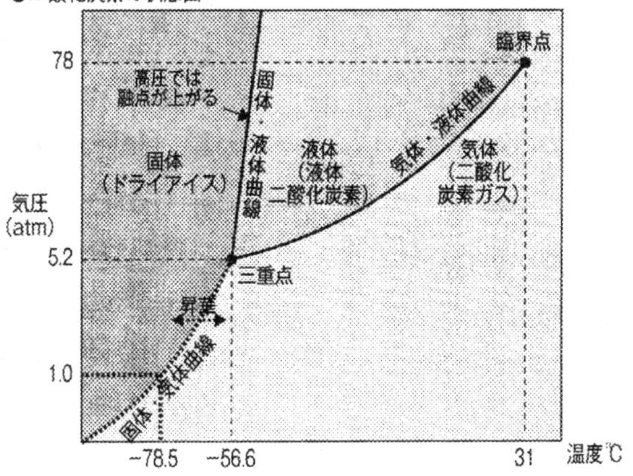

気体と液体の境界線を気体・液体曲線または蒸気圧曲線，固体と液体の境界線を固体・液体曲線または融解曲線，固体と気体の境界線を固体・気体曲線または昇華曲線という。それぞれ，2つの状態が平衡状態にある点を結んだ曲線である。3つの曲線の交点では三態が平衡状態で共存し，三重点と呼ばれる。たとえば水の三重点は0.01℃，0.006気圧（6.1×10^2Pa）である。

また，臨界点（水では374℃，218気圧［2.21×10^7Pa］）を境にして，気体と液体の境界面がなくなり，これより上では液体と気体の区別がつかなくなって，圧力を高くしても凝縮が起こらなくなる。この状態にある物質を超臨界流体という[372]。また，臨界点を超えた領域を超臨界状態という[373]。

超臨界流体は，気体でも液体でもない，原子や分子が何個か集まって飛び回っているものであり，気体と液体の両方の性質を持っていて，固体や液体を溶かす力がある[374]。

1.2.2　物質の量

相対質量[375]

原子 1 個の質量はきわめて小さいので（炭素原子 ^{12}C の場合には，1.99 × 10^{-26} kg），この数値（絶対質量と呼ばれる[376]）のままで扱うのではわかりにくい。そこで，もっと大きな値で表すことができれば便利である。

このために考えられたのが，原子の相対質量である。相対質量とは，ある原子の質量を基準にして，他の原子の質量を相対的に表した値である。

基準となる原子として，かつては水素 ^{1}H や酸素 ^{16}O が用いられたことがあるが，現在は炭素 ^{12}C 原子が用いられる。この原子を厳密に 12(12.00000…と，0 が無限に続く。これを $12.\dot{0}$ と書くこともある）とした場合の他の原子の質量の値が，その原子の相対質量である。相対質量には単位はなく，数値だけで決まる物理量である。

^{12}C 原子の質量を m_s（s は standard の頭文字で，基準を意味する），ある原子 X の質量及び相対質量をそれぞれ m_x，R_x とすると，

$R_x = 12.000 \cdots \times m_x / m_s$

である。

原子質量単位[377]

原子の相対質量は，^{12}C 原子の質量の 1/12 の何倍であるか，と考えることもできる。^{12}C 原子の質量の 1/12 の値は原子質量単位（原子質量定数）と呼ばれ，記号 m_u で表す。この値が原子の質量の単位とされ，その単位は u と定義されている。すなわち，

$m_u = 1u = 1.66053886 \times 10^{-27}kg$

である。

^{12}C 原子の質量を原子質量単位で表現すると，正確に 12 u である。

u は kg や g と同様に質量の単位である。したがって，単に 12 と表せば ^{12}C 原子の相対質量であるが，12 u ならば ^{12}C 原子の質量を表す。

ある原子Xの相対質量 R_X は，Xの質量 m_X と原子質量単位 m_u から，$R_X = m_X / m_u$ として算出できる。

原子量[378]

ほとんどの原子には同位体があり，天然に存在する原子ではこれらの同位体が混ざり合っているので，原子の集団を扱うときには，各同位体の相対質量に存在割合（自然界において，その原子のすべての同位体の中でその同位体の占める割合）をかけて平均した数値を用いる。

このようにして求められた平均値を，原子の原子量という。原子量も相対質量と同じく，単位のない無名数である[379]。

ある原子にn個の同位体 1, 2, 3, … n があり，相対質量をそれぞれ R_1, R_2, R_3, …, R_n，存在割合をそれぞれ x_1, x_2, x_3, … x_n とすると，原子量Aは

$$A = R_1x_1 + R_2x_2 + R_3x_3 + \cdots + R_n x_n$$

により求められる。但し，

$$x_1 + x_2 + x_3 + \cdots x_n = 1$$

である。

質量数が原子の核子（陽子及び中性子）の個数であり，同位体ごとに数えるので整数であるのに対して，原子量は，同位体の質量が混合するため，一般的に末尾に小数がつく[380]。(注)

同位体の存在比は地球上でも国・地域によって異なるし，時間によっても変動する（地球内部での原子核反応や，宇宙から降り注ぐ宇宙線のため）ので，原子量はIUPACによって隔年（奇数年）ごとに訂正され，日本では日本化学会から発表される[381]。

(注) 原子量の説明[382]

原子量について簡潔に説明した文章は以下の通りである。

天然の元素の多くは2種類以上の同位体の混合物であるが，各同位体の存在率は一定なので，各元素の原子の平均質量を求めることができる。この平均質量を，質量数12の炭素原子（^{12}C）1個の質量を12としたときの相対質量で表したものが原子量である。

分子量・式量[383]

原子と原子が共有結合すると分子ができる。原子の相対質量（正確には，同位体の相対質量の存在度による重み付けをした加重平均値[384]）が原子量で

あるのに対して，分子に関しても，分子量と呼ばれる相対質量が定義されている。

原子量と同様に，^{12}C 原子の質量を基準として，この値を厳密に 12 として求めた分子の相対質量が分子量であり，分子を構成する原子の原子量をすべて加えた数値である。

分子という単位がない物質（イオン結合の物質や共有結合結晶の物質等）には，分子量を定義できないため，分子量の代りに式量が用いられる。式量は，その物質の組成式に含まれる原子の原子量をすべて加えた数値である。(注)

原子量と同様に，分子量や式量も相対値なので，単位はない[385]。

（注）式量[386]

一般に，化学式に含まれるすべての原子の原子量の和をその化学式の式量という。原子量や分子量は，式量の特別の場合である。イオンでは，イオン式を構成する全原子の原子量の和をその式量とする。金属では，元素記号がそのまま組成式になるため，金属の式量は原子量に等しい。

物質量（モル）・アボガドロ数[387]

化学では，要素粒子（原子・イオン・分子）の個数が同じ物質を同じ量と見て，量の関係は個数で表す[388]。

しかし，実験などを行う場合には，粒子（原子・イオン・分子）はあまりにも小さいため，実際に数を数えるのは不可能である[389]。

相対質量は原子や分子の質量の大小を表すだけなので，定量的な議論には使えない。そこで，非常に質量の小さい原子や分子などを集団で取り扱うことにしており，それにかかわる概念が，物質量とその単位であるモル（mol）である。

物質量の基準となるのも ^{12}C であり，^{12}C の 12 g（すなわち，相対質量 12 に単位 g をつけた質量）に含まれる粒子を 1 モルとする。^{12}C 原子 1 個の質量は $1.99264663\cdots \times 10^{-23}$ g なので，12 をこの値で割れば，個数が求められる。これを計算すると，$6.022141517\cdots \times 10^{23} = 6.02214152 \times 10^{23}$（$6.02 \times 10^{23}$ あるいは 6.0×10^{23} という数値が用いられることが多い）となる。この数字をアボガドロ数という。

1 モルは，アボガドロ数個の粒子の集団と定められている。つまり，

$1 \text{ mol} = 6.02214152 \times 10^{23}$ 個

である。(注)

（注）物質量の単位[390]

物質量を用いるときには，単位粒子の種類をはっきりさせなければならないが，単位粒子が明らかなときは省略することが多い。たとえば，水 1 mol といえばその単位粒子は水分子であり，酸素 1 mol といえば単位粒子は酸素分子である。

モルの定義から，

物質量（mol）		粒子数（個）		質量（g）
1 mol	=	6.02×10^{23} 個	=	化学式量 g

という関係が成り立つ。化学式量とは，原子量，分子量及び式量のことである[391]。

また，物質量 1 モル当たりの粒子の数をアボガドロ定数といい，記号 N_A または L で表される。すなわち，

$$N_A = 6.02214152 \times 10^{23}\ \mathrm{mol}^{-1}$$

である。mol^{-1} は 1/mol と同義である。

アボガドロ数は，^{12}C 原子 12 g に含まれる ^{12}C 原子の個数であり，単位はないか，あるいは「個」である。これに対して，アボガドロ定数は物質 1mol 当たりの粒子の個数であり，単位は mol^{-1} または個・mol^{-1} である（注）。

化学では，物質の量をモル単位で測る[392]。

（注）アボガドロ数個の原子を数える機械[393]

アボガドロ数がどれほど途方もなく大きな数であるかを実感できる次のような話が，『ゼロからのサイエンス　よくわかる化学』に載っている。

1 秒間に 10 個ずつ原子を数えられる機械があるとする（1 秒間に 10 個だから，相当のスピードである）。この機械で 6.0×10^{23} 個（アボガドロ数個）の原子を数えると，どのくらいの時間がかかるだろうか。

1 日で数えられる数は，

$10 \times 60 \times 60 \times 24 = 864{,}000$（個）

1 年間では，

$864{,}000 \times 365 = 315{,}360{,}000 \fallingdotseq 3.2 \times 10^{8}$（個）

従って，6.0×10^{23} 個を数えるのにかかる年数は，

$(6.0 \times 10^{23}) \div (3.2 \times 10^{8}) \fallingdotseq 1.9 \times 10^{15}$（年）

となる。

1.9×10^{15} 年というのは，1,900,000,000,000,000 年＝ 1,900 兆年であ

る。地球の年齢が46億年，宇宙の年齢が137億年であるから，宇宙が始まってから現在までずっと数え続けていても全く足りないことになる（1,900兆は137億の約13万8000倍である）。

1.2.3　物質量と他の物理量との関係

物理量と物質量[394]

物質量と似た言葉に物理量があり，意味が異なるので，注意が必要である。

物理量とは，さまざまな数のうち，物理的に定義でき，測定の対象となる量のことである。物理量には，質量や体積のようにその大きさのみで決まるスカラー量と，力や速度のように大きさ以外に向きを持つベクトル量がある。

種々の物理量は特定の記号で示される（圧力は P，体積は V，物質量は n，質量は m，絶対温度は T など）。このとき，必ず斜体（イタリック体）で示さなければならない。

物質量は，原子，分子，イオン等の粒子の集団を表す量であり，物理量の一種である。

粒子の数と物質量[395]

計算を簡単にするために，アボガドロ定数 N_A を $N_A = 6.0 \times 10^{23}\ \mathrm{mol^{-1}}$ とすると，1 mol の粒子は 6.0×10^{23} 個の粒子で構成されているということになる。

たとえば物質量1.0 mol の酸素分子 O_2 に含まれる分子の数は 6.0×10^{23} 個であり，2.0 mol の酸素分子 O_2 に含まれる分子の数は $2 \times 6.0 \times 10^{23} = 1.2 \times 10^{24}$ 個，3.0 mol の酸素分子 O_2 に含まれる分子の数は $3 \times 6.0 \times 10^{23} = 1.8 \times 10^{24}$ 個 である。

これを一般化して式で示すならば，物質量を n，粒子の数を N，アボガドロ定数を N_A とすると，

$$N = n N_A$$

$$n = \frac{N}{N_A}$$

である。

質量と物質量[396]

物質の1モル当たりの質量をモル質量という。単位は$g \cdot mol^{-1}$である。

原子量，分子量，式量に単位$g \cdot mol^{-1}$をつけるとモル質量になる。このことは，以下のように導くことができる。

ある原子Xの1個あたりの質量をm_X，アボガドロ定数をN_Aとすると，Xのモル質量は$m_X N_A$である。なぜなら，X原子の1モルとはアボガドロ定数個のX原子のことであるから，モル質量すなわち1モルあたりの質量は，(1個あたりの質量) × (1モルの個数すなわちアボガドロ定数) だからである。

一方，原子Xの相対質量をR_X，^{12}C原子の1個あたりの質量をm_Sとすると，相対質量の定義から，

$$R_X = 12 \cdot \frac{m_X}{m_S}$$

であり，また，アボガドロ定数の定義から，

$$m_S N_A = 12.000\cdots$$

であるから，

$$N_A = \frac{12}{m_S}$$

である。

よって，Xのモル質量は，

$$m_X N_A = m_X \frac{12}{m_S} = R_X$$

すなわち，原子Xのモル質量はXの相対質量に一致する。

そうすると，ある原子の原子量はその原子の各同位体の相対質量をそれぞれの存在割合を考慮して平均した値であるから，原子量の値に単位$g \cdot mol^{-1}$をつけると，その原子1モル当たりの質量を表すことになり，同様に，分子量や式量の値に単位$g \cdot mol^{-1}$をつけると，分子1モルや式量で表された構成単位1モル当たりの質量を表すことになる（注)。

（注）モル質量

言葉で表せば,「ある物質1モルの中に含まれているアボガドロ数個の原子・分子の質量（g）は原子量・分子量に等しい」ということである[397]。

物質の1モル当たりの質量がモル質量であるから，物質量をn，質量を

m，モル質量を M とすると，

$$m = nM$$

従って，

$$n = \frac{m}{M}$$

が成り立つ。

体積と物質量[398]

物質の1モル当たりの体積をモル体積という。

物質の粒子の数や質量は温度や圧力にはかかわらないが，物質の体積は温度や圧力により変化する。気体は最も変化が激しいが，液体や固体も，温度や圧力の変化とともに体積が変化する。

温度，圧力，物質量（粒子の数）が一定なら，その体積は，個々の物質ごとに一定の値となる。すなわち，温度と圧力が一定の場合には，体積を物質量で割った値すなわちモル体積が一定の値を示す。

気体の場合，物質の種類にかかわらず，温度が0 ℃，圧力が1 atm（1.0132×10^5 Pa）の場合にはおよそ22.4 L・mol^{-1}，温度が25 ℃，圧力が1 atm（1.0132×10^5 Pa）の場合 にはおよそ24.5 L・mol^{-1}を示すことが知られている。

すなわち，同じ温度，同じ圧力のもとで同じ体積の気体は，物質の種類に関係なく，同じ数の分子を含む。これをアボガドロの法則という[399]。(注)

(注) アボガドロの法則が成り立つ理由[400]

アボガドロの法則が成り立つ理由は，同じ温度でも，分子量の小さな分子は速度が大きく，分子量の大きな分子は速度が小さいためである。軽い分子は重い分子に比べると大きなスピードで壁に衝突するとともに，単位時間内に壁に衝突する回数が重い分子よりも多いので，圧力が同じになる。

ある物質のある圧力と温度における体積を V，質量を m，密度を d とすると，密度は単位体積当たりの質量だから，

$$d = \frac{m}{V}$$

従って，

$$V = \frac{m}{d}$$

が成り立つ。

下の式の両辺に$\frac{1}{n}$をかけると（nは物質量），

$$\frac{V}{n}=\frac{m}{n}\cdot\frac{1}{d}$$

である。

ここで，V / nは物質量1モルあたりの体積であるモル体積を，m / nは物質量1モルあたりの質量であるモル質量を表している。よって，モル体積をV_m，モル質量をMとすれば，上式は以下のように書ける。

$$V_m=\frac{M}{d}$$

すなわち，モル体積V_mはモル質量Mと密度dから算出できる。

モル体積は物質量1モルあたりの体積であるから，物質量をn，体積をV，モル体積をV_mとすると，温度と圧力が一定の場合には，

$$V = n\,V_m$$

従って，

$$n=\frac{V}{V_m}$$

が成り立つ。つまり，温度と圧力が一定の場合には，気体の体積は分子の数（物質量）のみに比例する[401]。

また，同温・同圧・同体積の気体の質量を2種の気体で比較すると，その比はモル質量または分子量の比に等しい[402]。(注)

(注) 空気より重い気体・軽い気体[403]

空気の体積のおよそ1/5は酸素（O_2，分子量32）であり，およそ4/5は窒素（N_2，分子量28）であるから，空気の平均分子量は，

$$32 \times 1/5 + 28 \times 4/5 = 28.8$$

という計算式により，28.8である。

従って，上記の「同温・同圧・同体積の気体の質量を2種の気体で比較すると，その比はモル質量または分子量の比に等しい」ということから，分子量が28.8より小さい気体は空気より軽いから空気中では上方に上昇し，分子量が28.8よりも大きい気体は空気より重いから，空気中で下降し，下にたまる。

なお，空気の密度は0.0012 g / cm^3である。

物理量と物質量の関係のまとめ[404]

本節で述べたことから，以下の式が成り立つ。

$$n = \frac{N}{N_A} = \frac{m}{M} = \frac{V}{V_m}$$

ここに，n は物質量，N は粒子の数，N_A はアボガドロ定数，m は質量，M はモル質量，V は体積（温度，圧力及び粒子の数が一定），V_m はモル体積（温度と圧力が一定）である。

この式から，N_A（アボガドロ定数），M（モル質量），V_m（モル体積）が既知であれば，N（粒子の数），m（質量），V（体積）のいずれかが与えられれば n（物質量）が求められる。そして，得られた n（物質量）から，残りの物理量（N ＝粒子の数，m ＝質量，V ＝体積）を求めることができる。

気体の性質（ボイル・シャルルの法則）[405]

気体では粒子（分子）がばらばらに存在して，たえず飛び回っている。気体は圧縮して体積を小さくすることができるが，押さえていた力をゆるめるともとの体積に戻る。外から押さえつけられて体積が縮んだ気体では，気体の分子が密集して容器の壁に衝突する回数が増え，容器の壁を外に押し返す力，すなわち気体の圧力が高くなる。

この気体の圧力と体積の関係は，1662 年にイギリスのボイル（1627 ~ 1691）によって発見された，「一定量（一定の質量）の気体の体積は，温度が一定のとき，圧力に反比例する」というボイルの法則で表される。

体積を V，圧力を P とすると，ボイルの法則は

$VP = k_1$　（k_1 は定数）

と表される[406]。

次に，気体の体積は温度によっても変化する。温度が高いほど気体分子の運動が激しいので，同じ圧力のもとでは高温のときほど体積が大きくなり，逆に低温のときほど体積が小さくなる。この気体の温度と体積の関係は，1787 年にフランスのシャルル（1746 ~ 1823）によって，次のようなシャルルの法則として発表された。

「一定量の気体の体積は，圧力が一定のとき，温度を 1℃あげるごとに 0℃のときの体積の 1 / 273 ずつ大きくなる」

従って，体積 V とセルシウス温度 t（セ氏，℃）の関係は次式で表される（注）。

$V = k_2 \cdot (t + 273)$（k_2は定数）

（注）セルシウス温度[407]

セルシウス温度は，1気圧の状態で水の凝固点（氷の融点）を0℃，沸点を100℃とし，その間を100等分したものを1℃と定義した温度である。スウェーデンの物理学者セルシウス（1701～1744）によって，1742年に提案された。

この式によると，理論上は－273℃のときに気体の体積が0となる（実際には，気体を冷却すると液体，固体と変化し，また粒子自身の体積もあるので，体積が0となることはない）。従って，－273℃は物質を構成している粒子の運動が全く止まってしまう仮想の温度（絶対零度という）で，これより低い温度は存在しないことになる。この温度を基準にする温度が絶対温度であり，単位はケルビン（K）である。（注1）（注2）

（注1）ケルビンの絶対温度目盛

イギリスのケルビン（1824～1907）は，1848年に，物質の種類に左右されない温度を定めるため，気体の熱膨張を計算し，温度がなくなってしまう温度の最低限界（気体の体積が理論上0になる温度＝絶対零度）を基準とした絶対温度目盛を導入した。

（注2）絶対零度

絶対零度を実現することはできない。このことを示すのが，1.3.5で述べる熱力学第3法則である[408]。

絶対温度T（単位K）とセルシウス温度t（単位℃）との間には，次の関係がある。

$T = t + 273$

絶対温度の0 Kは，－273℃（厳密には－273.15℃）である。

従って，シャルルの法則によれば，絶対温度Tと体積Vの関係は，

$$\frac{V}{T} = k_2$$

と表される。

ボイルの法則とシャルルの法則を一つの式にまとめると，

$$\frac{PV}{T} = 一定$$

となる。これをボイルーシャルルの法則という。文章で表せば,「一定量(一定質量)の気体の体積は圧力に反比例し,絶対温度に正比例する」ということである。

ボイルーシャルルの法則は,次のように,気体の分子の運動で説明できる。

密閉容器の中にある気体の分子数は一定である。体積が始めの 1/2 になると,単位体積当たりの衝突回数が始めの 2 倍になるので,圧力も 2 倍になる。圧力とは,個々の分子が容器に内側から衝突する力の総和だから,衝突回数が 2 倍になれば,その和である圧力も 2 倍になるからである。

また,分子の持っている熱運動の平均のエネルギーを表す尺度が温度であるから,気体の分子が熱をもらって温度が高くなると分子の動きが活発になる。つまり,絶対温度が上昇すると,分子の衝突する力が増大する。容器を柔らかくして圧力を一定にすれば体積が増え,容器を硬くして体積を一定にすれば圧力が増える。逆に,温度が低くなると分子の動きが弱まって,圧力または体積が減る。

このように,どの物質も,気体の状態では分子の運動によって体積と圧力が保たれている。気体の種類によって分子自体の大きさは少しずつ異なるが,その違いは気体の体積自体と比べてきわめて小さく,ほとんど影響を及ぼさないので,ボイルーシャルルの法則は,気体の種類によらず成り立つ。

すべての気体において分子の運動によって体積と圧力が保たれているということは,アボガドロの法則が成り立つ理由でもある。

気体の状態方程式[409]

ボイルーシャルルの法則を次のように書く。

$$\frac{PV}{T} = \frac{P_0V_0}{T_0}$$

温度 T K で体積 Vm L の 1 mol の気体はどんな気体でも標準状態($T_0 = 273\text{K} = 0℃$,$P_0 = 1.013 \times 10^5$ Pa)で $V_0 = 22.4$ L / mol なので,この値を上式に代入すると

$$\frac{PVm}{T} = \frac{1.013 \times 10^5 Pa \times 22.4 L/mol}{273K} = 8.31 \times 10^3 \text{ L·Pa / (K·mol)}$$

1 mol の気体についてのこの定数は気体定数と呼ばれ,R で表される。従って,

$$R = 8.31 \times 10^3 \text{ L·Pa / (K·mol)}$$

である。

n mol の気体の場合，温度と圧力が同じであれば，その体積 V は 1 mol の気体の体積 Vm の n 倍すなわち nVm であり，上式は次のようになる。

$$\frac{PV}{T} = \frac{P \cdot nVm}{T} = n \times \frac{PVm}{T} = n\,R$$

すなわち，

$$PV = n\,RT$$

この式が気体の状態方程式である。

気体の状態方程式は，圧力，体積，絶対温度，モル数のうち 3 つがわかれば残りの 1 つがわかるという便利なものである[410]。

気体のモル質量（すなわち分子量）を M g / mol とすれば，この気体 w g の物質量を n mol とすると，

$$n = \frac{w}{M}$$

である。これを気体の状態方程式に代入すると，

$$PV = \frac{w}{M}RT$$

であるから，

$$M = \frac{wRT}{PV}$$

この式を用いて，ある温度・圧力における気体の体積と質量を測定すれば，分子量 M を求めることができる。

混合気体[411]

これまでは単一成分からなる純粋物質の気体を前提に述べてきたが，そこで導かれた法則を次は 2 種の成分からなる混合気体に適用する。

一定の温度 T で，圧力 p_A，体積 v_A の気体 A（物質量 n_A），圧力 p_B，体積 v_B の気体 B（物質量 n_B）を混合したところ，同じ温度 T で，圧力 p，体積 v の混合気体になったとする。気体 A と気体 B の分子の間に何の力も働かない（言い換えると，気体 A と気体 B は反応しない）とすると，A と B は完全に混ざり合った状態となる。

各気体についての状態方程式は，

$$p_A\,v_A = n_A\,RT$$
$$p_B\,v_B = n_B\,RT$$

である。

また，混合気体の全物質量は $n_A + n_B$ であるから，混合気体全体として，

$pv = (n_A + n_B) RT$
である。
　従って，
$p_A v_A + p_B v_B = (n_A + n_B) RT = pv$
が成り立つ。
　ここで，混合気体中で気体Ａや気体Ｂが単独で示す圧力（それぞれの気体が混合気体と同温・同体積の条件で単独で示す圧力）をそれぞれ p_A'，p_B' とすると，ボイルの法則により，
$p_A v_A = p_A' v$
$p_B v_B = p_B' v$
　従って，
$p_A v_A + p_B v_B = (p_A' + p_B') v$
となるので，この式と上式から
$pv = (p_A' + p_B') v$
　よって，
$p = p_A' + p_B'$
となる。
　p_A' と p_B' をそれぞれ混合気体中の成分気体ＡとＢの分圧といい，p を混合気体の全圧という。上式は,「同温・同圧ならば，混合気体の全圧は各成分気体の分圧の和に等しい」ことを示す。これを「ドルトンの分圧の法則」という。
　分圧は，各成分気体の物質量の割合（モル分率）に比例する。
すなわち，
$p_A' : p_B' = n_A : n_B$
よって，
$p_A' = p \cdot (n_A / n_A + n_B)$，$p_B' = p \cdot (n_B / n_A + n_B)$
である。

理想気体と実在気体[412]

　気体の状態方程式によると，$\dfrac{PV}{nRT}$ の値は気体の種類に関係なく１になるはずであるが，実際には，高圧や低温にするとこの値が１にはならない。
　これは，高圧にすると分子間距離が近くなり，分子の大きさが無視できなくなるからであり，また低温では分子の熱運動が低下し，分子間力が無視できなくなるからである。

気体分子に大きさ（体積）がなく，分子間力も働かないとした仮想的な気体を「理想気体」といい（完全気体ともいう），実際の気体を「実在気体」という。

実在気体でも，低圧や高温状態であれば，気体の状態方程式が当てはまる。高温では分子の熱運動が激しくなり，熱運動のエネルギーに対して分子間力が無視でき，また低圧では分子間距離が大きくなり，分子自身の体積も分子間力も無視できるため，理想気体からのずれが十分に小さくなるからである。

常温常圧付近でも，理想気体の状態方程式がかなりの精度で成り立つことが多く，近似的な取扱いに広く用いられている。

1.3 物質の化学変化

1.3.1　化学変化と化学反応式

物理変化と化学変化

1.2.1 で述べた物質の三態間の状態変化は，物質の構成粒子そのものは変化せず，その状態だけが変わるような変化である。このような変化を物理変化という。

これに対して，物質そのものが他の物質に変わるような変化を化学変化（または化学反応）という。たとえば，「メタンが燃焼して二酸化炭素と水を生成する」という変化や,「マグネシウムに塩酸を加えると水素と塩化マグネシウムが生成する」といった変化であり，これらの変化では，もとの物質であるメタンやマグネシウムが他の物質に変化している[413]。

1 種類の物質から 2 種類以上の物質が生じる化学変化を分解，2 種類以上の物質からそれらとは異なる物質を生じる化学変化を化合という[414]。特に，熱で分解する反応を熱分解，電気を使い分解する方法を電気分解という[415]。

化学変化が生ずる場合には，物質内では原子や原子団の組み合わせが変わるが，化学変化の前後で原子の数は増減せず，一定に保たれる。従って，反応の前後で物質全体の質量は変化しない（保存される)。これを質量保存の法則という[416]。

化学反応式[417]

化学変化において反応する物質（化学変化が生じる前の物質。反応物という）と生成する物質（化学変化が生じた後にできた物質。生成物という）の物質量の関係を化学式と矢印→で表現したものが化学反応式（単に反応式ともいう）である。

化学反応式において，→の左辺には反応物の化学式を，右辺には生成物の化学式を表記する。この場合に使用される化学式は，分子性物質の場合には分子式（たとえば，水素 H_2，水 H_2O，メタン CH_4 など)，イオン性物質や 2 種類以上の元素からできた共有結合性物質の場合には組成式（塩化ナトリウム NaCl，硫酸亜鉛 $ZnSO_4$，硫酸銅（Ⅱ）$Cu(NO_3)_2$，二酸化ケイ素 SiO_2 など)，金属や 1 種類の元素からできた共有結合性物質の場合には元素記号（ナトリウム Na，マグネシウム Mg，鉄 Fe，ダイヤモンド C，ケイ素 Si など）が用いられる場合が多い。

反応物や生成物が複数ある場合には，2 番目以降の物質の前に＋の記号を付す。

化学式の前の数字は係数と呼ばれ，反応あるいは生成する粒子の数（分子が存在しない物質に関しては，組成式で表現された構成単位の数を表す）の割合を意味する。但し，1 の場合には省略する。係数は，反応物や生成物を構成する原子の数が化学反応式の左右両辺で等しくなり，かつ最も簡単な整数比になるように定める。

たとえば，メタンの燃焼反応の化学反応式は次のようになる（「燃焼」の意義は後述する）。

$$CH_4 + 2O_2 \rightarrow CO_2 + 2H_2O$$

この化学反応式は，メタン CH_4 の分子 1 個と酸素 O_2 の分子 2 個から，二酸化炭素 CO_2 の分子 1 個と水 H_2O の分子 2 個が生成することを示す。

なお，化学変化を起こすのに必要な物質であっても，その前後で物質量が変化しない物質，すなわち両辺で係数も含めて全く同じになる物質は，原則として化学反応式には書かない[418]。

化学変化に伴う物理量の量的な関係[419]

上記の通り，メタン CH_4 の分子 1 個と酸素 O_2 分子 2 個から，二酸化炭素 CO_2 の分子 1 個と水 H_2O の分子 2 個が生成する。

そうすると，アボガドロ数個（ここでは，アボガドロ数を 6.02×10^{23} とする）の単位で考えると，メタン分子 6.02×10^{23} 個と酸素分子 $2 \times 6.02 \times 10^{23}$ 個から，二酸化炭素分子 6.02×10^{23} 個と水分子 $2 \times 6.02 \times 10^{23}$ 個が生成する。

アボガドロ数個の粒子の集団を 1 mol としたのだから，この関係は，物質量を単位にして，「メタン 1 mol と酸素 2 mol から，二酸化炭素 1 mol と水 2 mol が生成する」と表現することができる。

化学変化に伴う量的な問題を議論するには，すべての反応物や生成物を物質量（単位は mol）で考えるのが適切である。粒子の数で考えても結果は同じことになるが，われわれが観測する実際の化学変化は数個単位の分子ではなく，アボガドロ数個レベルの分子だから，物質量で考えるほうが理にかなっている。

1.2 で述べた通り，粒子の数，質量及び体積はいずれも物質量から算出できるから，化学変化に伴う粒子の数，質量及び体積の量的な関係を知るためには，まず物質量の関係を把握し，その後で必要な物理量に変換すればよい。

化学変化に伴う質量の量的な関係[420]

上で述べたことを質量について見てみる。

炭素 C，水素 H，酸素 O の原子量をそれぞれ 12.0，1.0，16.0 とすると，メタン CH_4，酸素 O_2，二酸化炭素 CO_2，及び水 H_2O のモル質量は，（分子量の数字に g をつければよいから）それぞれ 16.0 g・mol^{-1}，32.0 g・mol^{-1}，44.0 g・mol^{-1}，18.0 g・mol^{-1} となる。

従って，前述の，「メタン分子 1 mol と酸素分子 2 mol から，二酸化炭素分子 1 mol と水分子 2 mol が生成する」という関係を質量に換算すれば，「メタン 16.0 g と酸素 64 g から，二酸化炭素 44.0 g と水 36.0 g が生成する」と表現できる。反応物の全質量は 16.0 g + 64.0 g = 80 g，生成物の全質量も 44.0 g + 36.0 g = 80 g であるから，反応の前後で全体の質量は変わっていない。すなわち，質量保存の法則が成り立っている。

化学変化に伴う体積の量的な関係[421]

化学変化に伴う体積の量的な関係については，気体と，液体及び固体とで異なって考える必要がある。

気体の場合には，アボガドロの法則により，物質の種類にかかわらず，温度と圧力が一定の場合には，モル体積はある値に定まる（0 ℃［273.15 K]，1 atm［1.01325×10^5 Pa］では約 22.4 L・mol^{-1} であり，25 ℃［298.15 K]，1 atm では約 24.5 L・mol^{-1} である)。

しかし，液体や固体のモル体積は別に調べる必要がある。あるいは密度がわかっていれば，前出の

$Vm = M / d$ （Vm はモル体積，M はモル質量，d は密度）

から計算することができる。

上記の 25 ℃，1 atm という条件では，（水のモル質量は 18.0 g・mol^{-1} であり，水の密度は 1 kg/L であるから)，水のモル体積は 18.0 cm^3 となる。(注)

（注）水の密度

水の温度ごとの詳細な密度の値は理科年表に記載されている。

一方，メタン，酸素及び二酸化炭素はいずれも 25 ℃，1 atm で気体であ

るから，そのモル体積はすべて24.5 L・mol^{-1}である。

従って，「メタン分子1 molと酸素分子2 molから，二酸化炭素分子1 molと水分子2 molが生成する」という関係を体積で示せば，「25 ℃，1 atmという条件では，メタン24.5 Lと酸素49.0 Lから，二酸化炭素24.5 Lと水36.0 cm^3が生成する」となる。

1.3.2　酸と塩基

酸と酸性[422]

水に溶け電離して，水素イオンH^+を生じる物質を酸という。また，酸の水溶液中の水素イオンが示す性質を酸性という。酸性とは，水溶液中で水酸化物イオンOH^-に比べて水素イオンのほうが多く存在する状態であり，酸性のもつ性質には，酸味を持つ，青色リトマス紙を赤変する，亜鉛などの金属と反応して水素を発生する，といったものがある。

具体例として，室温で気体である塩化水素HClを水に溶かすと，HCl分子はほとんどが水素イオンH^+と塩化物イオンCl^-に電離する。

このように水溶液中で完全に電離していると考えられる場合には，水溶液中のH^+の物質量は，溶かしたHClの物質量と同じになる。

一方，酢酸CH_3COOHは水溶液中では大部分は分子のままであり，ごく一部しか電離していない。従って，水溶液中のH^+の物質量は，溶かしたCH_3COOHの物質量に比べて少なくなる。従って，濃度が同じHClとCH_3COOHの水溶液を比べると，HClのほうがかなりH^+の濃度が高い。H^+の濃度が高いほど酸としての性質が強いので，HClのように完全に電離する酸を強酸，CH_3COOHのようにごく一部しか電離しない酸を弱酸と呼ぶ。

塩基性（アルカリ性）・塩基[423]

酸と反応してその性質を打ち消す物質を塩基という。

塩基の水溶液は，しぶい味がする，手につけるとぬるぬるする，赤色リトマス紙を青く変えるなどの共通の性質を示す。この性質を塩基性という。また，塩基のうちで水に溶けやすいものをアルカリといい，その水溶液の示す性質をアルカリ性という。

塩基にも，酸と同じく強塩基と弱塩基がある。強塩基とは，完全に電離している塩基であり，水酸化ナトリウム（NaOH）がその例である。弱塩基とは，ごく一部の分子が電離している塩基であり，アンモニア NH_3 がその例である。
酸性・塩基性に対して，そのどちらでもない場合を中性という。

水のイオン積[424]

純粋な水は，ごくわずかではあるが電気伝導性を示す。このことは，次のように水自身が電離していることを示している。(注１)(注２)

$$H_2O \leftrightarrows H^+ + OH^-$$

(注1) 可逆反応[425]

$\leftrightarrows$ は可逆反応を示す記号である。可逆反応とは，化学反応で反応物から生成物が生じても，生成物が反応して元の反応物に戻ることができるような反応のことである。上の反応式の場合，$H_2O \rightarrow H^+ + OH^-$ を正反応，$H^- + OH^- \rightarrow H_2O$ を逆反応と呼ぶ。
可逆反応では，時間がたつと正反応と逆反応の速度は等しくなり，正反応により生成する生成物の量と逆反応により減少する生成物の量（違う言い方をすると，正反応により減少する反応物の量と逆反応により増加する反応物の量）は等しくなる。すなわち，反応は見かけ上停止した状態になる。この状態を平衡状態という。

(注2) オキソニウムイオン[426]

水素イオン H^+ は水素原子がただ一つの電子を失ってできたイオンであり，陽子１個すなわち水素の原子核そのものであるが，実際には裸の陽子がそのまま水中で存在しているのではなく，水溶液中では水 H_2O と結合して，オキソニウムイオン H_3O^+ として存在している。このイオンは，H^- に H_2O が１分子結びついたイオンであるとも考えられる。
しかし，$H_3O^+ = H^+ + H_2O$ と考えて，普通は H_3O^+ を H^- と表すことが多い。
上の

$$H_2O \leftrightarrows H^+ + OH^-$$

という式は，実際には

$$2\,H_2O \leftrightarrows H_3O^+ + OH^-$$

である。

温度が 25℃（常温）のとき，水溶液中の $[H^+] \times [OH^-]$（ある物質のモル濃度，すなわち溶液１L中に含まれる溶質の物質量（mol）を，その物質の化学式を［ ］で囲んで［化学式］の形で表す[427]）は，1×10^{-14}（mol／L）という値になり，常に一定である。仮に酸や塩基を加えても，たとえば［H^+］が10倍になれば［OH^-］が10分の1になり，常にこの値は保たれる。

この数値を水のイオン積という。

pH[428]

水のイオン積の，常温で1×10^{-14}（mol／L）という値は，温度さえ決まっていればそこにどんな物質が溶けていても変わらない。もしも酸が溶けてH^+が増えれば，その一部は同数のOH^-と結合して水となり，結局H^+が多くなった代わりにOH^-が減って，そのモル濃度の積が一定に保たれる。

酸の溶液といえばH^+を含む溶液であるが，水溶液である以上はH^+とOH^-は必ずともに存在する。ただ，OH^-が少なくH^+が多い状態が酸性の水溶液である。

塩基性の水溶液はその反対で，H^+が少なくOH^-が多い状態である。中性とは両者が等しい場合で，常温ならばH^+とOH^-のモル濃度がともに1×10^{-7} mol／Lである。

従って，酸性，中性，塩基性を表すには，H^+またはOH^-の一方だけで表せる。水素イオン濃度［H^+］の値を10^{-x}（mol／L）と表したとき，xの数字をpH（ピーエイチ）と呼び，pHの数字で水溶液の酸性・塩基性の強さを表す。

たとえば，［H^+］＝10^{-12} mol／LのときpH＝12，［H^+］＝10^{-3} mol／LのときpH＝3である。

対数を使うと，pHは次のように定義される。

$$pH = -\log_{10}[H^+]$$

水素イオン濃度が10倍になると，pHは1小さくなる。純粋な水は中性であり，そのときのpHは7である。酸性の水溶液ではpHは7よりも小さく，塩基性の水溶液ではpHは7よりも大きい。pHの定義は$\log_{10}$［H^+］にマイナスをつけた（逆数にした）ものなので，pHの値が小さいほど［H^+］は大きく，酸性が強い。

中和と塩[429]

酸と塩基が反応して，それぞれの性質を打ち消しあうことを中和という。たとえば，強酸である塩酸と強塩基である水酸化ナトリウムの水溶液を混ぜると，塩化ナトリウムと水が生成し，もとの塩酸と水酸化ナトリウムの性質は打ち消される。この化学反応式は以下の通りである。

$HCl + NaOH \rightarrow NaCl + H_2O$

中和反応における水以外の生成物を塩という。塩酸と水酸化ナトリウムの反応では，塩として塩化ナトリウムが生成する。

1.3.3　酸化と還元

酸化と還元の関係[430]

「酸化」と「還元」とはよく聞く言葉であるが，これらの言葉にはいろいろな意味がある。

どの意味に関しても共通しているのは，還元とは酸化されたものを元に戻すことであって，酸化の反対の過程であるということである。酸化と還元は必ず同時に対となって起こる。すなわち，ある物質が還元されたとすると，必ず何か他に酸化された物質がある。このように酸化と還元が同時に起こっている反応のことを酸化還元反応という。

酸素の授受を伴う酸化還元反応[431]

酸化の第一の意味は，物質が酸素と化合することであり，このとき，その物質は酸化されたという。物質が熱や光を出して激しく酸素と反応することを燃焼という。燃焼は激しい酸化反応である。

たとえば，以下のように，炭素が燃焼すると二酸化炭素 CO_2 ができ，水素が燃焼すると水 H_2O ができる。

$C + O_2 \rightarrow CO_2$

$2H_2 + O_2 \rightarrow 2H_2O$

1.4 で述べる有機化合物は炭素や酸素を構成元素とするので，有機化合物が燃焼すると炭素は二酸化炭素になり，水素は水になる。燃料として使われるのはメタン CH_4，プロパン C_3H_8，灯油などの有機化合物である。

鉄 Fe も細かくして表面積を大きくすると燃焼するようになる。また，マグネシウム Mg は薄い板にして火をつけると激しく熱と光を出しながら燃焼し，白色の酸化マグネシウム MgO になる。

二酸化炭素，水，酸化マグネシウムなど，酸化によってできる生成物を酸化物という。

酸化には，鉄がさびるなどのように，ゆっくり進む酸化もある。

次に，物質が酸素と化合する反応という意味での「酸化」の反対の過程は，酸化物が酸素を失うことである。このとき，物質は還元されたといい，その変化を還元という。

たとえば，空気中で銅 Cu を加熱すると，酸素 O_2 と反応して酸化銅（Ⅱ）CuO ができる。この反応は酸化である。

$2Cu + O_2 \rightarrow 2CuO$

次に，酸化銅（Ⅱ）CuO と炭素 C を反応させると，銅 Cu と二酸化炭素 CO_2 ができる。

これは次のように，CuO が酸素を失って Cu になったので，CuO が還元されている。

$2CuO + C \rightarrow 2Cu + CO_2$

次式は，酸化鉄（Ⅲ）である Fe_2O_3 が炭素によって還元されるときの反応式で，溶鉱炉内で起こっている反応である（(Ⅲ）とは，鉄の酸化数が +3 という意味であるが，酸化数については後述する)。

$2Fe_2O_3 + 3C \rightarrow 4Fe + 3CO_2$

この化学反応式で，Fe_2O_3 に着目すると，この物質は酸素がなくなって Fe となっているから，Fe_2O_3 は還元されている。一方，炭素 C は酸素と化合して二酸化炭素 CO_2 となっており，炭素は酸化されたことになる。このように，酸化と還元が同時に対になって起こっているから，この反応は酸化還元反応である。

水素の授受を伴う酸化還元反応[432]

次に，酸化の 2 番目の意義として，酸化とは水素を失う変化でもある。

たとえば，プロパン C_3H_8 の燃焼の化学反応式は次の通りである。

$C_3H_8 + 5O_2 \rightarrow 3CO_2 + 4H_2O$

プロパンは，水素がとれて酸素と結合して CO_2 となっているので，酸化されたことになる。

前述の通り，酸化が起これば同時に還元も起こっているはずである。そうすると，この化学反応式で還元されるのは酸素以外に考えられないが，還元を化合物から酸素が取られる反応とだけ考えたのでは，上式について酸素が還元されたという説明はできない。

そこで，水素に着目すると，プロパンからとれた水素は H_2O のほうへいっているので，この場合には水素を失う反応を酸化，水素を受け取る反応を還元と考える。そうすると，上式ではプロパンが酸化されて，酸素が還元されたことになり，酸化と還元は同時に対になって起こっている。

電子の授受を伴う酸化還元反応[433]

第３に，電子の受け渡しによって定義される酸化還元反応がある。

マグネシウム Mg は，空気中で加熱すると光を出して激しく燃え，酸化マグネシウム MgO となる。

$$2Mg + O_2 \rightarrow 2MgO$$

マグネシウムは酸素と化合したから酸化されたといえる。そうすると，酸素が還元されたはずだと考えられるが，この反応では水素も関係していない。

MgO はイオン結合で形成されている化合物で，マグネシウム原子は２価の陽イオン Mg^{2+} となり，酸素原子は２価の陰イオン O^{2-} となっている。反応前はどちらもイオンになっていないから，マグネシウム原子から２個電子が取り去られ，その電子を酸素原子が受け取ったことになる。そうすると，化学変化で電子を失えば酸化されたことになり，電子を得れば還元されたことになるということができる。このように電子の受け渡しに着目すれば，上式の反応は酸化還元反応である。

酸化数[434]

このように，酸素を受け取ったり失ったり，水素を受け取ったり失ったり，また電子を受け取ったり失ったりする反応はすべて酸化還元反応である。

個々の反応に応じてこれらの３通りの定義を使い分けることもできるが，いろいろな化学反応を整理し理解する上では，一つの共通の考え方で統一的に定義できることが望ましい。

そこで，すべての酸化還元反応に適用できる酸化数及びその変化という考え方が導入されている。

酸化数は次のように決める。

① 単体の中の原子の酸化数は０とする。

② 化合物中の酸素原子の酸化数を－2，水素原子の酸化数を＋1とする。

③ 単原子イオンの酸化数は，そのイオンの価数に等しい。

④ 電気的に中性な化合物中の成分原子の酸化数の総和は０とする。

⑤ 多原子イオンでは，成分原子の酸化数の総和はそのイオンの価数に等しい。

次に具体例を掲げる。

$2Fe_2O_3 + 3C \rightarrow 4Fe + 3CO_2$

(酸化数)　+3 -2　0　0　+4 -2

この化学反応式で，鉄は酸化数が減少し，炭素は酸化数が増加している。酸化数が減少するのが還元で，増加するのが酸化である。Fe_2O_3 中の原子 Fe が還元されたともいえるし，化合物 Fe_2O_3 が還元されたともいえる（化合物に注目するか，化合物中の特定原子に注目するかの違いで言い方が変わる）。

$C_3H_8 + 5O_2 \rightarrow 3CO_2 + 4H_2O$

(酸化数)　-8/3 1　0　+4 -2　+1 -2

炭素原子の酸化数は -8/3，酸素の酸化数は 0 である。これらが反応によって，それぞれ +4，-2 に変化しているから，C_3H_8 中の炭素は酸化され，酸素は還元されたことになる。

$2Mg + O_2 \rightarrow MgO$

(酸化数)　0　0　+2 -2

マグネシウムが酸化され，酸素が還元されている。

このように，形式が異なって見える化学反応も，酸化還元という考え方で整理でき，さらに，酸化数の変化から，構成原子が酸化されたのか還元されたのかがわかる。

酸化剤・還元剤[435]

酸化還元反応において，酸化される物質は別の物質を還元しているし，還元される物質は別の物質を酸化している。物質は，相手を酸化する働きが強い（すなわち，自分自身は還元されやすい）物質と，逆に相手を還元する働きが強い（自分自身は酸化されやすい）物質とにおおよそ分類できる。前者は酸化剤，後者は還元剤と呼ばれる。還元剤のもつ相手の物質を還元する性質を還元性という[436]。

酸化剤と還元剤との間では，次の例のように酸化還元反応が起こる。

$2KI + Cl_2 \rightarrow I_2 + 2KCl$

(酸化数)　+1 -1　0　0　+1 -1

このように，I^- は還元剤，Cl_2 は酸化剤となる。

一般に，酸化剤は他の分子などから電子を奪いやすい性質を持つ物質である。

ただ注意が必要なのは，化学反応式の矢印の向きと逆の方向に反応が起これば，酸化剤も還元剤になり，還元剤も酸化剤になることである。また，物質によっては，相手次第で容易に酸化剤になったり還元剤になったりする。

1.3.4　化学反応とエネルギー[437]

エネルギー

① どんな現象も，エネルギーが引き起こす。

② どんな現象も，ひとりでに起こる変化は，エネルギーが減る方向に進む。

という2つのことは常に成り立つ[438]。化学反応式が自然に生じる方向（すなわち，それぞれの化学反応式の矢印がなぜ右向きなのか）も，エネルギーによって説明することができる。

エネルギーについては1.2.1で若干触れたが，ここで改めて詳細に述べる。エネルギーとは仕事をする能力を示し，様々な形態をとる。そして，条件を整えてやれば互いに移り変わる（1.2.1で述べた，落下した物体においてポテンシャルエネルギーが運動エネルギーに変わることはその一例である）。これをエネルギーの変換という[439]。エネルギーの変換の身近な例は，次に述べる位置エネルギーの運動エネルギーへの変換である。

下図は，さまざまなエネルギーの形態と相互変換の形である。

図18　さまざまなエネルギーの変換（金原・基礎化学110頁）

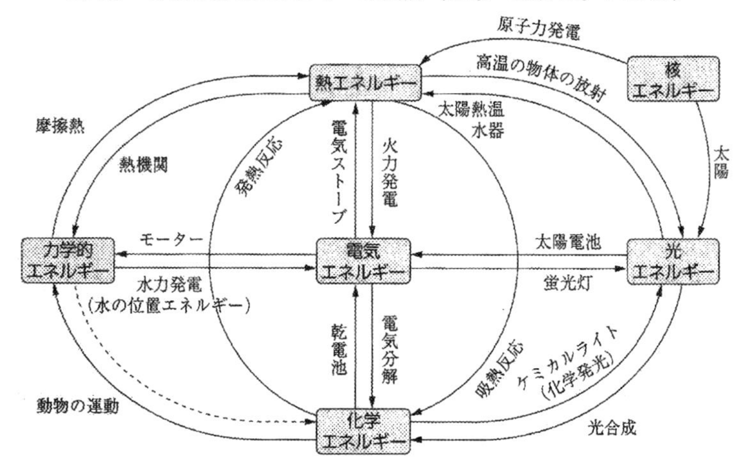

運動エネルギー[440]

質量m［kg］の物体が速度v［m/s］で運動している場合には，その物体

は $1/2\ mv^2$ として示される運動エネルギーを有する。したがって，速度が2倍になれば運動エネルギーは4倍となる。

位置エネルギーと，位置エネルギーから他のエネルギーへの変換[441]

坂の途中に置いた球は，何の止めもないと坂を転がり落ちる。この現象は，高いところにあるものが低いところにあるものよりも多くのエネルギーを持っていることによって起こる。ここにいう「高い」「低い」とは，地球に対する概念であり，地球の中心から遠いほど，「高い」ことになる。

すべての物質の間には必ず引力が働き，これを万有引力というが，万有引力は非常に小さいので，地球ほどの大きな物体でないと，人はその力を感じない。したがって，地球上で働く重力のほとんどは地球からの万有引力による。

地球の重力加速度（注）を g（$g = 9.8$ m/s）とすると，地表面から高さ h（m）にある質量 m［kg］の物体は，mgh で示されるエネルギー（単位は kg・m²/s² ＝ J［ジュール］）を持つ。このように，地球上の位置によるエネルギーなので，これを位置エネルギーと呼ぶ。

坂の上の球が持つ mgh の位置エネルギーは，球が坂を転がると $1/2\ mv^2$ という運動エネルギーに変わり，その運動エネルギーを使い終わるところまで球は転がり落ちる。

位置エネルギーが他のエネルギーに変わる別の例として，水力発電がある。水力発電では，多くの場合ダムに大量の水を貯め，その水を高いところから一気に落とす。このとき，水の位置エネルギーは水の運動エネルギーに変わり，この水の運動エネルギーを発電機のタービンを回す運動エネルギーに変え，タービンの回転の運動エネルギーが最終的に電気エネルギーに変わる。このように，位置エネルギーが電気エネルギーに変わるわけである。

（注）重力加速度[442]

重力加速度とは，地球上で物体に働く重力を物体の質量で割った値で，g で表す。特に大きな加速度を表す場合に単位として使われることもある。1 g = 9.80665 m・s^{-2} である。

ポテンシャルエネルギー[443]

位置エネルギーは，高いところにあるものが持つものだけではない。万有引力は2つのものの間の引力として働く。万有引力に限らず，引っぱりあう力が働いているものは，位置エネルギーを持つ。たとえば，バネを伸ばして手を離すと縮もうとするし，プラスとマイナスの電気は引き合う（これを静電相互作用という）。この場合に，引き合う力に抵抗して，それぞれプラスとマイナスの電気を帯びた物体を引き離すにはエネルギーが必要である。もっとも，プラスとマイナスの電気の場合には，重力（万有引力）とは異なり，引き離すに従って（つまり，間隔が大きくなるに従い）エネルギーは減少するが，位置によって物体の持つエネルギーが変化することから，このエネルギーの形式も位置エネルギーといえる。

このように，何らかの理由で引き合う（あるいは反発しあう）物体間には必ずエネルギーが存在し，物体間の距離によって位置エネルギーは変化する。この位置エネルギーのことを英語ではポテンシャルエネルギー（potential energy）と呼ぶ。potentialのもとであるpotentiaという語は「力」を意味し，重力，バネ，電気などの力がかかっている物体が持つエネルギーを意味する。従って，位置エネルギーよりも広い意味を持つことから，日本語でもポテンシャルエネルギーと呼ぶことが多い。

ポテンシャルエネルギーの定義は,「粒子のもつエネルギーのうち，その粒子のおかれている位置だけで決まるエネルギー」である[444]。

ポテンシャルエネルギー（位置エネルギー）と運動エネルギーをあわせて力学的エネルギーという[445]。

その他のエネルギー

その他のエネルギーとして，熱エネルギー，電気エネルギー，光エネルギー, 核エネルギー等がある[446]（これらに限られるというわけではない）が，熱エネルギーは基本的に運動エネルギーと同じものであり[447]，原子や分子の振動や運動によって生じるエネルギーである[448]。分子は加熱することにより激しく並進運動（気体中で分子が直進運動すること[449]）し，分子の回転が激しくなり，分子を構成している原子間での振動も激しくなり，温度が高くなる。これらの分子の回転・振動などを大まかに内部エネルギーという[450]。温度が高いことはすなわち運動エネルギーが大きいことであり，分子の運動の大きさを人は熱として感じている[451]。

化学結合エネルギー（化学エネルギー）

化学の中で最も重要な役割を果たすエネルギーの形態は化学結合エネルギーである[452]（化学エネルギーともいう[453]）。それは位置エネルギーと似た性格のものであるが，高いところに物体がある代わりに，化学では原子同士の結びつきが弱いほどたくさんの化学エネルギーが蓄えられていると考える[454]。

原子が電子を共有して共有結合をすると，安定化し，安定化した分だけそこにエネルギーが貯め込まれる。このようにして化学結合として貯められているエネルギーが化学（結合）エネルギーである。化学結合エネルギーは，運動エネルギーや光エネルギーとは異なり，保存性に優れているので，生物にとって重要なものである。ヒトは，石油や石炭などに蓄えられている化学結合エネルギーを分子の運動エネルギーに変えて体温を維持したり，筋肉の運動エネルギーに変えて行動したり，電気エネルギー（位置エネルギーの一種）に変えて情報を伝達するなど，生きるために必要なさまざまな活動のエネルギー源としている[455]。(注)

（注）化学エネルギーの定義と性質

旺文社化学事典による化学エネルギーの定義は，「物質を構成する粒子間の化学結合がもっているエネルギー」である[456]。

また，化学エネルギーの本質はポテンシャルエネルギーである。左巻他・教科書では「位置エネルギーと似た性格のもの」と説明されているが[457]，福間・復習する本では，水素分子が持つエネルギーはポテンシャルエネルギーであり，水素分子は電荷の集合体（陽子２個と電子２個）であることから，電気力に由来するポテンシャルエネルギーをもっているという趣旨が述べられている（この本では「化学（結合）エネルギー」という用語は用いられていない）[458]。

化学エネルギーと熱エネルギー[459]

原子同士の弱い結びつきがほどけて強い結びつきができると，発熱反応が起き，反応物は熱となった分だけ化学エネルギーを失い，エネルギー的に安定した生成物（原子同士が強く結びついた化合物）になる。

基本的に，原子や分子，イオンがばらばらになるときには温度が下がる(吸熱反応)。これは，結合を切断するのにエネルギーが必要だからである。逆にばらばらだったものが結びつくときには温度が上がる（発熱反応)。

物質を水に溶かすときも，発熱のときと吸熱のときがある。

固体が水に溶けるとき，固体を作る分子やイオンはばらばらになる。だから，物質を水に溶かせば基本的には温度が下がるはずである。

しかし，水酸化ナトリウム NaOH を水に溶かすと逆に温かくなる。温度が上がるということは，水の中で新しい結びつきができたということである。水酸化ナトリウムは水に溶けるとばらばらになるが，ばらばらになった粒子に新しく水の分子がくっついたのである（水和）。

化学変化が起こったときや物質が水に溶けたときに，発熱になるか吸熱になるかは，ばらばらになるとき吸収するエネルギーと，新しい結びつきができるとき発生するエネルギーの大小関係による。

エネルギー保存の法則[460]

物質が変化するとき，変化の前と後で全体としてのエネルギーの量は変わらない（保存される）。このことをエネルギー保存の法則（熱力学第1法則）という。

いま，反応物をX，生成物をYと表し，物質1モルの持っているポテンシャルエネルギーをそれぞれx（kj），y（kj）とする。反応物Xが生成物Yよりも大きなエネルギーを持っている（$x > y$）ときは，反応が起こると，物質の持つポテンシャルエネルギーが減ることになる。

エネルギー保存の法則によれば全体のエネルギーは保存されるのだから，ポテンシャルエネルギーの減った分の $x - y$（kj）は運動エネルギーなどの他のエネルギーとして外部に発散されることになる。

このように，反応によって物質のポテンシャルエネルギーが減少し，その減少分のエネルギーが外部に発散される反応を発熱反応という。反応に伴って外部に発散されるエネルギーは反応熱と呼ばれる。

物質のエネルギー関係を等式で表した式を熱化学方程式という。上記の関係を熱化学方程式で表すと，以下のようになる。

$$X = Y + (x - y)\ kj$$

逆に，生成物Yが反応物Xよりも大きなエネルギーを持っている（$x < y$）場合には，反応が起きることによって物質の持つポテンシャルエネルギーが増えることになる。

エネルギー保存の法則によれば，全体のエネルギーは保存されるのだから，ポテンシャルエネルギーが増加した分 $y - x$（kj）は外部から取り入れたエネルギーである。

このように，反応によってエネルギーを外部から取り入れて，その分だけ物質のポテンシャルエネルギーが増加する反応を吸熱反応という。反応に伴って外部から吸収されるエネルギーも反応熱と呼ぶ。

上記の関係を表す熱化学方程式は以下のようになる。

$$X = Y - (y - x)kj$$

ヘスの法則[461]

物質が変化するとき出入りする熱量は，変化する前の状態と変化した後の状態だけで決まり，変化の過程には無関係である（より簡略に表現すれば，反応熱は反応の経路によらず，反応前の状態と反応後の状態で決まる[462]）。このことをヘスの法則という。この法則は，ロシアの化学者であるヘス（1802 ~ 1850）によって1840年に実験的に見いだされ，1947年にヘルムホルツらによって発表されたエネルギー保存の法則（熱力学第1法則）の一部となった。

広く物質界において，エネルギー保存則は最も基本的な原理である。エネルギーは生成もしないし消滅もせず，ただ形態を変えるだけである。ヘスの法則はこのことを化学反応について述べたものである。

ヘスの法則を利用することにより，直接測定することの難しい反応熱を計算によって間接的に求めることができる。

つまり，反応物と生成物のそれぞれのポテンシャルエネルギーの差が反応熱ということになるが，既に測定されているさまざまな物質の反応熱のデータを組み合わせれば，反応物と生成物のそれぞれのポテンシャルエネルギーがわかるのである。

そのために，各物質の生成熱というデータが用意されている。生成熱の定義は,「ある物質1モルが，その成分元素の最も安定な単体から生成するときに発生する熱量」である。

たとえば，液体の水 H_2O の生成熱は 286 kj ／モルであるが，これを熱化学方程式で示すと，次のようになる。

H_2（気体）＋ 1/2 O_2（気体）＝ H_2O（液体）＋ 286 kj

今日では，ほとんどすべての物質の生成熱のデータがそろっているから，データブックなどで調べてこれを利用すれば，未知の反応の反応熱や，直接測定することがむずかしい反応熱が簡単に求められる。(注)

(注) 反応熱を計算で求める方法の一例[463]

メタン CH_4，二酸化炭素 CO_2，水 H_2O（液体）の生成熱をそれぞれ 75 kj ／モル，394 kj ／モル，286 kj ／モルとするとき，メタンの燃焼熱を求める。

各物質の生成熱を表す熱化学方程式は以下の通りである。

C（黒鉛）＋ 2 H_2 ＝ CH_4 ＋ 75 kj …①

C（黒鉛）＋ O_2 ＝ CO_2 ＋ 394 kj …②

H_2 ＋ 1/2 O_2 ＝ H_2O（液体）＋ 286 kj …③

①～③の式を用いて，メタンの反応熱を表す熱化学方程式を作ると，

$CH_4 + 2O_2 = CO_2 + 2H_2O$（液体）$+ Q$ kj

となる。

この式に含まれない C や H_2 を式どうしの加減で消去すると，

②式＋③式× 2 －①式より，

$CH_4 + 2O_2 = CO_2 + 2H_2O$（液体）$+ 891$ kj

従って，求める反応熱は 891 kj である。

1.3.5　化学反応の方向をきめるもの

1.3.5.1　エネルギーの要因

水素原子はなぜ水素分子になるのか[464]

水素原子 H は，地球上の通常の状態では原子としては安定に存在せず，すぐさま水素分子 H_2 を形成する。この理由は，次のようにエネルギーの観点から説明できる。

気体の H_2 分子の持っているエネルギーと H 原子の持っているエネルギーの相対的な関係をみるため，気体の H_2 分子の持っている 1 モル当たりのエネルギー（以下すべて，エネルギーとは化学結合エネルギーのことである）を 0（単位は J/mol）とすると，H 原子の持っている 1 モル当たりのエネルギーは 218 kJ，従って 2 モルでは 436 kJ である。

H 原子から H_2 分子ができる化学反応式をエネルギーまで考慮して示すと，次のようになる。カッコ内の g は気体（gas）を示す。

$$2H(g) = H_2(g) + 436 \text{ kJ/mol} \qquad (1.1)$$

等号になっているのは，両辺でエネルギーを含めた物質の収支が変わらないことを示すためである。

この式からわかるように，水素原子の持つエネルギーは水素分子の持つエネルギーよりも大きいが，これは，水素原子のほうが水素分子よりも不安定なことを意味する。従って，自然な状態では水素原子は水素分子になって安定化する。すなわち，上式は左側から右側に向かって進む。

この反応が起こると，安定化した分のエネルギーである化学結合エネルギー 436 kJ/mol が H_2 分子の外に出され，H_2 分子の運動エネルギーとして使われる。分子の運動エネルギーとは熱エネルギーであるので，このよう

な反応は発熱反応と呼ばれる。発熱反応とは，化学結合エネルギーが，反応生成物も含めてその反応に関与している分子の運動エネルギーに変わる反応である。これらの分子の運動は，その周囲にある物体や空間を構成する分子をさらに運動させ，このエネルギーは拡散していく。

このように，化学エネルギーから変換された運動エネルギーは，放っておくとどんどん周りの物体に吸い込まれていき，その反応系にとどまってはいない。他方，もしも，反応容器と外側との間を遮断して，熱つまり分子運動が伝わらないようにすると，式（1．1）の右側に進む反応で放出されなければならないエネルギーが反応容器内に閉じ込められるために，そのエネルギーを使って，H_2 分子は再びＨ原子に分解されてしまう。

エンタルピー[465]

総エネルギーの観点から 2H と H_2 の状態を表現するためには，化学結合エネルギー，運動エネルギー，位置エネルギーなどの異なるエネルギー形式を考慮する必要がある。そこで，すべてのエネルギーをひとまとめにした「エンタルピー（enthalpy)」という量を考える。

大気圧というほぼ一定の圧力の下で，原子や分子などのある物質が持っている総エネルギーをエンタルピーと定義し，H という記号で表す。式（1.1）をエンタルピーで表すと，

$$H(2\mathrm{H}) = H(\mathrm{H_2}) + 436\ \mathrm{kJ/mol}$$

となる。

反応前と反応後のエンタルピーをそれぞれ $H_{開始}$，$H_{終了}$ と表すと，

$$H_{開始} = H_{終了} + 436\ \mathrm{kJ/mol}$$

と表せる。

エネルギーは決して消滅しないから，原子が分子になることで減少した（安定化した）エンタルピー分のエネルギーは，分子や原子の内部から外部に出る。ある変化に伴うエンタルピーの変化は通常，

$$\triangle H = H_{終了} - H_{開始}$$

と表す。

Ｈ原子が H_2 分子になる反応では，$\triangle H$ は -436 kJ/mol となる。$\triangle H$ の符号が負になる反応は，生成物が反応物よりも安定になり，その安定化分のエネルギーを運動エネルギー（熱エネルギー）として放出するので，発熱反応と呼ぶ。発生する熱エネルギーは熱量計という装置を使って測定する。

エンタルピーの値を直接求めることは実際には非常に難しいので，エンタルピーの絶対値を問題にすることは化学ではほとんどなく，相対値である△

H を問題にする。

標準生成エンタルピー[466]

25℃, 1 気圧の状態で分子や原子を生成するために必要なエンタルピーを標準生成エンタルピーと呼び, $\triangle H^{\circ}$ と表す。右肩の○は標準状態での値であることを示す。

標準生成エンタルピーは相対値であるから, H_2 分子を生成するための標準生成エンタルピーを任意に 0 にすることができる。そうすると, H 原子の標準生成エンタルピーは 217.97 kJ/mol と実験で求めることができる。本来は標準生成エンタルピー差と呼ぶべきであるが, 通常は標準生成エンタルピーと呼ばれ, 式 (1.1) のように状態の変化があるときだけ標準生成エンタルピー差と呼ぶ。なお, 標準生成エンタルピーは, 略して標準エンタルピーとも呼ばれる。

多くの物質について標準生成エンタルピーが実験的に求められており, その値を使えば, 化学反応に伴い出入りするエネルギーの量を知ることができる。

具体例として, アルコールランプが燃える反応をとりあげる。この反応は, メタノール (メチルアルコール) (CH_3OH) を酸素で燃焼させる (酸素で酸化する) 反応である。完全燃焼すると, 次のように二酸化炭素と水が生じる。

$$CH_3OH(l) + 3/2\ O_2(g) \rightarrow CO_2(g) + 2H_2O(l) \qquad (1.2)$$

(l) は, 液体 (liquid) 状態を示す。同じ分子でも液体や気体等の状態の違いによって標準生成エンタルピーは異なるので, このように状態を明記する。

液体のメタノール, 気体の二酸化炭素, 液体の水の標準生成エンタルピーはそれぞれ−238.9, −393.5, −285.8 kJ/mol であることがわかっている (酸素分子の標準生成エンタルピーを基準として 0 とする)。

従って,

$$\begin{aligned} \triangle H &= \triangle H\ (\text{生成物}) - \triangle H\ (\text{反応物}) \\ &= \{-393.5 + 2 \times (-285.8)\} - (-238.9) \\ &= -726.2\ \text{kJ/mol} \end{aligned}$$

このように, 生成物全体のエンタルピーは反応物全体のエンタルピーより 726.2 kJ/mol 減るので, 左右のエネルギーを等しくすると, 次の式のようになる。

$$CH_3OH(l)+3/2\ O_2(g) = CO_2(g)+2H_2O(l)+726.2\ \text{kJ/mol} \qquad (1.3)$$

従って，この反応では726.2 kJ/mol のエネルギーが放出されるから，発熱反応である。すなわち，アルコールランプが燃焼すると（これは，メタノールが燃焼する，すなわち炭素と水素原子に分解して酸素と結合することを意味する）多量の熱を発生する。具体的には，燃焼で生じる二酸化炭素と水分子（気体）及びランプのそばにある空気分子の運動エネルギーが上昇し（運動が激しくなり），これらの大きな運動エネルギーを持った気体分子が，たとえばサイフォンのガラスの底に激しく衝突して，ガラスの分子の運動を激しくし，これがサイフォンを加熱し，そこに入っている水分子の運動を激しくして，水を湯にする。

ただ，726.2 kJ/mol のエネルギーはすべてが運動エネルギー（熱）に変わるのではなく，一部は光エネルギーにも変わるので，アルコールランプは若干の光を出す。アルコールの燃焼は，周囲にある分子に運動エネルギーや光エネルギーを与えるので，726.2 kJ/mol のエネルギーは周囲に次々に吸い込まれる。さらに，ランプの芯付近にあるアルコール自身も加熱されてより燃えやすくなるので，いったん火がつくと式（1.2）の反応は決して左側に進むことはなく，アルコールがなくなるまで右側に進む。

結合切断エンタルピーと結合生成エンタルピー[467]

分子内にある原子間の結合（共有結合）を切断するために必要なエネルギーを結合切断エンタルピーと呼ぶ。たとえば，酸素 O_2 分子において，2つの酸素原子は二重結合で結合し，安定に存在している。この二重結合を切り，自由な二つの酸素原子にするためには，外側から 498.7 kJ/mol のエネルギーを加えることが必要である。

逆に見れば，結合切断エンタルピーに相当するエンタルピーが，共有結合を作るときには放出されなければならない。結合を作るという意味から，このエンタルピーを結合生成エンタルピーという。(注)

(注) 結合生成エンタルピーの放出

平山・化学反応は，「結合切断エンタルピーに相当するエンタルピーが共有結合を作るときには吸収されなければなりません」と述べているが[468]，結合切断エンタルピーは外部から加えるエネルギーなのだから，その逆の効果を生じさせる結合生成エンタルピーは，物質から放出されなければならないはずである。また，同じページには，「結合を作ることで安定になる」という表現もあり，安定になるということはエネルギー的に小さくなるということだから，このことからも，物質が結合を作る際にはエンタルピー（エネルギー）

を吸収するのでなく，放出することになるはずである。

酸素分子 O_2 を作る結合生成エンタルピーは －498.7 kJ/mol である。絶対値が同じで符号がマイナスになるのは，結合を作ることで安定になるためである。この結合生成エンタルピーも，多くの物質について実験的に求められている[469]。

具体例として，過酸化水素 $H_2O_2(g)$ を分解する反応を考えると，少なくとも次の 2 通りの分解方法がある。

$$2H_2O_2(g) \rightarrow 2H_2O(g) + O_2(g) \qquad (1.4)$$

$$H_2O_2(g) \rightarrow H_2(g) + O_2(g) \qquad (1.5)$$

この両式のどちらが起こりやすいかを結合生成エンタルピーによって判別することができる。

まず式（1.4）について考えると，過酸化水素分子は H－O－O－H という分子構造をとるので，分子内には H－O という結合が 2 本，O－O という結合が 1 本ある。H－O と O－O の結合生成エンタルピーはそれぞれ－460 kJ/mol，－142 kJ/mol とわかっているので，過酸化水素 H_2O_2 全体の結合生成エンタルピーは，

$$-460 \times 2 + (-142) = -1062 \text{ kJ/mol}$$

であり，2 モルでは 2 倍の－2124 kJ/mol である。

次に，水分子には 2 本の H－O があるので，その結合生成エンタルピーは

$$2 \times (-460) = -920 \text{ kJ/mol}$$

であり，2 モルではこの 2 倍の－1840 kJ/mol である。

最後に，酸素分子の結合生成エンタルピーは前述の通り－499 kJ/mol（小数点未満四捨五入）である。

以上より，化学結合が生成あるいは切断されるときに化学結合エネルギー以外のエネルギーは全く変わらないと仮定すると，結合生成エンタルピーの差 $\triangle H = \triangle H$（生成物）$-\triangle H$（反応物）は，

$$\triangle H = -1840 + (-499) - (-2124)$$
$$= -215 \text{ kJ/mol}$$

である。符号がマイナスになるのは，右辺の分子の結合生成エンタルピーのほうが小さく（絶対値としては大きく），その分だけエネルギーが減少している（安定化している）ことを示す。

従って，式（1.4）をエネルギーの観点から等号で表すと，

$$2H_2O_2(g) = 2H_2O(g) + O_2(g) + 215\text{kJ/mol}$$

である。結合が安定になった分のエネルギー215kJ/molは，分子の外側に放出されなければならない。このエネルギーのほとんどは反応に関わっている分子の運動エネルギーに変わるので，この反応は熱を発する。すなわち，発熱反応である。

次に式（1.5）について考えると，前記の通り，過酸化水素分子H_2O_2全体の結合生成エンタルピーは-1062 kJ/mol，酸素分子の結合生成エンタルピーは-499 kJ/molである。

一方，水素H_2の結合生成エンタルピーは実験により-436 kJ/molと判明しているので，結合生成エンタルピーの差$\triangle H= \triangle H$（生成物）$- \triangle H$（反応物）は，

$$\triangle H = -436 + (-499) - (-1062) = 127 \text{ kJ/mol}$$

であり，式（1.4）とは異なり，符号がプラスとなる。すなわち，生成物の結合生成エンタルピーのほうが反応物の結合生成エンタルピーよりも大きい。

従って，式（1.5）をエネルギーの観点から等号で表すと，

$$H_2O_2(g) = H_2(g) + O_2(g) - 127 \text{ kJ/mol}$$

となり，$H_2O_2(g)$に127 kJ/molのエネルギーを与えないと反応は起こらない。化学反応を起こさせるためにエネルギーを与える最も一般的な方法は加熱であり，このような反応を吸熱反応という。

発熱反応は自然に起こり，発生するエネルギーはほとんどの場合運動エネルギー（熱）に変わり，放っておいても反応物質を含む環境に吸い込まれていく。つまり，式（1.4）の反応は自然に進む。

一方，吸熱反応では，新たな結合を作り出すためにエネルギーが必要であり，そのエネルギーを供給しなければならない。従って，吸熱反応は放っておいても進むということはなく，加熱する必要がある。

このように，反応前後の分子の結合生成エンタルピーを求めることによって，その反応が起こりうるものかどうかの判定ができる。

1.3.5.2　エントロピーの要因[470]

ここまで述べてきた通り，化学反応は，エネルギーの大きい状態から小さい状態へ進行する。しかし，化学反応の方向がそれだけで決まるのなら，地球ができてから現在までの間に，すべての物質はエネルギーの小さい最安定な（動きのない）状態になっているはずであるが，実際にはそうなっていな

い[471]。

これは，化学反応の方向を決める第2の要因が存在するからである。この第2の要因がエントロピーである。エントロピーは「乱雑さ」「無秩序さ」「でたらめさ」等の言葉でも表現される。

たとえば，コップの中に入っている水の左半分から右半分に熱エネルギーが移動し，右半分の温度が上がって沸騰し，左半分は温度が下がって氷になる，というようなことは，熱力学第1法則（エネルギー保存則）には矛盾しないが，自然現象の中で起こることは決してない。つまり，自然界にはエネルギー保存則以外に現象の進行方向を決める法則がある。それが熱力学第2法則であり，「エネルギーや物質粒子の配置は平均化する傾向にある」というものであるが，エネルギーや粒子配置の分配数を示す指標としてエントロピーという量を導入すると，第2法則は「宇宙のエントロピーは自然に増加（平均化）する傾向にある」と表現される。

ある物体は，置かれた状態に応じて決まったエントロピーを持っていると考え，大まかな概念として，ある温度 T［K］の物体の熱エネルギーが $\triangle q$［J/mol］だけ変化した場合に，その物体のエントロピーは

$$\triangle S = \triangle q/T$$

だけ変化したという。単位は $JK^{-1}mol^{-1}$ である。

温度 T_A の物体Aと温度 T_B の物体Bを接触させたとすると，AとBをまとめて1つの物体と考えられる。$T_A > T_B$ ならば，ある熱量 $\triangle q$ がAからBに移動すると，

$$\triangle S = \triangle q / T_B - \triangle q / T_A > 0$$

であり，エントロピーが増加することになる。従って，この現象は進行する（逆の進行，すなわち温度の低いBから温度の高いAに熱量が移動することは生じない）。（注1）（注2）

（注1）エントロピーの絶対値[472]

エントロピーの値（絶対値）を求めることもあるが，一般にはエントロピーの変化量が正か負かを問題にすることが多い。

（注2）熱力学第3法則と高温の限界

熱力学第3法則は，絶対零度（0 K = −273.15℃）を実現することはできないことを示す[473]。近年，絶対零度にきわめて近い 2.0×10^{-10} Kの極低温が得られたが，絶対零度には決して到達できない[474]。

一方，高い温度には理論的に限界はない[475]。宇宙の始まりのビッグバン直後は，宇宙の温度は1兆℃の1兆倍の1億倍であった（この頃の宇宙は直

径 3mm ほどだった)[476]。また，太陽表面（光球）の温度は約 5800 K，太陽をとりまく希薄な気体（コロナ）の温度は 100 万 K 以上と推定されている[477]。

1.3.5.3 ギブスの自由エネルギー[478]

どのような自然現象に対しても，変化は①エネルギー（エンタルピー）が小さくなる方向に，また②エントロピーが大きくなる方向に進行する。

それでは，エネルギーが大きくなるし，エントロピーも大きくなるという反応があるとき，その反応が起こるかどうかはどのように考えればよいだろうか。

このような場合には，ギブスの自由エネルギーの概念を導入することにより，反応の方向性を決めることができる。

ギブスの自由エネルギー G は

$$G = H - TS$$

(H：エンタルピー，T：絶対温度，S：エントロピー)

で示される。

ある反応によって，ある物質 A が別の物質 B に変化したとする。物質 A と B のそれぞれのギブスの自由エネルギーを G_A，G_B とすると，反応における自由エネルギーの変化△ G は，

$$\triangle G = G_B - G_A$$

で与えられ，上式

$$G = H - TS$$

より，

$$\triangle G = \triangle H - T \triangle S$$

($\triangle H = H_B - H_A$，$\triangle S = S_B - S_A$。添字 A，B は各物質を示す)

このとき，

$\triangle G < 0$ ならば，その変化は自発的に進む（B のほうが安定)。

$\triangle G > 0$ ならその変化は自発的には進まない（A のほうが安定)。

$\triangle G = 0$　ならその物質系は平衡状態で，変化はどちらにも進まない。

とまとめることができる。

ギブスの自由エネルギーや，エンタルピー，エントロピーは化学便覧などの文献にまとめられているので，各物質の G を調べて，その差から$\triangle G$ を求め，上記 3 通りのどれに当てはまるかを調べることによって，「反応の方向が推定できる」あるいは「反応させてみたあとにその方向に理由付けがで

きる」といった使い方ができる。

具体例として，まず水について述べると，水は1気圧下では100℃で沸騰するが，これは，100℃において水 H_2O（l，1気圧）と水蒸気 H_2O（g，1気圧）が平衡状態にあることを意味する。

このときの水から水蒸気への自由エネルギー変化は $\triangle G = 0$ である。

100℃付近における水と水蒸気の自由エネルギーの差 $\triangle G$（$=G_{水蒸気} - G_{水}$）は，

- $T < 100$℃ のときに，$\triangle G$（$=G_{水蒸気} - G_{水}$）> 0 となり，水蒸気から水への変化が起こる（水が安定）。
- $T = 100$℃ のときに，$\triangle G$（$=G_{水蒸気} - G_{水}$）$= 0$ となり，水と水蒸気が平衡状態である。
- $T > 100$℃ のときに，$\triangle G$（$=G_{水蒸気} - G_{水}$）< 0 となり，水から水蒸気への変化（蒸発）が起こる（水蒸気が安定）。

ということを示す。

次に，アルミニウムの酸化反応について述べる。反応式は，

$$4Al(s) + 3O_2(g) \rightarrow 2Al_2O_3(s)$$

である（(s) は solid で，固体を示す）。

この式の左から右への変化における $\triangle G = \triangle H - T\triangle S$ を計算するために，$\triangle H$ と $\triangle S$ を求めると，

$$\triangle H = 2 \times H_{Al_2O_3} - (4 \times H_{Al} + 3 \times H_{O_2})$$
$$= 2 \times (-1675.7\ \mathrm{kJmol} - 1) - (4 \times 0 + 3 \times 0)$$
$$= -3351.4\ \mathrm{kJmol^{-1}}$$

$$\triangle S = 2 \times S_{Al_2O_3} - (4 \times S_{Al} + 3 \times S_{O_2})$$
$$= 2\times(50.92\ \mathrm{JK^{-1}mol^{-1}}) - \{4\times(28.33\ \mathrm{JK^{-1}mol^{-1}}) + 3\times(205.14\ \mathrm{JK} - 1\mathrm{mol^{-1}})\}$$
$$= -626.90\ \mathrm{JK} - 1\ \mathrm{mol^{-1}}$$
$$= -0.62690\ \mathrm{k\ JK^{-1}mol^{-1}}$$

これらの値から計算すると，$T = 298$ K のときに

$$\triangle G = \triangle H - T\triangle S$$
$$= -3351.4\ \mathrm{kJmol^{-1}} - 298\ \mathrm{K} \times (-0.62690\ \mathrm{kJK} - 1\ \mathrm{mol^{-1}})$$
$$= -3351.4\ \mathrm{kJmol^{-1}} - (-298 \times 0.62690\ \mathrm{kJmol^{-1}})$$
$$= -3351.4\ \mathrm{kJmol^{-1}} + 186.8\ \mathrm{kJmol^{-1}}$$
$$= -3164.6\ \mathrm{kJ\ mol^{-1}}$$

であり，$\triangle G < 0$ であるから，この反応（温度が 298 K の場合）は自発的に起こる。また，$\triangle H < 0$ であるから，この反応は発熱反応である。

ただし，実際の現象として，アルミ箔の場合，298 K(25℃) においてもアルミニウムすべてが酸化アルミニウムになっているわけではない。これは，アルミ箔の表面に酸化アルミニウムの膜が生成し，内部のアルミニウムを保護して，それ以上アルミニウムと酸素との反応（酸化反応）を進行させないからである。

このように，いろいろな要因により実際の反応の説明にはなりにくい場合もあるが，自由エネルギーの変化を考えることにより，その反応の進行の可能性を考えることが可能となる。

1.3.5.4　反応の速度[479]

反応が自発的にどの方向に進行するかという問題と，反応がどれだけ早く進行するかという問題は別である。自由エネルギーが減少する，すなわち自然に起こりうる化学反応であっても，地質的な時間のスケールで起こるものもあれば，ほんの瞬きの間に起こりうるものもある。

反応の速度に関わる重要な概念として，活性化エネルギーというものがある。

活性化エネルギーとは，反応物から生成物への移行の過程で超えなければならない「エネルギーの山」である。

下の図は，水素 H_2 とヨウ素 I_2 を混合してヨウ化水素（HI）を作る反応を例に，活性化エネルギーを示すものである。

図 19　活性化エネルギー（平山・化学反応 200 頁）

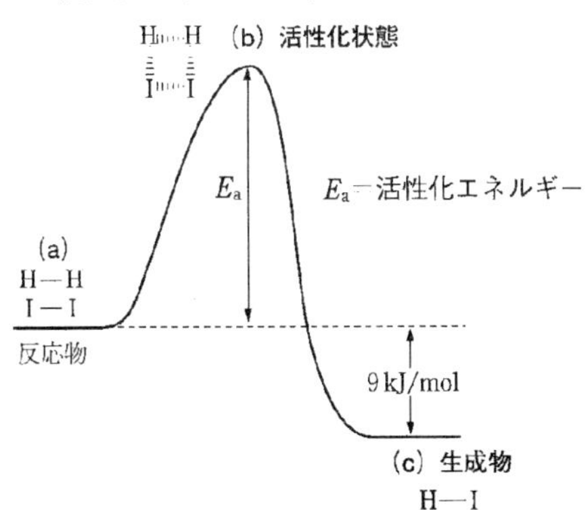

H_2 と I_2 とは，完全に原子に分かれてから反応するのではなく，この図に示されているように，H_2 分子と I_2 分子とが接近して向き合い，お互いの分

子内の結合が緩む必要がある。このような状態を活性化状態といい，活性化状態を越すのに必要な最低のエネルギーが活性化エネルギーである。この活性化エネルギーがきわめて高ければ，生成物のエネルギーが反応物のエネルギーよりどんなに低くても，また自由エネルギーが大きくマイナスであっても，反応は容易に進むことはない。

活性化エネルギーの山を越せるかどうか，すなわち反応の速度を決める要因には次のものがある。

① 反応物の濃度（濃度が高いほど，粒子の衝突頻度が大きくなるため）

② 温度（温度が高いほど，活性化エネルギー以上の運動エネルギーを持つ粒子の割合が大きいため）

③ 触媒の存在

触媒とは，活性化エネルギーを顕著に下げる働きをする物質である（触媒自体は反応の前後で変化しない）[480]。

触媒の作用には，反応速度を早めるほかに，反応段階を短縮したり，光学異性体（異性体や光学異性体については，有機化合物のところで述べる）のうちで人に役立つ異性体のみを生成させたり（これは不斉触媒という）することがあげられる。また，そもそも触媒がなければ進行しない反応もある[481]。

1.4 有機化合物

1.4.1 有機化合物の意義と特徴

有機化合物の意義

物質は，大きく有機化合物と無機物に分けられる[482]。

有機化合物とは英語でOrganic Compoundsといい，Organは生物の内蔵を意味する。すなわち，有機化合物とは本来は生物に由来する物質のことを意味したのである[483]。

実際，19世紀前半までは，生物が作り出した（あるいは生命の力を借りて作られた）物質が有機化合物であり，生物の力がなくても作られる物質が無機物である，という区別がされていた[484]。

これは，生命体は非生命体にない力を持っており，その力（生気）によって生命に関する物質が作られるという考え（生気説と呼ばれる）に基づいている[485]。

ところが，ドイツの化学者であるウェーラー（1800 ~ 1882）は，1828年に，無機化合物であるシアン酸アンモニウムNH_4OCNの水溶液が加熱によって尿素H_2NCONH_2に変わることを発見した。これは，天然有機化合物が人工的に合成できることを示したものである[486]。その後，無機物と有機化合物との間には大きな隔たりがないことがわかってきたが，有機化合物と無機物にはそれぞれに共通の特徴や性質があり，今でも分けて考えたほうが理解しやすい[487]。

現在では，有機化合物とは「炭素を含む化合物のうち，簡単な構造のものを除いたもの」と定義されている[488]（注1)。簡単な構造のために有機化合物に含まれない物質の具体例として，一酸化炭素，二酸化炭素，ダイヤモンド，黒鉛（グラファイト)，シアン化水素（青酸HCN)，炭酸塩（炭酸カルシウム$CaCO_3$など）がある[489]（但し，ダイヤモンドや黒鉛は化合物ではなく単体である)。(注2)

（注1）有機化合物の定義

炭素を含まない有機化合物はない[490]。これには例外はない。

他方，炭素を含む化合物のうちで有機化合物に含まれないものをすべて列挙した上で，「炭素を含む化合物で，ここに列挙したもの以外はすべて有機化合物である」と述べるような，厳密な有機化合物の定義は存在しない。

このことを示す文献として，以下のものがある。

① 長倉三郎他編『岩波理化学辞典　第5版』(岩波書店，1998年）の「有機化合物」の説明（1392頁）の書き出しは以下の通りである。

「炭素の酸化物や金属の炭酸塩など少数の簡単なもの以外のすべての炭素化合物の総称。ただし，有機化合物から除く炭素化合物の範囲は必ずしも一定していない。」

② 川端・ビギナーズの説明は以下の通りである[491]。

「…物質は便宜的に有機化合物（有機物）と無機化合物（無機物）に分類されている。便宜的と書いたのは，ウェーラーの歴史的な発見以来，この両者の区別はあまり明確でない便宜的なものでしかなくなってしまったためである。

有機化合物の現代における一般的な定義は，「炭素の化合物，ただし二酸化炭素，炭酸塩などの一部の単純な化合物を除く」，とされている。それ以外は無機化合物になる…。

炭素の化合物すべてではなく，ただし書きで例外を設けたところがあいまいさのもとである。単純な化合物でもメタン（CH_4）や，クロロホルム（$CHCl_3$）は有機化合物であり，四塩化炭素（CCl_4）は無機化合物であるなど，その境界はきわめてあいまいで感覚的なものでしかない。これが「便宜的」と書いた理由である。

一つの試案として有機化合物を，「C-C，C-H結合のどちらか，あるいは両方をもつ化合物」と定義することもできるが，これでもシアン化水素（H-CN）やジシアン（NC-CN)(いずれも無機化合物）のような例外ができてしまう。」

③ 大川・勉強法は，「有機化合物－その定義は意外に難しい。いや，その範囲は一定していないといったほうが正しい」と述べている[492]。

(注2)「有機化合物」と「有機物」,「無機化合物」と「無機物」

「有機化合物」と「有機物」が同義であり，また「無機化合物」と「無機物」が同義であるかのような解説をする文献が複数ある。たとえば，化学入門編は「物質は，大きく有機物質（有機物，有機化合物ともいう）と無機物質（無機物，無機化合物ともいう）に分けられる」(要旨）と述べており[493]，また旺文社化学事典は，「現在では，有機化合物をさして有機物ということが多く，生物が産生する物質に対しては天然物もしくは天然化合物という言葉が使われる」と述べている[494]。ビジュアル化学も同様である[495]。しかし，それでよいのかどうか，これらの概念については整理することを要する。

1.1.1 で述べた通り，物質は化合物と単体に分けられる。以下，このように用語を使い分ける前提で述べる。

まず,「有機化合物」と「有機物」を同義と考えてよいか。

物質は化合物か単体のどちらかなのだから，これは「単体である有機物は存在するか」という問題である（存在するなら有機化合物と有機物は同義ではないし，存在しないなら同義である)。

有機物とは炭素を含む物質であり，注 1 で述べた通り，これには例外はない。すなわち,「炭素を含むが有機物でない物質」は存在するが,「炭素を含まないが有機物である物質」は存在しない。

一方，単体とは，ただ 1 種類の元素からなる物質である。

従って，もしも単体である有機物が存在するなら，それは炭素だけからなる有機物ということになるが，そのようなものは存在しない。なぜなら，炭素の単体としてはダイヤモンドや黒鉛（グラファイト)，あるいはフラーレン，カーボンナノチューブ等があるが [496]（これらは炭素の同素体ということになる)，これらは有機物ではなく無機物とされるからである [497]（なお，旺文社化学事典や齋藤・きほんには，ダイヤモンドや黒鉛について「無機化合物に分類される」との趣旨の説明があるが [498]，単体であるダイヤモンドや黒鉛を「無機化合物」と表現するのは，本来はおかしいはずである)。齋藤・きほんにも,「有機分子はすべてが C，H などの複数種類の原子からなるので，化合物である」という説明があり [499]，単体の有機物は存在しないという趣旨と解される。

このように単体である有機物が存在しない以上,「有機化合物」と「有機物」は同義である。

一方,「無機化合物」と「無機物」は明らかに同義ではない。なぜなら，単体である無機物は窒素（N_2)，酸素（O_2)，オゾン（O_3)，水素（H_2）など，多数存在するからである。

上記の旺文社化学事典のように,「物質は単体と化合物の 2 種類に区分される」という定義に必ずしも従わずに「化合物」という語が用いられる（すなわち，単体も含む意味で「化合物」という語が用いられる）ことはしばしばあるようなので，混乱が生じやすいが，厳密に考えれば，以上の通り,「有機化合物」と「有機物」は同義であるが,「無機化合物」と「無機物」は同義ではない。

多様性

有機化合物を構成する原子は炭素Cと水素Hが主なものであり，この2種の原子のみからできた分子を炭化水素という[500]。原油の主成分は炭化水素である[501]。

それ以外の有機化合物を構成する原子は，酸素O，窒素N，硫黄S，リンP，フッ素F・塩素Cl・臭素Br・ヨウ素Iなどのハロゲン，ナトリウムNa，鉄Feなどの金属元素である[502]。

有機化合物はこれらわずか10数種類ほどの原子からなるのであるが[503]，その種類はほとんど無限大といってよいくらい多い[504]。(注)

(注) 有機化合物は何種類あるか

有機化合物の種類について，「1000万種以上」と述べる文献が多いが[505]，私が参照し得た文献の中で最も大きな数を示しているのはスクエア図説化学であり，2006年現在，8000万種以上の有機化合物が知られている（1990年に1000万種，1999年に2000万種を超えた）と述べられている[506]。

他方，無機化合物は約110種すべての元素が構成要素となるにもかかわらず，数十万種程度しか存在しない[507]。

このように有機化合物の種類が多い理由は，炭素原子の周期表上の位置と電子配置にある。具体的には，以下の通りである[508]。

① 炭素は，周期表で見ると電気陰性度が非金属元素中で中位にあり，他の非金属元素と極性の比較的小さい共有結合を作る。炭素のように価電子を複数持つ原子は，繰り返し共有結合を作って，次々につながっていくことができる（イオン結合では，このようにつながっていくことはできない）。有機化合物を構成する結合は，ほとんどすべてが共有結合である[509]。(注)

② 炭素原子の価電子数は4である。そのため，炭素原子同士が単結合，二重結合，三重結合を作ることができ，多様な化合物を生じることができる。

(注) 結合の手

炭素が炭素同士あるいは水素や酸素等の原子と次々につながっていくことを，比喩的に，各元素が決まった数の「結合の手」(あるいは「結合手」) を出し合って，手と手が結び合って結合していく，と説明することがある[510]。ここにいう結合の手とは不対電子（価電子）のことである[511]。結合の手とは価標のことであると説明する文献もあるが[512]，価標とは共有電子対のことであって，結合が起こって結び合った後の手のことであるから（価標の定義は「構造式において共有結合で結ばれていることを表す棒線」である[513]），結合が生じる前の（すなわち，結合相手を探している状態の）手のことを価標と同一視するのは適切ではないと思う。

炭素のこのような性質によって，鎖状の長い分子，枝分かれのある分子，環状構造を持つ分子など，炭素原子を骨格としたきわめて多様な構造と大きさの分子が作られるのである（注）。

（注）炭素の特殊性[514]

有機化学とは，元来は生き物を作る物質の化学という意味であるが，現在では炭素化合物の化学という意味で使われる。炭素が特別な地位にあるのはなぜだろうか。

「化学結合がどうできるか」「配位結合がどうできるか」を見ていくと，炭素は「非共有電子対も，電子の空き部屋も持たない」ということが他の元素と大きく違う。炭素は周期表で「特徴が何もない」という特徴的な位置にあることが最大の特徴である。

このため，炭素は他の元素と異なり，「中立的」である。炭素の置換基（置換基については後述する）がついたからといって，特徴的な性質が出てくるわけではない。だからこそ，炭素は何ら制約を受けることなく複雑な連鎖構造を作ることができ，それがひいてはヒトの体を作る分子のような複雑な構造の物質を作ることを可能にしている。

熱に対する安定性（燃焼しやすさ）[515]

有機化合物を加熱すると焦げて黒くなるが，無機化合物は焦げない。つまり，有機化合物は熱に対して不安定で，燃えやすく，分解しやすいものが多いが，無機化合物は熱に対して安定で，燃えにくく，分解しにくいものが多い。

融点・沸点[516]

一般に，有機化合物の融点や沸点は，無機化合物よりも低い。これは，ほとんどの有機化合物は分子でできていて，分子間力が比較的弱いからである。

これに対し，無機化合物は多数のイオンがイオン結合で結びついた構造をしているものが多い。イオン結合は強い結合なので，それらの結合を引き離すためには大量のエネルギーが必要であり，そのために無機化合物の沸点や融点は高い。

溶解性[517]

一般に，有機化合物は非電解質が多く，水に溶けにくいが，石油・油・エーテル等の有機溶媒（物質を溶解させるのに用いる液性の有機化合物の総称[518]）に溶けやすい。

他方，無機化合物は一般に電解質が多く，水に溶けやすいが，油などには溶けにくい。

比重[519]

液体の有機化合物の大半は比重が 1 より小さく，水に浮く。これに対し，ほとんどの無機化合物は水より重く，水に沈む。

反応速度[520]

有機化合物で起こる化学反応のほうが，無機化合物の化学反応よりも反応速度が遅く，また複雑な機構をとることが多い。

人体の構成要素[521]

生体の成分の大半は有機化合物が占め，人体組成から水分を除いた残りの 4 分の 3 は炭素である。

水の成分を除いた詳しい人体の構成元素は以下の通りであるが，ここに記した以外の微量の元素も存在する。人体を構成する元素は 23 種類ある[522]。なお，水の成分も含めた人体の構成元素は 1.1.2 に示した。

人体の構成元素

元素名 （水の成分すなわち 水素と酸素を除く）	体内存在量 （%）
炭素	73.735
窒素	12.289
カルシウム	6.145
リン	4.096
硫黄	1.024
カリウム	0.819

ナトリウム	0.614
塩素	0.614
マグネシウム	0.614
鉄	0.035
亜鉛	0.012
マンガン	0.001
銅	0.000

1.4.2　構造式による有機化合物の表現方法

分子式と構造式[523]

分子を作る原子の種類とその個数を表した記号が分子式である。たとえば，水の分子式はH_2Oであり，1個の酸素原子と2個の水素原子からできていることを示している。

しかし，分子式では，原子の結合の順序は示されていない。H_2Oの場合，H-H-Oなのか，H-O-Hなのかはわからない。

そこで，原子の結合順序まで示す記号が構造式である。以下に述べる通り，構造式の表現法は何通りもある。

線結合構造式（完全構造式）[524]

原子のすべての結合を書いた構造式を線結合構造式（または完全構造式）という。

たとえば，次の構造式は，ヘキサンhexane（C_6H_{14}）の異性体（異性体とは，分子式は同じだが，構造が異なる［つまり構造式が異なる］ために性質が異なる物質のことである。詳細は後述する）のうちの1つを線結合構造式で示したものである。

```
    H   H       H       H   H
    |   |       |       |   |
H - C - C ----- C ----- C - C - H
    |   |       |       |   |
    H   H   H - C - H   H   H
                |
                H
```

構造式は，結合の線があまり偏っていないように，バランスよく書かなければならない。これは，そのほうが美しいだけでなく，分子の構造上の性質(結合や非共有電子は互いに反発して，それぞれの間の距離と角度を最大にしようとする）を反映させるという意味でも適切である[525]。

簡略構造式（短縮構造式）[526]

線結合構造式では，分子が大きくなるに従って煩雑になるので，しばしば簡略構造式（短縮構造式ともいう）が用いられる。簡略構造式を一言でいうと，炭素ごとに原子団をまとめて示す表記法であり[527]，C ― H 間の単結合や左右に並ぶ C ― C 間の単結合は省略され（C ― C 間の単結合は省略されない場合もある。また，二重結合や三重結合は，書かなくとも明らかにわかるとき以外は残さなければならない），同一炭素についた水素原子はまとめて表記される。

前記の線結合構造式を簡略構造式で示したのが下の構造式である。

```
CH3CH2CHCH2C3
        |
        CH3
```

また，簡略構造式では，次のように枝分かれの部分をかっこ内に示す場合も多い。

$CH_3CH_2CH(CH_3)CH_2CH_3$

さらに，下の右図のように，直鎖部分にある炭素とそれについた水素原子をまとめてかっこ内に入れて示すことも多い。下の左図と右図は同一の化合物である（上記の化合物とは違う）(注)。

$CH_3CH_2CH_2CH_2CH_2CH_3$　　　　$CH_3(CH_2)_4CH_3$

(注) C-C 間の単結合を省略しない表現方法[528]

上記の「C ― C 間の単結合は省略されない場合」とは，言い換えれば，水素についた結合の線のみを省略し，水素以外の結合の線は残す方法である。

この場合には，水素をそれが結合している原子の直後に書き，結合している水素の数を下付きの数字で示す。但し，構造式の一番左側の部分が炭素以外の原子であるときは，水素を左側に書き，水素以外の原子同士の結合を明示する。

たとえば，CH_4（メタン），CH_3-CH_3（エタン），$HO-CH_3$（メタノール）(または CH_3-OH)，$CH \equiv CH$（アセチレン）といったように書く。

骨格構造式[529]

簡略構造式よりもいっそう簡略化したのが骨格構造式である。骨格構造式では，以下のような決まりがある。

① 炭素と，炭素に結合した水素を完全に省略する（両方を省略しなければならない）。
② 炭素以外の原子についている水素は省略してはならない。
③ 原子の連なりは 120 度の折れ線で表す。
④ 折れ線の両端と屈曲部にはすべて炭素が存在する。
⑤ すべての炭素には，結合手を満足するだけの水素が結合している。
⑥ 単結合，二重結合，三重結合はそれぞれ一重線，二重線，三重線で示す。

炭素と水素を省略する理由は，炭素はすべての有機化合物に含まれることと，水素はほとんどの有機化合物に含まれ，しかも原子価が 1 なので水素から先の原子は存在しないことである[530]。

この省略法は，あまり単純な分子に適用してはならない。

また，実際に構造式を書くときには，状況に応じて各省略段階を混在させて書く。重要な部分は省略を最小限にし，できるだけ分かりやすく書くことを心がける。

具体例として，ブタン C_4H_{10} の線結合構造式，簡略構造式及び骨格構造式を以下に示す[531]。

・線結合構造式

```
     H   H   H   H
     |   |   |   |
 H - C - C - C - C - H
     |   |   |   |
     H   H   H   H
```

・簡略構造式

$CH_3CH_2CH_2CH_3$

または

$CH_3(CH_2)_2CH_3$

または

$CH_3—CH_2—CH_2—CH_3$

・骨格構造式

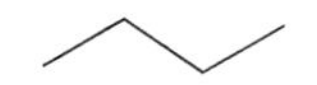

1.4.3　置換基・官能基と基本骨格

炭化水素

炭素と水素だけからできている化合物を炭化水素という。炭化水素は最もシンプルな有機化合物である[532]。

置換基・官能基[533]

有機化合物に含まれる，炭素と水素以外の原子をヘテロ原子という。

ヘテロ原子を含む有機化合物は，炭化水素のいくつかの水素原子を他の原子や原子団（原子の集団［または集合体[534]]）で置き換えた化合物と考えることができる。

化合物中に存在する原子団を基といい[535]，水素原子を原子や基で置き換えることを置換という。

たとえば，メタノール CH_3OH という化合物は，メタン CH_4 の水素原子Hの１つがOHという基で置換された化合物であると考えることができる。

このOHのように，水素原子と置き換える基を置換基という（注1)。また，炭化水素からいくつかの水素原子がとれた基を炭化水素基という（炭化水素基は，炭素と水素からなる置換基の総称である[536]）。

置換基のうちで，化合物の反応性や特徴的な性質[537]を決めるものを特に官能基という（注2)。従って，官能基は反応の中心であるといえる。メタノールのOHも官能基の一つであり，ヒドロキシ基と呼ばれる。

（注1）置換基

置換基の定義は，「炭化水素の水素原子の代わりに導入される原子および原子団」である[538]。

（注2）　官能基・アルキル基

官能基の定義は，「有機化合物の分子の中で，分子の特性を決める原子団」である。炭素と水素以外の原子を含む基を特性基といい，特性基と炭化水素基の二重結合及び三重結合を含めて官能基という[539]。

このことを別の側面から表現すると，以下の通りである。

炭素と水素からでき，単結合だけでできている置換基をアルキル基という。官能基は，置換基からアルキル基を除いたものである[540]。

官能基にアルキル基がついても，官能基の性質は本質的に変わらない[541]（だからこそ，アルキル基は官能基ではない）。

なお，アルキル基をＲと表すことがある。このとき，Ｒと異なるアルキル基はR'と表す[542]。アルキル基は炭化水素基の１種であるが，アルキル基以外の炭化水素基もいろいろある[543]。

アルキル基など，炭素と水素の結合が官能基になりにくいのは，以下の理由による[544]。化学反応の多くは，分子の中の電気が偏っているところで起こる。そして，電気の偏りは，原子が電子を引きつける力（電気陰性度）の違いから生じる。たとえば，炭素と酸素が共有結合していると，酸素は炭素より電気陰性度が強いので，電気の偏りが生じる。このため，炭素と酸素の結合は官能基になりやすい。

一方，炭素と水素の結合では，電気陰性度はあまり変わらない。そのため，炭素と水素の結合は官能基になりにくいのである。

官能基の英語名はfunctional groupであり，有機化合物の機能的な性質（化学反応性）を決めるような原子団を示す[545]。

あらゆる有機化合物は，炭素を中心とする骨組み（炭素骨格または基本骨格[546]）に官能基がぶら下がっている構造ととらえることができるが，このうち炭素骨格は反応性などを考察する上でさして重要ではなく，官能基が「その物質の性質を特徴づける部分」である[547]。

以下は，代表的な官能基の一覧表である（骨格と骨格をつなぐ場合には「～結合」と呼ぶ場合が多い[548]）。

代表的な官能基[549]

官能基	構造	化合物の一般名称	化合物の例
ヒドロキシ基	$-OH$	アルコール	メタノール CH_3-OH
		フェノール類	フェノール C_6H_5-OH
エーテル結合	$-O-$	エーテル	ジエチルエーテル $C_2H_5-O-C_2H_5$
カルボニル基	$-CO-$	ケトン	アセトン $CH_3-CO-CH_3$
アルデヒド基	$-CHO$	アルデヒド	アセトアルデヒド CH_3-CHO
カルボキシ基	$-COOH$	カルボン酸	酢酸 CH_3-COOH
エステル結合	$-COO-$	エステル	酢酸エチル $CH_3-COO-C_2H_5$
ニトロ基	$-NO_2$	ニトロ化合物	ニトロベンゼン $C_6H_5-NO_2$
アミノ基	$-NH_2$	アミン	アニリン $C_6H_5-NH_2$
スルホ基	$-SO_3H$	スルホン酸	ベンゼンスルホン酸 $C_6H_5-SO_3H$

1.4.4　有機化合物の分類

炭化水素の分類[550]

有機化合物は，炭化水素を基本骨格とし，そこに官能基が結合したものである。最もシンプルな有機化合物である炭化水素の分類方法はいくつかあるが，一般的な分類の一つは，骨格構造（鎖状構造か環状構造か）によって分け，さらに不飽和構造の有無（飽和化合物か不飽和化合物か）に分ける方法である。(注)

(注) 炭化水素の分類と有機化合物の分類

以下に述べることと同様のことを，「炭化水素の分類」として説明する文献と，「有機化合物の分類」として説明する文献があるので，有機化合物全体の分類として理解してもよいようである。その場合には，以下に「炭化水素」と表現している部分を「化合物」と読み替える。

① 骨格構造による分類

分子の骨格構造，すなわち炭素原子の結合様式（炭素骨格）による分類である。

炭素原子の結合様式がすべて鎖状（鎖のようにつながること[551]）であるものを鎖式炭化水素，一つでも環状（輪になってつながること[552]）の結合が存在するものを環式炭化水素という。

② 不飽和結合の有無による分類

炭素原子同士の結合の種類による分類である。炭素原子間の結合がすべて単結合のものを飽和炭化水素といい，炭素原子間に二重結合や三重結合を含む炭化水素を不飽和炭化水素という。(注)

（注）単結合・二重結合・三重結合における炭素間の距離[553]

炭素と炭素の間の距離は，結合の種類によって異なり，単結合が一番長く，三重結合が一番短い。具体的には，単結合では 0.154 nm（但し後述する通り，0.147 nm と述べる文献もある)，二重結合では 0.134 nm，三重結合では 0.120 nm である。

③ 芳香族炭化水素

環式炭化水素でかつ不飽和炭化水素のうち，3 個の二重結合を含む 6 員環（ベンゼン環）を持つものを芳香族炭化水素という。環式炭化水素のうちでベンゼン環を持たないもの（不飽和化合物と飽和化合物の両方がある）を脂環式炭化水素という。

芳香族炭化水素はすべて不飽和炭化水素である。

④ 脂肪族炭化水素

脂肪族炭化水素という言葉がある。これは鎖式炭化水素のことだけを指す場合[554]と，鎖式炭化水素と脂環式炭化水素をあわせて指す（つまり，芳香族炭化水素以外の炭化水素すべてを指す[555]）場合とがある。もっとも，多くの文献はこのうち一方の用語法のみに従い，他の用語法があることには触れておらず，2 種類の用語法があることを説明するものは少ない（その数少ない例外として，金原・基礎化学[556]やスクエア図説化学[557]は，脂環式炭化水素が脂肪族に含められる場合と含められない場合があることを述べている。また，京極・ほんとうの使い道は,「なんと，鎖式化合物＝脂肪族化合物と表記している教科書があるので要注意」と述べ，脂環式炭化水素を脂肪族に含めないのは誤りであるという見解を示している[558]）。

⑤ 官能基による分類

官能基に基づく特性により分類する場合である。これは 1.4.3 の「代表的な官能基」の一覧表に示した。

上記①～④による分類の一覧表は以下の通りである[559]。

炭化水素の分類

<table>
<tr><td colspan="2"></td><td>飽和炭化水素</td><td>不飽和炭化水素</td><td></td></tr>
<tr><td colspan="2">鎖式炭化水素</td><td>メタン系炭化水素（アルカン）</td><td>エチレン系炭化水素（アルケン），アセチレン系炭化水素（アルキン）</td><td>脂肪族炭化水素</td></tr>
<tr><td rowspan="2">環式炭化水素</td><td>脂環式炭化水素</td><td>シクロアルカン</td><td>シクロアルケン等</td><td>脂肪族炭化水素に入れる考え方と，入れない考え方とがある。</td></tr>
<tr><td>芳香族炭化水素</td><td>（なし）</td><td>ベンゼン</td><td>芳香族炭化水素</td></tr>
</table>

鎖式炭化水素（アルカン・アルケン・アルキン）

[アルカン]

鎖式飽和炭化水素（すなわち，鎖式構造で炭素原子間の結合がすべて単結合の炭化水素）をアルカン（alkane）といい，一般式はC_nH_{2n+2}で表される[560]。このように，分子式においてCH_2の数だけが異なる一群の有機化合物の系列を同族列といい，同族列中の各化合物を互いに同族体という。同族体は，化学的性質は類似しているが，物理的性質は異なっている[561]。

アルカンのことをメタン系炭化水素，パラフィン系炭化水素ともいう[562]。アルカンは，水より密度が低く，水に不溶の中性化合物で，反応性に乏しい[563]。天然ガスや石油中に含まれており，エネルギー源や化学製品の原料となる[564]。

代表的なアルカンを以下に示す[565]。

代表的なアルカン

名称	分子式	融点(℃)	沸点(℃)
メタン	CH_4	−182	−161
エタン	C_2H_6	−184	−89
プロパン	C_3H_8	−188	−42
ブタン	C_4H_{10}	−138	−0.5
ペンタン	C_5H_{12}	−130	36

ヘキサン	C_6H_{14}	−95	69
ヘプタン	C_7H_{16}	−91	98
オクタン	C_8H_{18}	−57	126
ノナン	C_9H_{20}	−54	151
デカン	$C_{10}H_{22}$	−30	174
ウンデカン	$C_{11}H_{24}$	−26	196
ドデカン	$C_{12}H_{26}$	−10	216
トリデカン	$C_{13}H_{28}$	−5.4	235
テトラデカン	$C_{14}H_{30}$	6	254
ペンタデカン	$C_{15}H_{32}$	10	271
ヘキサデカン	$C_{16}H_{34}$	18	287
ヘプタデカン	$C_{17}H_{36}$	22	302
オクタデカン	$C_{18}H_{38}$	28	317

アルカンの融点や沸点は炭素原子数が多くなるほど高い。これは，炭素原子数が多くなるに従って分子間に働く力が増大し，従って分子を切断するために大きなエネルギーが必要となるからである。

アルカンの密度は液体も固体も１ g/cm^3 よりも小さい（すなわち，水よりも軽い）。また，アルカン分子の極性はきわめて小さいので，極性の小さい有機溶媒にはよく溶けるが，水にはほとんど溶けない[566]。

一般式の n が３までのアルカン（すなわちメタン，エタン，プロパン）はそれぞれ１種類ずつしか存在しないが，n が４の C_4H_{10} には，次の通り，直鎖構造のブタンと分枝構造のイソブタン（2－メチルプロパンともいう[567]）の２種類が存在する。

ブタンの構造式

$$CH_3CH_2CH_2CH_3$$

イソブタンの構造式

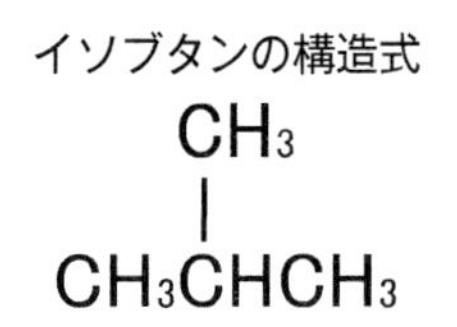

ブタンとイソブタンは，1.4.5 で述べる異性体（構造異性体）であり，物理的・化学的性質は大いに異なる[568]。

アルキル基は，アルカンの末端の炭素から水素原子 1 個を除いた 1 価の基であり，対応するアルカンの名称の語尾 ane（アン）を yl（イル）に変えて命名する[569]。

[アルケン[570]]

分子内に C ＝ C の二重結合を一つ持つ鎖式炭化水素をアルケン (alkene) という。エチレン系炭化水素，オレフィン系炭化水素とも呼ばれる[571]。アルケンの一般式は C_nH_{2n}（n ≧ 2）である。

代表的なアルケンは以下の通りである。

代表的なアルケン

炭素数	名称	分子式
2	エテン（慣用名エチレン）	C_2H_4
3	プロペン（慣用名プロピレン）	C_3H_6
4	2 ―メチルプロペン	C_4H_8
	1 ―ブテン	
	シス― 2 ―ブテン	
	トランス― 2 ―ブテン	

アルケンはアルカンに比べて反応性が高く，付加反応（二重結合などの不飽和結合の部分に他の分子が結合する反応）を行いやすく，酸化反応を受けやすい[572]。また，アルケンはアルカンと同様に水には溶けないが，有機溶媒にはよく溶ける[573]。

二重結合を 2 つもつ場合にはアルカジエン (alkadiene)，3 つもつ場合にはアルカトリエン (alkatriene) と呼ぶが，広義ではアルカジエンやアルカトリエンを含めてアルケンの仲間に入れる場合がある[574]。

[アルキン][575]

分子内にC≡Cの三重結合を一つ持つ炭化水素をアルキン（alkyne）という。アルキンの一般式はC_nH_{2n-2}(n ≧ 2）である。

代表的なアルキンは以下の通りである。

代表的なアルキン

炭素数	名称	分子式
2	エチン（慣用名アセチレン）	C_2H_2
3	プロピン	C_3H_4
4	1－ブチン	C_4H_6
	2－ブチン	

エチン（アセチレン）は，有機溶媒によく溶けるが，水にも少し溶ける。

アルキンは，三重結合の部分で2段階の付加反応を行う。すなわち，まず1分子が付加して二重結合を持つ化合物になり，さらにもう1分子が付加して飽和化合物となる[576]。

環式炭化水素

環式炭化水素のうち，3個の二重結合を含む6員環（ベンゼン環）をもつものを芳香族炭化水素といい，ベンゼン環を持たないものを脂環式炭化水素という。芳香族炭化水素はユニークな性質を示すので，環式炭化水素の中で別扱いをしている[577]。

環式炭化水素の最も小さいものは炭素数が3のもので，最大のものは288個の炭素原子によって1つの環状構造が作られているシクロオクタオクタコンタジクタン（$C_{288}H_{576}$）である。6つの炭素からなる環式炭化水素は比較的安定な環状構造（壊れにくい構造）をとり，また，いろいろな化合物を合成するときにも利用される。環式化合物にも，二重結合などの不飽和結合をもつものがある[578]。

[シクロアルカン][579]

脂環式炭化水素のうちの飽和炭化水素をシクロアルカン（cycloalkane）という。一般式はC_nN_{2n}（n ≧ 3）である。シクロアルカンの名前は，対応するアルカンの前にシクロ（cyclo —）をつけると作れる。シクロペンタン（C_5H_{10}）やシクロヘキサン（C_6H_{12}）が代表的なシクロアルカンである。

骨格構造式で書くとシクロヘキサンは正六角形となるが，実際の構造は次のように立体的であり，炭素原子は同一平面上には存在しない。

図 20　シクロヘキサンの構造（宮本他・有機化学 55 頁）

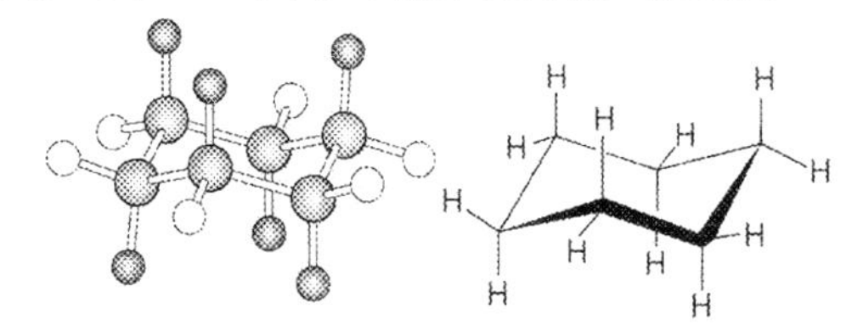

炭素原子数が 5 以上のシクロアルカンは，炭素原子数が等しいアルカンと性質がよく似ている。シクロアルカンはアルカンとともに石油の主成分である。

[シクロアルケン・シクロアルカジエン・シクロアルキン][580]

脂環式炭化水素のうちの不飽和炭化水素は，二重結合を 1 個含むものがシクロアルケン（シクロオレフィン，一般式は C_nH_{2n-2}），二重結合を 2 個含むものがシクロアルカジエン（一般式は C_nH_{2n-4}），三重結合を 1 個含むものがシクロアルキン（C_nH_{2n-4}）である。

[芳香族化合物][581]

ベンゼン環を持つ化合物を総称して芳香族化合物という。この名はもともと，実際に芳香があることに由来しており，バニラの香りをつけるエッセンスのバニリン，リキュール酒の製造や香料に用いられる丁子油の主成分であるオイゲノール等が芳香族化合物である。しかし今日では意味が変化し，ベンゼン環にみられる性質のことを芳香族性という。実際には，よいにおいを持つ芳香族化合物は珍しい[582]。

芳香族性は厳密に定義されるものではないが，アルケンの二重構造を持つ化合物と比較して酸化されにくく，付加反応よりも置換反応が進行しやすい（これは，芳香族性によって非常に安定なエネルギー状態にあるため，芳香族性を失う付加反応に比べて，芳香族性を維持する置換反応がエネルギー的に有利なためである[583]）といった，物理的・化学的性質である[584]。

芳香族化合物の代表である[585]ベンゼンは，分子式は C_6H_{12} であり，構造式は次のようにいろいろな書き方がある[586]。

図21　ベンゼンの構造式（左巻他・教科書293頁）

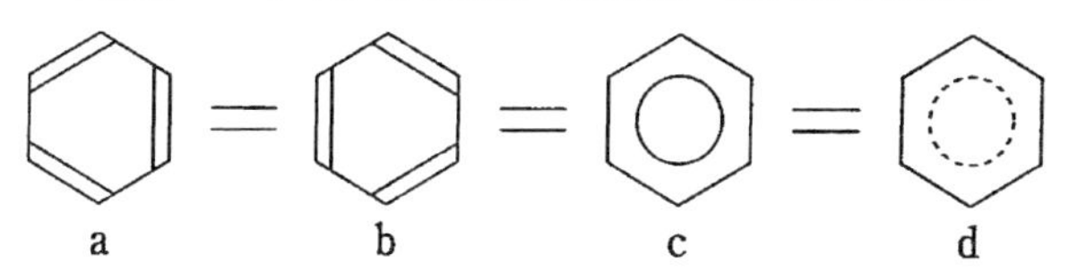

ベンゼンのすべての炭素原子は同一平面上にあって正六角形をしており，炭素間の結合の長さ（139 pm［1pm ＝10^{-12} m］）や結合の性質はすべて等しく，単結合と二重結合の中間の長さである[587]。6個の炭素原子の化学的性質は全く同じである[588]。すべての炭素間はいわば1.5重とでもいう状態にある。上記ａやｂのように，六角形に二重結合を３つ描くのは，亀の甲と呼ばれてよく目にするが，実際とは違う[589]。ベンゼンにおいて，二重結合の電子対は環の中をぐるぐる回っており，一つのところにじっとしてはいない[590]。このような性質のため，ベンゼン中の二重結合は，アルケン類の二重結合に比べて非常に安定である[591]。従って，有機化合物は何かの反応をするとベンゼン環になろうとする性質が強く，またベンゼン環を壊すためには大きなエネルギーを要する[592]。

芳香族炭化水素には，ベンゼン環に炭化水素基が結合したグループがある。ベンゼン環の水素がメチル基に置換したトルエン，エチル基が置換したエチルベンゼン，発泡スチロールの原料となるスチレンなどである。これらの基を側鎖という[593]。

ベンゼンの仲間は，有機溶媒として用いられることが多い[594]。

ベンゼン環は安定であるが，側鎖は一般に反応性に富んでおり，特にベンゼン環に直接結合した原子上で反応を受けやすい[595]。

高分子化合物（ポリマー）[596]

ポリエチレンは，数万から数百万の炭素原子と水素原子がつながった巨大な分子である。これを高分子化合物（ポリマー）という。一般に，分子量が1万以上の分子を高分子というが[597]，高分子としての性質を示す分子量は高分子の種類によって異なるため，高分子と低分子の間に明確な分子量の境界があるわけではない[598]。

我々の身の回りには，生物の体を作っているタンパク質やデンプン，繊維や，人工的に作られたプラスチックなど，高分子化合物が多数存在する。

高分子化合物は，比較的簡単な構造で分子量の小さな分子が繰り返し結合してできているものが多い。このような基本単位となる小さな分子を単量体

（モノマー）といい，単量体が次々につながる反応を重合という。ポリマーは重合体ともいう[599]。

高分子化合物には，炭素原子が中心となって骨格を形成している有機高分子化合物と，ケイ素原子と酸素原子とで骨格を形成している石英のような無機高分子化合物がある。また，天然に存在する天然高分子化合物と，人工的に合成された合成高分子化合物に分類することができる。

それぞれの具体例を次に掲げる。(注)

[有機高分子化合物]

・天然高分子化合物…デンプン，セルロース，タンパク質，天然ゴム
・合成高分子化合物…ナイロン，ビニロン，ポリエチレン，ポリ塩化ビニル，ポリスチレン，合成ゴム[600]

[無機高分子化合物]

・天然高分子化合物…二酸化ケイ素（水晶，石英)，アスベスト，雲母
・合成高分子化合物…ゼオライト，シリコーン樹脂

（注）プラスチック[601]

プラスチックは，一般には，有機合成高分子化合物のうちで合成繊維と合成ゴムを除いたすべて，という広い定義が用いられている。

プラスチックは合成樹脂ともいわれ，熱硬化性樹脂と熱可塑性樹脂に分けられる。

熱硬化性樹脂は，温めても柔らかくならない性質をもつ樹脂で，具体的にはフェノール樹脂やウレア（尿素）樹脂などである。熱や薬品に対する耐性が高いので，電気機器や建築材料，食器などとして用いられている。

これに対して熱可塑性樹脂とは，温めると柔らかくなり，冷却するともとの固体状態に戻る樹脂で，ペットボトル用樹脂（ポリエチレンテレフタラート，PET）やポリエチレンなどである。任意の形状に成型することができるので，シートやフィルム，容器，パイプなどに加工され，幅広く利用されている。熱可塑性樹脂はさらに，家庭で一般に使われる汎用樹脂と，工業に使われる耐熱性の高い工業用樹脂（Engineering Plastic，エンプラ）に分けることもある。

合成繊維は繊維状の高分子であるが，原料は熱可塑性樹脂と同じである。すなわち，PET は固まりや膜状にすれば樹脂（プラスチック）であるが，延ばして繊維状にすればポリエステルという名前で合成繊維になる。

1.4.5　異性体

定義と種類

異性体とは，分子式は同じであるが，構造や性質が異なる化合物のことをいう[602]。

異性体は，有機化合物を学ぶときのポイントであると言われることもあり[603]，有機化合物に関して重要な概念である。また，異性体が存在することは，有機化合物が無数に存在する理由の一つである[604]。

上記の定義については，いくつかの注釈が必要である。

第1に，化合物でない異性体はあるのか。

上記の定義では，異性体とは化合物であるとされているが，異性体の説明として「化合物」でなく「物質」あるいは「もの」という表現を用いる文献も多い[605]。

物質は化合物か単体のどちらかに分類されるので，問題は,「異性体の存在する単体はあるか」ということであるが，この点について明快に述べた文献はない。ただ，異性体の具体例として単体についての異性体をあげている文献はない（そもそも，すぐ後で述べるように，ほとんどの文献で，異性体の例としては有機化合物しかあげられていない）ことや，東京化学同人化学辞典や旺文社化学事典のような化学事典において，異性体とは化合物であると説明されていることから[606]，おそらく単体の異性体というものは存在しないと思われる。

第2に，無機化合物について異性体は存在するのか。

ほとんどの文献では，異性体の説明は有機化合物のところで述べられており，無機化合物の説明の箇所では全く異性体に言及されない。このため，異性体が存在するのは有機化合物だけなのではないかという疑問が生じる。しかし，東京化学同人化学辞典によれば，無機化合物においても異性体は存在する。すなわち，同書は,「無機化合物の異性体は，結合異性体，イオン化異性体，配位異性体，幾何異性体，水和異性体に分類される」という趣旨を述べている[607]。

第3に，異性体は「構造」が異なるのか,「構造式」が異なるのか。

上記の定義においては,「構造」が異なる化合物が異性体であるとの説明がされており，これと同様の趣旨を述べる文献が多いが[608],「構造式が異なる」という説明をする文献も相当数存在する[609]（京極・ほんとうの使い道は「示性式が異なる」という表現をしているが[610]，これは「構造式が異なる」と同趣旨であると理解できる)。

この点については,「構造式」でなく「構造」と表現するのが正しいと思われる。なぜなら,後述するように,異性体には構造異性体と立体異性体とがあるが,構造異性体は構造式が異なる化合物であるのに対して,立体異性体では構造式は同じなので,「異性体では構造式が異なる」と書いてしまうと,立体異性体が異性体でなくなってしまうことになって,概念が混乱するからである。

第4に,異性体について,始めにあげた定義のように「分子式が同じ」と表現する文献が多いが,一部に,「原子が同じ」と表現する(正確には,「まったく同じ数の原子からなる物質であっても」[611],「同じ原子($C_2X_2Y_2$)でできていながら」[612],「同じ種類と数の原子からなるにもかかわらず」[613]といった表現)文献もある。

この点に関しては,分子式とは分子を構成する元素の種類と原子数を示した化学式であるから(後述の1.4.7),「分子式が同じ」と書いても「原子が同じ」と書いても同じ意味であり,この表現の相違は問題にする必要はないと考えられる。

第5に,異性体は物理的・化学的性質が異なるという趣旨の説明をする文献がある[614]。それによると,物理的性質とは,沸点,融点,粘性(粘りっこさ)や色のことであり,化学的性質とは化学変化が起こるか起こらないかということであるという[615]。

しかし,異性体の一種とされる光学異性体(鏡像異性体)については,物理的・化学的性質は異ならず,光学的性質(偏光)が異なるだけなので[616],「物理的・化学的性質が異なる」という表現を異性体の定義に含めることは適切でない。

第6に,異性体は,構造が異なるために性質が異なるわけである。すなわち,構造の相違が性質の相違の原因である。従って,「構造と性質が異なるのが異性体である」というように並列的に書くのではなく,「構造が異なるので,性質が異なる」というように,因果関係を明確にする表現を用いたほうがよいと考える。

以上の諸点を考慮すると,異性体の定義は「分子式は同じであるが,構造が異なるために性質が異なる化合物」とするのが最も適切であると考えるが,この通りのことを述べた文献が見つからなかったことから,上記の通り,「分子式は同じであるが,構造や性質が異なる化合物」という定義を示した。

次に,異性体は,構造異性体と立体異性体の2種類に大別される。異性体の分類に特に触れない文献も多いが，分類を示している文献は，ほとんどこの２種類に分けている[617]。

この構造異性体と立体異性体は，それぞれさらに細かく分けられる。そのことについては項を改めて述べる。

構造異性体

構造異性体は，同一の分子式を持ちながら，異なった構造式で表される化合物である[618]。「原子の結合順序が異なる異性体」[619] あるいは「分子を構成する原子の数は同じで，つながり方がことなる」[620] 等と表現されることもあるが，同じ意味と思われる。

有機化合物が多種多様であるのは，炭素数の増加とともに構造異性体の数が急激に増えることにも原因がある。たとえば，アルカンの構造異性体の数は次の通りである[621]（炭素原子数が１から３までのものについては，異性体は存在しない[622]）。

アルカンの異性体の数

炭素原子の数	分子式	異性体の数
4	C_4H_{10}	2
5	C_5H_{12}	3
6	C_6H_{14}	5
7	C_7H_{16}	9
8	C_8H_{18}	18
9	C_9H_{20}	35
10	$C_{10}H_{22}$	75
11	$C_{11}H_{24}$	159
14	$C_{14}H_{30}$	1,858
15	$C_{15}H_{32}$	4,347
20	$C_{20}H_{42}$	366,319
30	$C_{30}H_{62}$	4,111,846,763

構造異性体は，多くの文献では骨格異性体，官能基異性体，位置異性体の３つに分類されている。ただ，この３分類にとどまるわけではなく，他にも核異性体，鎖形異性体，メタ異性体といったものがあるが[623]，以下には代表的な分類である骨格異性体，官能基異性体，位置異性体の３種類について述べる。

[骨格異性体]

骨格異性体とは，炭素骨格の違いによる異性体であり[624]，炭素原子の並び方が異なる[625]。具体例として，前述したブタンとイソブタン（2-メチルプロパン）がある。これらはいずれも分子式は C_4H_{10} であるが，構造式は次のように異なる[626]。そして，ブタンは沸点が−0.5℃，融点が−138℃であるのに対して，イソブタンは沸点が−12℃，融点が−160℃である[627]。

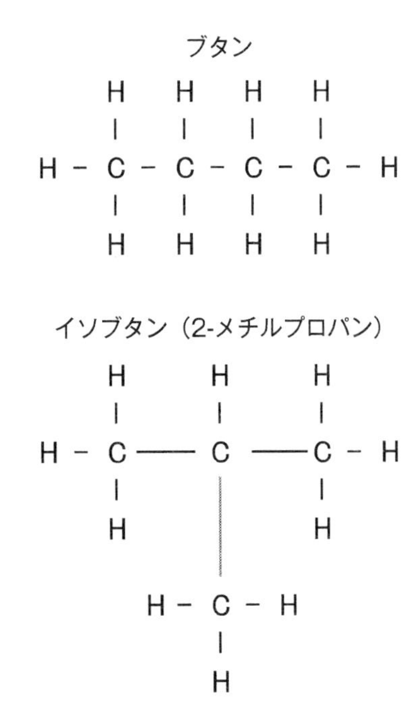

[官能基異性体]

官能基異性体とは，官能基が異なる異性体である。具体例として，エタノールとジメチルエーテルがある[628]。分子式はともに C_2H_6O であるが，構造式は異なり，エタノールの官能基はヒドロキシ基（—OH），ジメチルエーテルの官能基はエーテル結合（—O—）である[629]。そして，エタノールの沸点は78℃，融点は−114.5℃であるのに対して，ジメチルエーテルの沸点は−25℃，融点は−142℃である[630]。

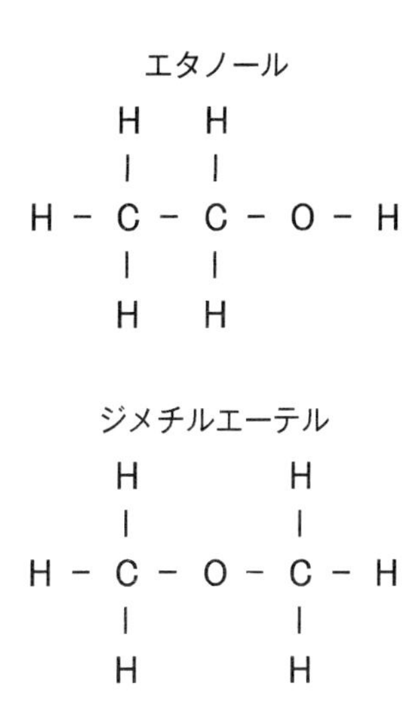

[位置異性体]

位置異性体の定義あるいは表現については，文献によってかなり異なる。広い表現としては,「原子または原子団が結合している位置が異なる場合に生じる異性体」というものがあるが[631]，より限定的に「置換基の位置の違いにより生じる異性体」という表現もある[632]。また，二重結合や三重結合（すなわち不飽和結合）の位置が異なる異性体も位置異性体である[633]（「二重結合の位置が異なる」と表現している文献も多いが，三重結合の位置が異なるものも位置異性体である[634]）。

そうすると，位置異性体の定義としては,「不飽和結合の位置や，原子または原子団のついている位置が異なる異性体」というものが適切だと考えられる。

位置異性体の具体例として，三重結合の位置が異なる1-ブチン（沸点8.1℃，融点−126℃）と2-ブチン（沸点27.0℃，融点−32℃）がある[635]。

数字は，置換基や不飽和結合が主鎖の何番目の炭素原子に結合しているか

を示す（置換基のついている炭素原子の位置がなるべく小さい値になるようにつける）[636]。

また，キシレンの異性体については，ベンゼン環につく２個の置換基の位置を表すのにオルト（*o* -），メタ（*m* -），パラ（*p* -）を用いる[637]。２つの置換基がベンゼン環上で隣り合うものがオルト（*o*－），120°の角度になるものがメタ（*m*－），180°反対側になるものがパラ（*p*－）である。たとえば，*p*－キシレンと書いて「パラキシレン」と読む。

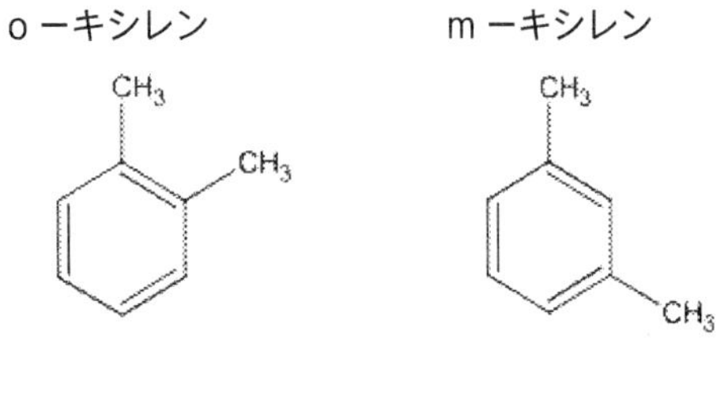

o ーキシレン　　m ーキシレン　　p ーキシレン

CH_3 CH_3　　CH_3 CH_3　　CH_3 CH_3

立体異性体

立体異性体とは，同じ構造式を持つ（すなわち，原子の結合順序が同じである）が，原子または原子団の空間的（立体的）な配置が異なった化合物群の総称である[638]。これにもいろいろな種類があるが，多くの文献で共通して述べられているのは，幾何異性体（シス・トランス異性体）と光学異性体（鏡像異性体）である。

[幾何異性体（シス・トランス異性体）]

幾何異性体とは，二重結合を軸とした分子内の回転ができないために生じる異性体である[639]。すなわち，単結合は自由に回転できるが，二重結合（C=C）はその結合の構造上，炭素―炭素原子間の回転ができないため[640]，二重結合の両側のＣについている官能基同士の位置関係の違いにより，異性体が生じる[641]。それらが近い位置（あるいは，同じ側の位置）にある場合をシス異性体（cis 体），遠い位置（あるいは，反対側の位置）にある場合をトランス異性体（trans 体）という[642]。

具体例として，2-ブテン（2- とは，直鎖状の炭素のうちの２番目に二重結合があることを示す）には，次のように cis-2- ブテンと trans-2-ブテンという幾何異性体が存在する[643]。

cis-2-ブテン（沸点　4℃）　　　trans-2-ブテン（沸点　1℃）

H_3C　CH_3 / H　H　　　H_3C　H / H　CH_3

[光学異性体（鏡像異性体）]

光学異性体は，不斉炭素原子を持つ化合物に存在する異性体である。不斉炭素原子とは，それに結合する４個の基（原子または原子団）がすべて異なる炭素原子である[644]。

不斉炭素原子に４つの基が結合するには，空間的な位置関係が異なる２通りのつながり方があり，この２つの構造は，右手と左手のように互いに鏡像の関係にあり，互いに重ね合わせることができない。従って，両者は別物質である[645]。

光学異性体は，物理的・化学的性質は異ならないが，光に対する性質（光学的性質［偏光］）が異なる[646]。具体的には，光学異性体の関係にある２つの化合物に偏光面（１平面内だけで振動する光の面）を通すと，それぞれの偏光面は異なる方向に回転する（回転する角度は同じ）[647]。これらをそれぞれ右旋光性，左旋光性という[648]。また，光学異性体は生理学的性質（味など）も異なることが多い[649]。

光学異性体は，アミノ酸や乳酸，糖類など，天然物に多くみられる[650]。

図22　乳酸の光学異性体（左巻他・教科書307頁）

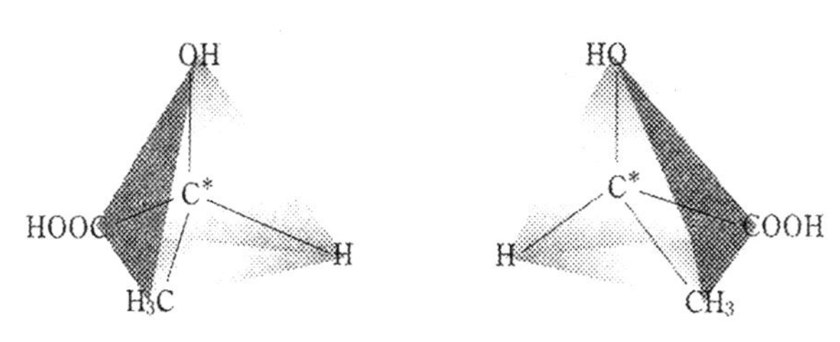

光学異性体は，物理的・化学的性質は異ならないが，生体内では識別することができる。このため，生体内の反応においては光学異性体の違いは重要であり，薬品や食品の合成においては，光学異性体の一方が身体に害を及ぼさないかどうかについて細心の注意を要する[651]。(注)

（注）サリドマイド[652]

本文で述べたことが明瞭に現れた事件が，サリドマイドである。サリドマイドは 1950 ～ 60 年代に睡眠剤として市販された化学物質であったが（分子式は $C_{13}H_{10}N_2O_4$ である[653]），後に，妊娠初期の女性が服用すると四肢に障害のある子が出生する可能性があることがわかり，使用禁止となった。

サリドマイドには不斉炭素原子があり，光学異性体が存在する。このうち一方には睡眠作用があるが，他方には催奇形性があったのである。そして，催奇形性のない光学異性体のみを服用しても，体内で 10 時間ほど経つと，2 つの光学異性体が 1 対 1 で存在する混合物になってしまうので，催奇形性のないものだけを利用するということができない。

1.4.6　有機化合物の命名法[654]

IUPAC 命名法と慣用名

有機化合物の名称は分子構造と厳密に対応しており，分子構造が決まると自動的に名称が決まる。逆に，名称がわかると自動的に分子構造がわかる。

有機化合物の命名法は，IUPAC によって決められており，IUPAC 命名法という。

IUPAC 命名法は 1892 年に提唱されたジュネーブ命名法が基本になっているが，有機化合物の中には，それより前から人類と関わりを持ち，IUPAC 命名法とは関係なく名称がつけられていたものもある。そのような有機化合物については，従来の名称が使われ続けている。これを慣用名という。

数詞

有機化合物の名称は，それを構成する炭素の個数を基礎として定められる。その際，ラテン語の数詞が用いられるので，ラテン語の数詞を以下に掲げる[655]。

1：mono（モノ）
2：di（ジ）
3：tri（トリ）
4：tetra（テトラ）
5：penta（ペンタ）
6：hexa（ヘキサ）

7：hepta（ヘプタ）
8：octa（オクタ）
9：nona（ノナ）
10：deca（デカ）
11：undeca（ウンデカ）
12：dodeca（ドデカ）
13：trideca（トリデカ）
14：tetradeca（テトラデカ）
20：icosa（イコサ）
　　　またはeicosa（エイコサ）
たくさん：poly（ポリ）

アルカンの命名法[656]

アルカンの名称は，それを構成する炭素の個数に該当するラテン語の数詞の語尾にneをつける。但し，炭素数が1から4までのものについては慣用名が用いられる[657]。

代表的なアルカンについて，具体的な名称は以下の通りである[658]。

アルカンの名称

炭素数	名称	構造式
1	methane メタン	CH_4
2	ethane　エタン	CH_3CH_3
3	propane　プロパン	$CH_3CH_2CH_3$
4	butane　ブタン	$CH_3(CH_2)_2CH_3$
5	pentane　ペンタン	$CH_3(CH_2)_3CH_3$
6	hexane　ヘキサン	$CH_3(CH_2)_4CH_3$
7	heptane　ヘプタン	$CH_3(CH_2)_5CH_3$
8	octane　オクタン	$CH_3(CH_2)_6CH_3$
9	nonane　ノナン	$CH_3(CH_2)_7CH_3$
10	decane デカン	$CH_3(CH_2)_8CH_3$
20	icosane　イコサン	$CH_3(CH_2)_{18}CH_3$
多数	polymer　ポリマー	$CH_3(CH_2)nCH_3$

次に，アルカンの水素原子がアルキル基で置き換わった化合物については，まず分子中の炭素原子の最長鎖（主鎖ともいう。主鎖から分かれている

部分を側鎖という[659]）を見つけ，次に最長鎖の何番目の炭素の水素原子が何に置き換わったかを表す名称をつける。

たとえば下の図の化合物では，最長鎖が炭素数6で，左から3番目の炭素の水素原子が$-CH_3$（メチル基）で置き換わっていることから，3−メチルヘキサン（3番目の炭素にメチル基がついたヘキサン）と命名する。

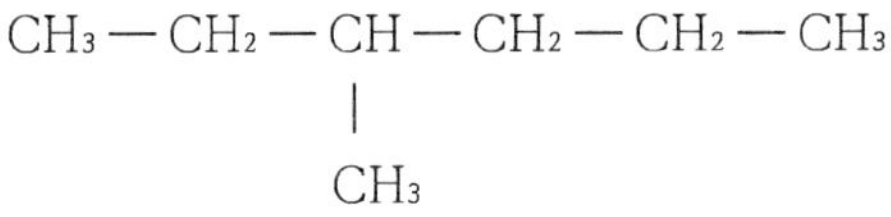

$$
\begin{array}{ccccccccccc}
CH_3 & - & CH_2 & - & CH & - & CH_2 & - & CH_2 & - & CH_3 \\
 & & & & | & & & & & & \\
 & & & & CH_3 & & & & & &
\end{array}
$$

最長鎖のどちら側から数えるかで番号が異なるときには，番号が小さくなるような数え方を採用する。アルカンに複数の同じ基がついた場合も同様である。

下の図の化合物では，メチル基が3個ついており，それらがついている炭素の番号を左から数えると2，4，5，右から数えると2，3，5であるから，2，3，5のほうを採用して，2,3,5−トリメチルヘキサン（2,3,5−trimethylhexane）と命名する（triは，メチル基が3個ついていることを示す接頭語である。同じ基が2個であるときはdi［ジ］，4個のときはtetra［テトラ］という[660]）。

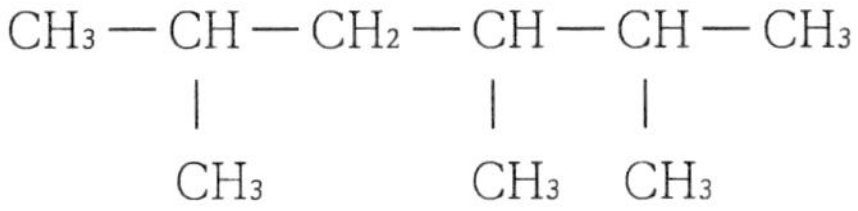

$$
\begin{array}{ccccccccccc}
CH_3 & - & CH & - & CH_2 & - & CH & - & CH & - & CH_3 \\
 & & | & & & & | & & | & & \\
 & & CH_3 & & & & CH_3 & & CH_3 & &
\end{array}
$$

また，1つの分子中に数種類の置換基があるときは，番号順ではなく，置換基をアルファベット順に並べる。次のページの図の化合物では，左から2と5の位置にそれぞれメチル基（methyl基，$-CH_3$）とエチル基（ethyl基，$-CH_2-CH_3$）がついている（右から数えると，3と6の位置にそれぞれethyl基とmethyl基がついている）。methyl基とethyl基では，ethyl基のほうがアルファベット順で先になるので，ethyl基を前に，methyl基を後に置き，5−エチル−2−メチルヘプタン（5−ethyl−2−methylheptane）と命名する。

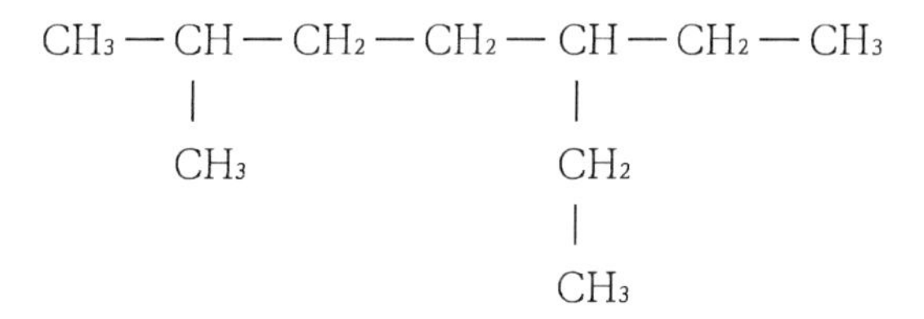

アルケンの命名法[661]

アルケンの命名法の基本は，炭素数の等しいアルカンの名称（慣用名を含む）の語尾の ane を ene に変えるというものである。

たとえば，炭素数 3 のアルカンであるプロパン propane のアルケン（構造式 CH_2CHCH_3）の名称はプロペン propene である。

ただ，アルケンの場合には二重結合があるので，炭素数が 4 以上のアルケンについては，二重結合の位置の違いによって異性体が存在する。そこで，異性体を区別するために，二重結合がついている炭素の番号のうちで若いほうを名称の前につけ，数字と名称の間にはハイフンをつける。この際，番号はできるだけ若くなるようにつける。

たとえば，炭素数 5 のアルケンであるペンテン pentene については，次の 2 種の異性体が存在する（かっこ内は，左側から炭素につけた番号）。

$$\underset{(1)}{CH_2}=\underset{(2)}{CH}-\underset{(3)}{CH_2}-\underset{(4)}{CH_2}-\underset{(5)}{CH_3} \qquad \text{1－ペンテン}$$

$$\underset{(1)}{CH_3}-\underset{(2)}{CH}=\underset{(3)}{CH}-\underset{(4)}{CH_2}-\underset{(5)}{CH_3} \qquad \text{2－ペンテン}$$

各炭素に右側から番号をつければ，上は 4－ペンテン，下は 3－ペンテンとすることもできそうであるが，数字はできるだけ若くなるようにつけるという原則から，そうはせず，上は 1－ペンテン，下は 2－ペンテンとする。(注)

(注) 二重結合を示す位置番号をつける位置[662]

二重結合を示す位置番号（1－ペンテンの「1」）は，IUPAC 命名法に関する 1993 年の勧告により，ene の直前につけるように変更された（次に出てくる三重結合も同じである）ので，1－ペンテン（1－pentene）は正しくはペンター1－エン（pent－1－ene）である。しかし，文献では位置番号を最初につける表記法を用いている（これが高校における表記法である）ものが多いので，本書もこの方法に従う。

アルキンの命名法[663]

アルキンについては，炭素数の等しいアルカンの名称（慣用名を含む）の語尾の ane を yne に変える。

たとえば，炭素数３のアルキン（$HC \equiv C-CH_3$）は，プロパン propane の語尾の ane を yne に変えて，プロピン propyne である。また，炭素数７のアルキンのうち，以下の構造式のものは，３番目と４番目の炭素の間に三重結合があるから３－ヘプチン（3－heptyne）である。

$$CH_3 - CH_2 - C \equiv C - CH_2 - CH_2 - CH_3$$

環状化合物の命名法[664]

環状化合物は，それと炭素数の等しい鎖状化合物の語頭にシクロ（cyclo）をつける。

たとえば炭素数が５の飽和環状化合物はシクロペンタン（cyclopentane），炭素数が７で二重結合が１つ存在する環状化合物はシクロヘプテン（cycloheptene）である。環状化合物の場合，二重結合や三重結合が１つであれば，それがどこについても区別はできないので，異性体はないから，命名にあたって異性体を区別する必要はない。

メチル基を持つ環状化合物の命名法[665]

シクロアルカン（つまり，すべて単結合である飽和環状化合物）にメチル基がついたものの名称はメチルシクロアルカンである。メチル基がどこについても同じであるから，異性体はない。

たとえば，シクロプロパン（cyclopropane）にメチル基がついたものはメチルシクロプロパン（methylcyclopropane）である。

シクロアルケン（つまり，二重結合が存在する環状化合物）にメチル基がついた場合には，二重結合とメチル基がそれぞれ存在する場所の位置関係の違いによって，異性体が存在するので，命名にあたっては異性体を区別する必要がある。そのため，二重結合の位置を優先して，二重結合の存在する炭素を１番及び２番とし，メチル基の存在する場所を数字で示す。その際，メチル基の存在する場所の番号ができるだけ若くなるように，炭素の番号を決める。

たとえば，炭素数５のシクロアルケンに下の図のようにメチル基が結合した場合には，１－メチルシクロペンテンとなる。２－メチルシクロペンテンとするのは，番号ができるだけ若くなるようにするという原則に反するので，誤りである。

メチル基を持つ鎖状化合物の命名法[666]

メチル基を持つ鎖状アルカンについては，番号ができるだけ若くなるようにするという原則から，メチル基のついた炭素の番号が最小になるようにする。

たとえば，下の左図の化合物は２－メチルブタン，右図の化合物は３－メチルペンタンである。

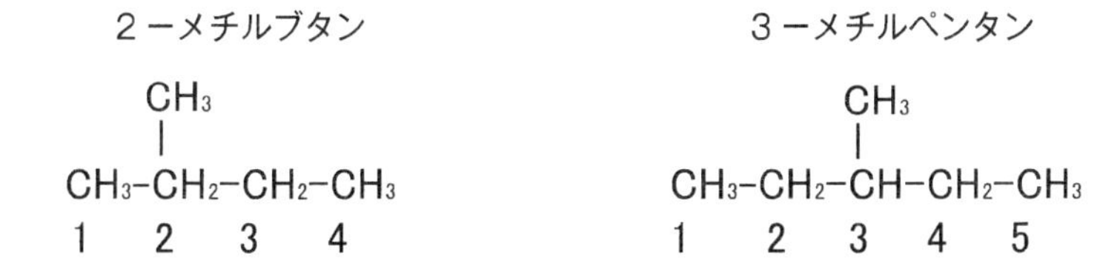

メチル基を持つ鎖状アルケンについては，二重結合の場所とメチル基の場所を示すため，番号が２つになる。化合物の基本骨格はアルケンなので，二重結合の場所を優先して番号をつける。但し，１つの名称の中では，メチル基のある場所の番号が先にくる。

たとえば，下の左図の化合物は2−メチル−1−ブテン，右図の化合物は2−メチル−2−ブテンである。

1.4.7　化学式・化学法則についてのまとめ

化学式

ここまで，いろいろな種類の化学式が随所に出てきたが，ここでまとめて整理する。

化学式とは，元素記号を用いて物質の組成や構造を表す式の総称である[667]。以下の６種類がある（電子式については，化学式に含めない記述[668]と含める記述[669]がある）。

①　イオン式
②　構造式
③　示性式
④　組成式（実験式）
⑤　分子式
⑥　電子式

イオン式

イオン式は，イオンの価数と電荷の符号を元素記号または原子団の右上に書き添えた化学式である。たとえば，Na^{+}，Al^{3+}，SO_4^{2-}，PO_4^{3-}などである[670]。

構造式

構造式は，単体や化合物を構成している原子間の共有結合の様子を価標を用いて表した化学式であり[671]，原子間の一つの共有電子対を１本の線すなわち価標で表し，基の種類・数及び結合の順序と価標を示した式である[672]。簡略化の有無や度合に応じて，完全構造式，簡略構造式，骨格構造式といった種類がある。

示性式

示性式とは，物質の性質や特徴を示す原子団を分けて表した化学式であり，特に有機化合物では官能基を明示して示す[673]。基の種類・数と結合の順序を示した，構造式を簡略化した式であり，単結合の価標は省略できる[674]。端的に表現すれば，分子式の中から官能基を取り出して示した化学式である[675]。

組成式（実験式）

組成式（実験式）とは，単体や化合物を構成する原子数の比を最も簡単な整数比で表した化学式である。組成式の整数倍が分子式となる[676]。イオン結合で構成された結晶（従って，分子は構成しない）を表すために用いられる[677]。また，有機化合物については，分子式の最小構成要素を示す式を組成式という[678]。

分子式

分子式は，分子を構成する元素の種類と原子数を示した化学式である[679]。有機化合物の場合は，元素記号をC，H，O，Nの順に並べ，その他の原子はその後ろにアルファベット順に並べて，それぞれの原子の個数を右下に書く[680]。

有機化合物における組成式と分子式の関係を酢酸で例示すれば，酢酸の組成式が元素分析でCH_2Oと判明し，別の手段で分子量が60と判明したとすると，CH_2Oの式量は30なので，酢酸の分子式は$(CH_2O)_2$あるいは$C_2H_4O_2$である[681]。

電子式

電子式とは，原子の結合様式を示すために，元素記号の周りに最外殻電子を表す小さな黒丸（・）を付記した式である[682]。

構造式・示性式・組成式・分子式の実例

エタノールとプロペンのそれぞれについて，分子式・組成式・示性式・構造式を示せば，以下の通りである[683]。

[エタノール]
・分子式　C_2H_6O
・組成式　C_2H_6O
・示性式　CH_3CH_2OH
・構造式

（線結合構造式）　　　　（骨格構造式）

```
     H   H
     |   |
H -  C - C - H
     |   |
     H   O - H
```

OH

[プロペン]

・分子式　C_3H_6

・組成式　CH_2

・示性式　$CH_3CH=CH_2$

・構造式

（線結合構造式）　　　　（骨格構造式）

```
     H   H   H
     |   |   |
H -  C - C = C - H
     |
     H
```

化学の基本法則[684]

次に，化学の基本法則を列挙する。

[質量保存の法則]（1744 年，ラボアジェ）

化学反応の前後で物質の質量の総和は変わらない。

[定比例の法則]（1799 年，プルースト）

同じ化合物の成分元素の質量比は常に一定である。

[倍数比例の法則]（1803 年，ドルトン）

2 つの元素 A，B が 2 種類以上の化合物をつくるとき，元素 A の一定質量と化合する元素 B の質量については，化合物間で簡単な整数比が成り立つ。

[気体反応の法則]（1808 年，ゲイ・リュサック）

同温・同圧のもとで，2 種類以上の気体が反応して別の気体を生ずる場合，それらの気体の体積の間には簡単な整数比が成り立つ。

[アボガドロの法則]（1811 年，アボガドロ）

すべての気体は，いくつかの原子が結合した分子からなり，同温・同圧のもとでは，同体積中に同数の分子を含む。

1.5 においを感じるしくみ

においを感じるしくみの概略[685]

ヒトでは，吸気に伴って空気中のにおい分子が鼻腔内に入り，鼻腔内の天井部分にある嗅粘膜部に到達し，嗅粘膜を覆っている粘液層の粘液に溶け込む。嗅粘膜は，におい受容器すなわちにおいセンサーの検出器であり，この部分にある嗅細胞が検出器の役割を担っている。粘液に溶け込んで嗅細胞に達したにおい分子により，この嗅細胞が興奮し，電気信号（活動電位=インパルス）が嗅神経（軸索）を伝わって嗅球を通り，大脳の嗅覚領に達すると，におい感覚が起こると考えられている。

においは，このように吸気に伴って鼻腔内に入る場合のほか，食べ物のにおいのように呼気時に体内部より上咽頭を通って後鼻腔にくる場合もある。

嗅覚器[686]

図 23 嗅覚に関する人の器官の概念図（岩崎・環境 18 頁）

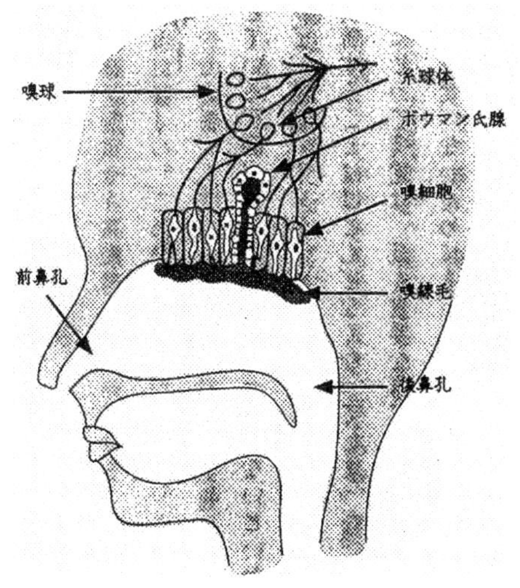

図 23 は，嗅覚に関係するヒトの器官の図である。

鼻腔（または鼻孔）は，鼻中隔によって左右に 2 分され，鼻中隔に向かい合うように上中下の 3 つの鼻甲介（注）を持つ外側壁と，下壁をなす鼻底とに囲まれた腔となっている。

鼻腔は，おおまかには，前鼻腔，嗅上皮（後述するように，ここがにおいを感じる部分である）のある中央室及び後鼻腔からなっている。

前鼻腔の前方は外鼻孔を通じて外界に開かれており，後鼻腔は吸気された空気が咽頭に抜けるところである。また，この後鼻腔を通ってにおいが嗅上皮に達する場合もある。食事のにおいなどはこの経路による。

上中下３つの鼻甲介は，鼻腔に入った空気が直接気道に流入しないように分散させ，鼻腔において加温・加湿を行うのに役立っている。

嗅細胞を含む嗅上皮は，支持細胞とボウマン氏腺より分泌される粘液（ボウマン氏腺だけでなく，支持細胞も粘液の成分を分泌するといわれる[687]）で覆われており，嗅粘膜と呼ばれる（嗅粘膜と嗅上皮は同じものである[688]）。嗅粘膜は，周囲の粘膜部が淡紅色をしているのとは異なり，黄褐色をしている。

嗅粘膜の面積には個人差があり，また加齢により狭少化するが，一般的には片側が 2.5 cm^2（従って両側で 5 cm^2）くらいと考えられている。ヒトの場合は嗅粘膜の鼻腔粘膜に占める割合が少ない。マウスやラットなどの齧歯類動物あるいは犬やウサギなどの哺乳動物では，嗅粘膜は鼻腔粘膜全体の約半分を占める。

（注）鼻甲介[689]

鼻甲介とは，鼻腔の外側壁から内側に向かって突出する骨性の高まりをいう。鼻腔粘膜の表面積を大きくするためにあると考えられる。通常，上，中，下の３つの鼻甲介があり，その間は上，中，下の鼻道と呼ばれ，空気の通路となる。上鼻甲介と中鼻甲介は頭蓋骨の一部である篩骨（シコツ）に属するが，下鼻甲介は独立した一個の小骨である。

嗅細胞[690]

図 24　鼻腔の模式図（川崎他・嗅覚とにおい物質 6 頁）

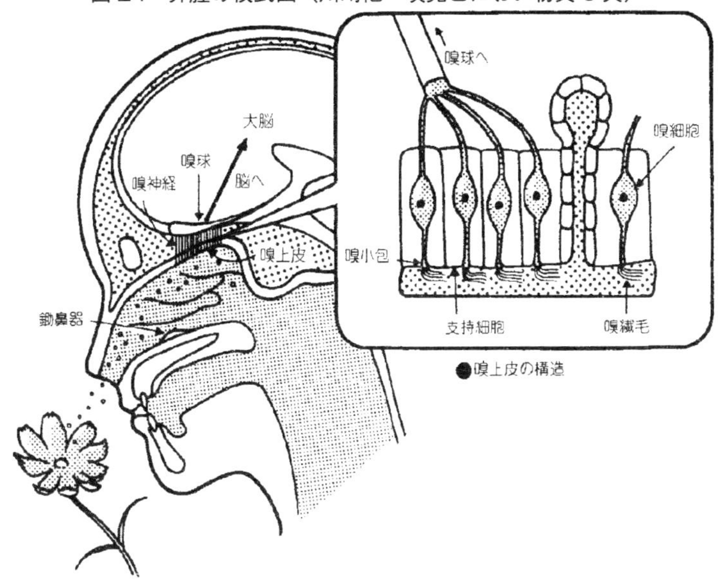

図 25　嗅上皮の構造の模式図（川崎他・嗅覚とにおい物質 6 頁）

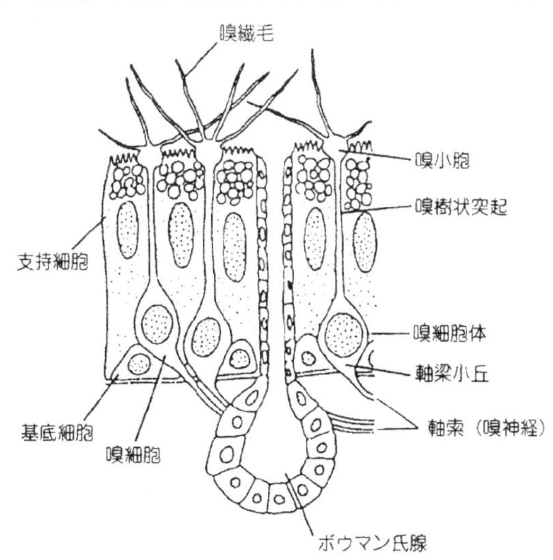

図 24 は鼻腔の模式図，図 25 は嗅上皮の構造の模式図である。

嗅細胞は嗅上皮の表面に対して垂直に伸びており，上皮表面には樹状突起（嗅樹状突起）を伸ばし，反対の基底膜方向には嗅神経（軸索）を伸ばしている。また，嗅細胞の樹状突起の先端は粘液中に嗅小胞を露出しており，各小胞には嗅繊毛（嗅線毛とも書く）が数本ないし 10 本程度（ヒトの場合）ついている。ヒトの嗅繊毛の長さは 1 ～数 μm とも，200 μm ともいわれる。嗅繊毛の太さは最も太い部分で 0.2 ～ 0.25 μm 程度である。この嗅繊毛は，粘液中の表層で厚いマット状に広がっている。

嗅繊毛は頭髪の毛とは異なり，嗅細胞の一部がそのまま細い構造になったもので，嗅繊毛内の溶液は細胞内とつながっている状態となっている。後述するにおい分子をキャッチするレセプター蛋白質（におい受容タンパク質，におい受容体），その情報を伝達する酵素系，そして細胞興奮を起こすイオンチャンネルなど，におい信号を電気信号に変換する機能は，この嗅繊毛に局在している。

嗅細胞の数は，ヒトの場合，個人差や年齢差があるものの，全部で 1,000 万個ほどあるとされている。一方，犬では 2 億個くらいの嗅細胞があるといわれている[691]。

嗅細胞は一定期間ごとに再生しており，基底細胞が幹細胞として嗅細胞に分化する。1 か月ほどのスパンですべての嗅細胞が置き換わる[692]。

嗅粘膜には，三叉神経（注 1）や自律神経（注 2）の末端も分布していることがわかっている[693]。

（注 1）三叉神経[694]

脳神経の第 5 対で，感覚性の大部と運動性の小部からなる混合神経。

（注 2）自律神経[695]

意志とは無関係に働く，内臓器官を支配する神経系。心臓・胃・腸・肝臓・膀胱などの臓器や，汗腺・内分泌腺・唾液腺などの分泌線の活動を調整する。互いに拮抗して作用する交感神経と副交感神経の二神経系からなる。

嗅細胞でのにおい受容と電位発生・嗅覚伝達[696]

鼻腔に入ってくる多くのにおい物質の分子は，まず粘液に溶け込み，嗅細胞の嗅繊毛上のにおい受容体に接合することにより，嗅細胞の興奮が起こり，活動電位（インパルス）が発生する。このインパルスは，嗅細胞から出ている軸索を伝わり，途中でシナプス（神経細胞と他の神経細胞間の連結点）を介することなく，鼻腔上部の骨である篩板にある多数の細い孔を通って，嗅覚の第一次中枢と言われる嗅球に伝えられる。すなわち，嗅細胞は，においの物質の化学的性質を活動電位という電気信号に変換する変換器である。

嗅球で情報処理されたインパルスは，さらに大脳皮質へと伝達され，何のにおいであるかが認知される。

脳の中でにおいの情報を受け取っているのは扁桃体と呼ばれる部分である。扁桃体には，においだけでなく感情や記憶をつかさどるはたらきもあり，人は，においによって記憶を思い出すことがある[697]。

以上の経路のうちで一か所でも障害がおきると，嗅覚障害となる。

嗅細胞におけるにおい物質の電気信号への変換の過程[698]

図26　嗅覚受容のシグナル伝達機構（嗅覚とにおい物質10頁の図に追記）

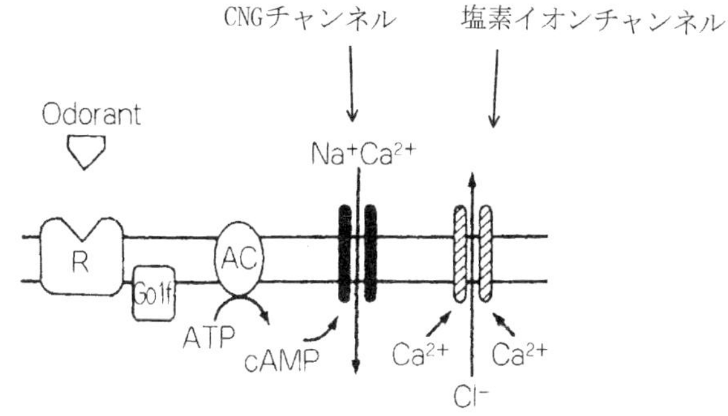

Ac：アデニル酸シクラーゼ　　R：受容体

図26は，嗅細胞においてにおい物質が電気信号に変換される過程を図示したものである。

粘液に溶け込んだにおい分子は，嗅繊毛に分布するにおい受容タンパク質（におい受容体，嗅覚受容体，レセプタータンパク質，嗅覚レセプターともいう[699]）と接合する。

におい分子を受け取ったにおい受容タンパク質は，その情報をGTP結合タンパク質（グアノシンートリ燐酸と結合するタンパク質で，一般にはGータンパク質，Golf［ジーオルフ］タンパク質ないし特異性Gータンパク質とも呼ばれている）に伝える。Gータンパク質は体の中の多くの細胞中に存在するが，嗅細胞においては，受容タンパク質がにおい分子を受容して活性化されると，このGータンパク質がGTPと結合し，タンパクの一つのユニット（α－ユニットという）を放出する。このユニットがアデニル酸シクラーゼを活性化させる。

活性化したアデニル酸シクラーゼは，細胞中に存在するATP（アデノシンートリ燐酸）をcAMP（サイクリックAMP，環状アデノシン一モノ燐酸）に変換する。このcAMPが嗅繊毛の細胞膜にある陽イオンチャンネル（注）であるサイクリックヌクレオチド感受性チャンネル（CNGチャンネルともいう）を直接開き，細胞外のカルシウムイオンやナトリウムイオンなどの陽イオンが細胞内に流入することにより電流が流れ，細胞膜の電位の変化が引き起こされることになる。

（注）イオンチャンネル[700]

細胞に備わった情報伝達機構の一種で，イオンの通り道。外界からの刺激に応じて開き，イオンを通過させて細胞膜の電位や細胞の代謝活動を変化させる働きを担っている。イオンチャンネルはタンパク質でできており，細胞膜に埋め込まれているが，ナトリウムイオン，カリウムイオン，カルシウムイオン，塩素イオンなどの各種イオンに対してそれぞれ特異なイオンチャンネルがある。イオンチャンネルはニューロン（神経細胞）における情報伝達や筋肉収縮の調節などに重要な働きをしていることから，その機構の解明が活発に進められている。

このようなCNGチャンネルだけでなく，嗅細胞内に増加したカルシウムイオンによって開く塩素イオンチャンネルも見いだされている。CNGチャンネルを通り細胞外から細胞内に流入したカルシウムイオンやナトリウムイオンのうち，カルシウムイオンによって塩素イオンチャンネルが開き，細胞内の塩素イオンが細胞外に流出するが，このときにも電流が流れ，電位変化が起こる。そして，嗅細胞において発生する活動電位の半分程度はこの塩素イオン流出の電位といわれている。

さらに，嗅細胞内に流入したカルシウムイオンは，タンパク質であるカルモジュリンと結合して複合体を形成し，この複合体がCNGチャンネルの開口率を減少させる働きがあることも報告されている。すなわち，カルシウムイオンに依存する応答の減衰であり，後述する嗅覚の順応やマスキング等の現象が嗅細胞の末端レベルでも起きている証拠である。

におい受容体とにおいの種類[701]

一つ一つの嗅細胞は，一つのにおい受容体のみを発現している。(注)

他方，におい受容体とにおい物質との対応は1対1ではなく，多対多である。つまり，におい受容体の中には（一つのにおい物質にしか反応しないものもあるが）複数のにおい物質に反応するものもあり，またにおい物質の中には（一つのにおい受容体にしか結びつかないものもあるが）複数のにおい受容体に結びつくものもある。

従って，におい受容体とにおい物質の組み合わせはほぼ無限大であり，20万種とも40万種ともいわれているにおいの多様性を十分にカバーできる情報量であるとも言われている。

におい受容体タンパク質を作るための設計図である遺伝子（受容体遺伝子）は，ヒトの場合900個程度であるが，そのうち60%ほどは機能していないことから，機能しているのは350個程度であるといわれている（400種類以上と述べる文献もある[702]）。この数字はそのままにおい受容体の種類を示す。

下の図は，におい受容体（レセプター）がにおい物質によって刺激を受ける様子を示したものである。

図27　匂いをかぎ分ける仕組み（左巻・化学の疑問120頁）

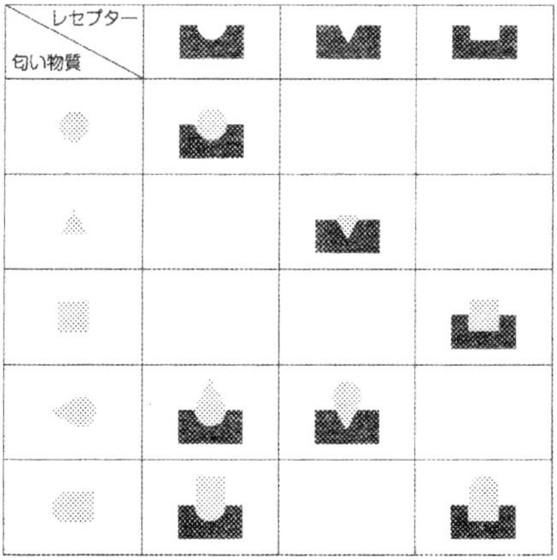

レセプター
匂い物質

このように，におい物質は，ある決まったレセプターだけに付くことができ，物質によってはいくつかの異なったレセプターに付く。このときに刺激を受けたレセプターの種類・数・強さの情報が合わさって，脳で一つのにおいとして感じる[703]。

(注)「嗅覚受容体」と「におい受容体」[704]

嗅覚受容体とにおい受容体とは同じ意味に使われることが多いようだが，区別する見解もある。その見解によれば，においを認識する機能を持つ嗅覚受容体という意味で使うときはにおい受容体と表現してよいが，嗅覚受容体はにおいを認識する機能以外の機能も持つので，一般的に言うときは嗅覚受容体と言ったほうが無難であるという。

1.6 におい物質の特徴

概略[705]

においの感覚を生起させる物質をにおい物質というが[706]，におい物質は，硫化水素やアンモニアなど，ごく簡単な無機化合物を除けばほとんどが有機化合物である（におい物質の99%以上が有機化合物であると説明する文献もある[707]）。においを持つ化合物は20万とも40万ともいわれるが，これは炭素骨格を基本構造とする有機物がきわめて多種多様な化学構造を持っていることに由来する。しかし，日常的にわれわれが感じ，化学構造と関連づけられているにおい物質は約5000種程度と考えられている（注）。

（注）におい物質の数

臭気指数規制ガイドラインでは，においを感じさせる化合物は約40万種あり，日常用いられるものでも1000種もある，と述べられている[708]。

におい物質の特徴を要約すると，以下の通りである[709]。

においを感じる条件として，分子量が300以下で揮発性を持つことや，水または脂質にある程度溶解性があること，分子内に官能基（発香団）や不飽和結合を持つことなどがあげられる。

炭化水素類では低級なほど無臭で，高級になるにつれて強くなってC_8からC_{15}が最も強くなり，それ以上高分子になると弱くなる。一般的に分子内の不飽和度を増すと強くなる。

水酸基は強い発香団であり，二重・三重結合があるとより強くなる。エステル類は構成する酸・アルコールよりにおいが強い。アルデヒド類やケトン化合物は強いにおいのものが多く，不飽和結合が存在すると鎖状でも環状でも強いにおいになる。また，硫黄や窒素が分子内にあると強いにおいになる。

以下では，これらのことをより詳細に述べる。

構成元素[710]

におい物質の構成元素は，炭素（C），水素（H），酸素（O），窒素（N），リン（P），硫黄（S），塩素（Cl），臭素（Br），ヨウ素（I）等である。このうち，におい化合物を構成し，最も重要な役割を担っている元素は炭素である。

有機化合物の基本的な骨格を構成する炭素数が，においの質や強度を左右する。脂肪族化合物の同族列を見ると，低分子化合物は刺激的でにおいが強く，官能基による影響を強く受ける（官能基とにおいの関係については後述する)。炭素数が 8 ~ 15 で香気が最強となる。それよりも炭素数が増えると，官能基よりも炭化水素の影響を強く受けるようになり，脂肪臭やワックス臭となってだんだんにおいが弱まる。さらに炭素数が増えると，においがなくなる。

分子量[711]

におい物質で最も分子量の小さいものは，分子量 17 のアンモニアといわれている。最も分子量の大きいものは，におい強度が分子量に反比例して弱まる傾向があるので，においの存在の有無をある一点で特定することはできないが，においを発することのできる物質の最大の分子量は 350 あるいは 400 といわれる。

気体または蒸発（揮発）しやすい物質

においは空気中を漂う分子が鼻に入って起こす感覚であるから，においを持つ物質は例外なく気体や蒸発しやすい物質である。食塩や陶磁器，ガラス，金属等は，強い結合（イオン結合あるいは金属結合）であるため，蒸発できず，においはしない[712]。揮発性が弱いか，揮発性のない高分子化合物は無臭である[713]。(注)

もっとも，鉄を触ったあとの手がにおうことがあるが，これは鉄そのもののにおいではなく，鉄を触ったために皮膚表面の脂肪が化学変化して，1－オクテン－3－オンなどの分子ができ，これが蒸発して鼻に入ってにおうのである[714]。脂肪のほか，手あかやほこりなどが金属の働きで分解されてにおい物質ができる[715]。

性状の点からいえば，におい物質は室温下で大多数が液状であるが，アンモニアのような気体や，バニリンやメントールのような固体のものもある[716]。

(注) 蒸発と揮発

蒸発は，液体の沸点以下で，液体の表面のみで起こる液体から気体への状態変化をいい，必ず熱の吸収を伴う。そのときの熱量を蒸発熱といい，物質 1 モル当たりで示されることが多い。粒子間の結合が強いほど蒸発熱は大きくなる。特に液体の内部からも蒸気が発生するようになる状態は沸騰という[717]。

一方，揮発は，旺文社化学事典や東京化学同人化学辞典では見出し語にはない。広辞苑によれば，「常温で液体が気化すること」と説明されている。また，旺文社化学事典では，「揮発性物質」が見出し語にあり，その説明は，「常温常圧で気化する液体，昇華する固体をさす」である[718]。

溶解性

大多数のにおい物質は，分子内に親油性基と親水性基の両方の基を持ち，両親媒性を示す[719]。

嗅細胞は水を含んだ粘膜で覆われており，におい物質はこの粘膜を通り抜けて嗅細胞に到達するから，全く揮発しないあるいは全く水に溶けない物質のにおいを感じることはできない。つまり，におい物質は，程度の差はあるが水に溶ける[720]。

また，におい物質が嗅覚で受容されてにおい感覚を発現するには，においを受容する嗅細胞を覆っている嗅粘液ににおい物質が分散して，嗅細胞の嗅繊毛や嗅小胞に到達しなければならないが，粘液に分散するには，両親媒性を有する方が有利である。

親水性や親油性が強すぎる物質は無臭となる。たとえば，親水性が強い無機化合物の大部分が無香であるし，親油性の強い飽和炭化水素類もにおいがない[721]。(注)

(注) 親水性・親油性

親水性とは，水との親和性が大きい性質であり，静電気的な引力や水素結合などにより，水との相互作用が強い，すなわち水に溶解しやすい物質や分子の性質をいう[722]。

これに対し，水との親和性が小さい（水との相互作用が弱い，つまり水に溶解しにくい，または水と混ざりにくい）物質の性質のことを疎水性という。疎水性は，脂質や非極性有機溶媒との親和性を示す親油性と同義で用いられることが多いが，疎水性物質がすべて親油性であるとは限らない[723]。

可燃性[724]

におい物質は，精油（エッセンシャルオイル）というような用語で表されるように油の性質を持っていて，強い引火性や可燃性を有しているものが多い。

不安定性[725]

におい物質は，分子内に官能基や不飽和結合を必ずと言っていいほど持っている。そのため，温度や光，酸素，紫外線，金属イオン，pH（酸性，アルカリ性）などの影響を受け，酸化還元反応，重合・分解反応，エステル化・加水分解反応などを比較的容易に起こして，変色や変臭を伴う変質をする。香料や賦香製品，あるいは臭気測定用試料などの変色や変臭を伴う変質を避けるために，取扱いや保存には十分な注意を払う必要がある。

官能基[726]

官能基は，香料業界では発香基とか発香団とも呼ばれ，においの質や強度を決定する因子として，においと強い関わりを持っていると考えられてきた。

有機化合物の同族列とは，炭素数は異なるが共通の官能基を持つ一群の化合物をさす。一般に，同族列の化合物は低分子になるほどにおいは刺激的になって強まり，官能基特有のにおいの質を呈して鮮明になり，強度も強く感じられるようになる。たとえば，水酸基（アルコール基）がつくとアルコール臭，カルボキシ基がつくと酸臭，アルデヒド基がつくとアルデヒド臭といわれるような特有のにおいを発する。

官能基とにおい特性との関係は以下の通りである。

① 不飽和結合：R−C=C−R'

不飽和度（二重結合，三重結合の数）が高まるとにおいが強くなる。二重結合の位置が端から３と４の炭素の間に来ると強度が増加する。幾何異性体が発生して，同じ分子式でもにおいを異にするものがある。

② アルコール：R−OH

分子中に水酸基（−OH）が１個のときにおいが強く，数が増えると弱くなり無臭に至る。水酸基があると，みずみずしい甘さとフローラル感がある。

③ アルデヒド：R−CHO

アルコールより相対的ににおいが力強く，刺激的でとげとげしくなる。二重結合と共役（分子内に存在する二つ以上の多重結合が互いにただ一つの単結合をはさんで連なり，相互作用し合う状態[727]）したアルデヒドは，甘みと深みが出る。

④ カルボン酸：R−COOH

低級脂肪族カルボン酸は，汗臭や蒸れたような酸敗臭，腐敗臭があり，芳香とはいえない。分子中にカルボン酸基（−COOH）が1個のときににおいが強く，数が増えると弱くなり無臭に至る。

⑤ **エステル：R−CO−O−R'**

カルボン酸とアルコールが縮合（分子間あるいは同一分子内の官能基間で，水，塩化水素，アンモニア，メタノールなどの簡単な分子を脱離して新しい結合を形成する反応[728]）したもので，原料よりも芳香に優れる。フルーティ・フローラルな香りと原料が持つ特有の香りをあわせ持つ。酸とアルコールが低分子の場合はフルーティな香りになり，両化合物とも高分子になるとフローラルな香調が出てくる。酸とアルコールのどちらかが低分子で他方が比較的大きなエステルの場合，大きな分子のほうの香りの特徴が出る。

⑥ **ラクトン**（環構造内にエステル結合［−CO−O−］をもつ環状化合物の総称）

ケトン：R−CO−R'

ナッツ様のファッティ（油っぽい）と甘さのあるフルーティな香り。環状が大きくなるとムスク様のにおいが強まり，15 ~ 16 員環で最良になる。

⑦ **エーテル：R−O−R'**

脂肪族化合物では，アルコールより軽くて浸透感のある香りになる。

⑧ **含硫化合物・含窒素化合物**：以下のような官能基がある。

チオアルコール：R−SH

チオエーテル：R−S−R'

アミノ：$R-NH_2$

ニトロ：$R-NO_2$

ニトリル：R−CN

イソニトリル：R−NC

チオシアン：R−SCN

イソチアン：R−NCS

硫黄(S)や窒素(N)があるとにおいが強まる。低分子の化合物は刺激的になって悪臭になる傾向がある。

異性体[729]

異性体では，においの質や強度が異なる。

複合臭

2種類以上の成分を含むいわゆる複合臭は，構成物質間の相乗作用等により，においの強度と性質に変化を及ぼすことが多い[730]。

1.7 嗅覚の特性

刺激（におい物質）と感覚[731]

においは人間の感じる感覚であって，外界の物体による化学刺激によって引き起こされる。においがそれ自身として物体に備わっているわけではない。物体の側に存在するのは，物理的性質や化学的性質などである。1.5で述べた通り，におい物質が微粒子状態になり，人間の感覚器官である嗅覚に作用し，その結果生じた電気的インパルスが求心性神経（末梢神経から中枢へ向けて興奮［神経インパルス］を伝える神経の総称[732]）を通して大脳に伝わり，そこで初めてにおいが知覚される。

これら人間側の経験や意識内容を感覚または知覚といい，それを引き起こす外界側の原因を刺激という。感覚と知覚はいずれも意識内容を表す言葉としてほぼ同意義に用いられるが，時として「知覚」は物体として認識するようなときに用い，「感覚」は，意識内容を分析してそれぞれの側面を分析的に意識する場合に用いるというように，区別して用いることがある。意識内容を分析的に把握した場合に，それぞれの側面を感覚の属性と呼ぶ。たとえば，においにおける属性には，におい質やにおいの刺激強度，持続性などがある。

人間が保有している感覚器官での刺激強度の知覚過程を数量的に取り扱うのが，においの精神物理学である。

濃度変化によるにおいの質の変化[733]

におい物質の濃度を変えると，においの強弱だけでなく，においの質まで変化することがある。たとえば，スカトールは高濃度では糞便臭を有する悪臭物質であるが[734]，薄いと清涼感のある香りを感じさせる。また，インドールは希薄なときは花の香りがするが，濃くなると糞尿のにおいになる。この他，よいにおいでも濃度をあげていくと不快に感じることや，逆に不快なにおいも濃度が薄まるとよいにおいになったりすることがある。

このような特質があるかどうかはにおい物質によって異なり，濃度を変えてもにおいの質が変わらないものもある。そのような物質の具体例としては，β－フェニルエチルアルコール（バラの花の香り），エステル類（果実臭），p－tert－ブチルメルカプタン（都市ガスの付臭剤の主成分）がある。

また，あるにおい物質に異なるにおい物質を混合して薄めた場合に，構成するにおい物質がそれぞれ薄められて弱くなったと感じるのではなく，複合したにおいとして異質のにおいを感じることがある。これは複合臭として総合したにおいの質を感知したもので，薄められた結果としてにおいの質が変化した前記の例（スカトールやインドール）とは異なる。悪臭と評価されるにおい物質が存在しても，複合臭としてのにおい全体は芳香と感じる場合があり，これは後述する変調現象の一種である。

男女差・年齢差・個人差[735]

どの年代においても，女性のほうが男性よりも嗅力がよい。嗅力は加齢とともに低下するが，低下の割合は男性のほうが大きい。

また，嗅力には個人差が相当あり，においの快・不快にも個人差が大きく，成育環境や文化的背景の違いによっても異なる。

個人内変動・日内変動[736]

嗅力は風邪などによる鼻づまりによって低下するし，過労や睡眠不足にも影響を受ける。これらの現象は，体調の変化が嗅覚機構へ影響することのほかに，意識が集中できる状態になっていないことも影響しているとされる。しかし，これらの変動はすべてのにおいについて均一ではなく，においの質によって異なる。

嗅力に日内変動があるかどうかについては，多少あるといわれることもあるが，研究の結果，有意な差は認められていないとされている。

喫煙

喫煙者の嗅力は非喫煙者よりもやや落ちているという調査結果が報告されている[737]。

温度・湿度[738]

昔から，高温・多湿の梅雨時になるとにおいが強くなるといわれるが，このことについては，温度や湿度の影響だけでなく，この時期には動植物や土中・水中の微生物の活動が活発になり，空気中のにおい物質の絶対量が増えることの影響もあるので，必ずしも，温度・湿度の影響で嗅力が増したことが原因であるとは言えない。

温度・湿度が嗅覚反応に及ぼす影響については，さまざまな研究がなされているが，調査が容易でないこともあり，データは少ない。

順応[739]

あるにおいをしばらく嗅いでいると，そのにおいを感じなくなるか，非常に弱くしか感じなくなることがある。このように，においの提示時間に応じて感覚強度が減衰していく現象を順応という。この順応現象は触覚，痛覚や冷覚など他の感覚でもみられるが，嗅覚は他の感覚に比べて比較的順応しやすいといわれている。

順応には，自己順応（選択的嗅覚疲労）と交叉順応（相互順応）とがある。

自己順応とは，その嗅いでいるにおいに対して感じ方が弱くなるが，それ以外のにおいに対しては当初の敏感さを失わない現象である。自己順応は，すべてのにおい物質に等しく起こるのではなく，順応しやすいものと順応し難いものがある。

交叉順応とは，ある特定のにおいに順応すると，他の異なるにおいにも感じ方が弱くなる現象である。このような順応は，起こる場合と起こらない場合があり，起こる場合でもその程度はそれぞれ異なる。

また，Aというにおいを嗅ぐことによってBというにおいに対する感じ方が弱くなる場合に，逆にBのにおいを嗅いだときに，Aのにおいに対する感じ方が弱くなることもあるが，そうはならないこともある（まれには，Bのにおいを嗅ぐと，Aのにおいに対するにおい感覚強度が促進することもあり，促進現象と呼ばれる）。

順応の原因については，嗅細胞の応答性の低下が一因といわれ，におい物質に活性化される陽イオンの透過性そのものが時間依存的に不活性化するためである。この順応過程には嗅細胞外の Ca^{2+} が不可欠で，膜のチャンネルを通って細胞内に流入した Ca^{2+} が透過性を不活性化すると説明されている[740]。

順応と同じような現象に対して「慣れ」や「嗅覚疲労」という言葉もあるが，明確に定義されておらず，用法は統一されていない。

慣れとは，受容器レベルではにおいに応答しているにもかかわらず，そのにおいが意識として知覚されない現象，または反復刺激と学習により，におい知覚が減少ないしは消えることといわれている。たとえば，初めて嗅いだ漁村の魚のにおいや農村の家畜のにおいは強く感じられるが，たびたび訪れているうちにそのにおいをあまり気にしなくなり，意識しなくなる現象である。

嗅覚疲労とは，順応と同じ意味に用いられることもあるが，順応を1回の持続的なにおい刺激に対して起こる感覚低下とし，断続的なにおい刺激に対して起こる感覚低下を嗅覚疲労として区別する用法もある。後者の用法の場合には，嗅覚疲労は慣れと同じような意味になる。

マスキング・変調[741]

悪臭よりも香気を強く放出すると，香気を感じるが，悪臭の感じ方が弱くなることがある。この現象を「マスキング」または「隠蔽」という。悪臭物質がなくなったのではなく，感覚的現象であるから，感覚的消臭ともいう。

一般には，2つのにおい物質を混合したとき，そのにおい強度（におい強度については次節で述べる）は2物質のにおいの強さの和より小さくなり，その平均よりも大きい。また，各々のにおいを感じる強度は，単独のときの各々のにおいよりも弱くなる。

マスキングは，弱い臭気に対して非常に有効であるが，臭気が強いと効果は薄くなる。このマスキング効果を利用して，トイレの芳香剤やスパイス類，香水が用いられる。

また，2種類のにおいを混ぜ合わせると，全く別の質のにおいになって感じられることがある。これをにおいの変調という。通常感じている悪臭も含めたにおいは，単一物質のにおいではなく，大部分は混合臭であり，変調されたにおいを嗅いでいる。変調を利用したものが各種の調合香料であり，香水はその代表例である。

嗅覚脱失・嗅盲[742]

交通事故や病気などが原因で，全くにおいを感じなくなることを嗅覚脱失という。すべてのにおいを感じなくなるので，社会生活上の支障をきたす。

嗅覚脱失は，主嗅覚神経系の経路のどこを冒されても起きるが，嗅上皮や嗅神経が冒されて起きる末梢性のものと，脳のほうが冒されて起きる中枢性のものに分類される。

一方，ある特定のにおいのみを感じないか，感受性が鈍ることを嗅盲という。この場合には実生活上さほど不便を感じないため，本人も気づかないことがよくある。

後述する，嗅覚障害の判定に用いるT&Tオルファクトメーターの5基準臭は，嗅盲が多くみられるにおいから選ばれている。

1.8 においの分析と評価

1.8.1 においの特性

嗅覚を通して得られるにおいの特性は，①質（分類），②認容性（快・不快度），③強度，④広播性（においが無臭の空気中に広がって薄められてもなお感知できるかを決定する尺度[743]）が知られている[744]。このうち，定量的な尺度として用いられているのは②～④である[745]。

1.8.2 においの質（分類）

原臭

嗅覚を除く４感覚では，感覚因子が抽出され，専門の表現用語が定められている。具体的には，聴覚における音階（ド・レ・ミ・ファ・ソ・ラ・シ），視覚における光の三原色（赤・緑・青）あるいは七色（赤・橙・黄・緑・青・藍・紫），触覚（痛感・温感・冷感・圧感），味覚における五味（酸味・甘味・塩味・苦味・旨味）である[746]。

一方，においの質を分類する試みも古くからあり，現在も研究が進められているが[747]，いまだに原臭は解明されていない（古来，９原臭説，６原臭説，７原臭説等があるが，いずれも科学的証明を欠いている[748]）。原臭とは基本臭ともいい，色の三原色や，味覚の四基本味（上記の五味から旨味を除いたもの）または五基本味（五味）に相当する基本的なにおいであって，それらを適宜混合すればあらゆるにおいをつくりだせるもののことである[749]。

においの質の分類

においの質は，たとえ定性的な言語表現でも，臭気影響範囲調査や実態把握調査のために必要であるが[750]，においの感じ方は年齢や性別，環境等によって異なり，その表現も音や色のように数字で表すことはできないため，現在でも決定的な分類法や言語表現法はない。従って，においの質を客観的に再現性のあるものとして評価することは難しい[751]。

以下に，においの質を分類する試みをいくつか掲げる。

① 貝原益軒（1630～1714）による分類[752]

香（こうばし）・臊（くさし）・焦（こがれくさし）・腥（なまぐさし，あるいはつちくさし）・腐（くちくさし）の5分類であるが，根拠は判然としない。

② 加福均三による分類（1942年）[753]

日本人のにおいの経験に基づいて，果実臭・樹脂臭・花香・焦げ臭・悪臭・薬味臭・醋臭（醋は酢と同字である）・腥臭の8種の基本臭を提案した。

③ ヘニング（Henning）による6原臭説（1916年）[754]

被験者を用いて，似たにおいを選択させてにおいを系列化し，その実験結果からにおいを次の6群に分けた。

a　薬味臭（例：クローバー，ウイキョウ，アニス，ハッカなど）
b　花香（例：ジャスミン，ヘリオトロープ，ゲラニウムなど）
c　果実香（例：オレンジ，ベルガモット，シトラールなど）
d　樹脂臭またはバルサム臭（例：テレビン油，ユーカリ油，カナダバルサムなど）
e　焦臭（例：タール，テリジンなど）
f　腐敗臭（例：硫化水素，メルカプタン，二硫化炭素など）

④ アムーア（Amoore）による8原臭（1979年）[755]

アムーアは，1979年に，原香（原臭）が8種類（腋臭［わきが］臭，精液臭，魚臭，尿臭，麦芽臭，麝香［じゃこう］，ハッカ香，しょうのう香）あると発表した。その裏付けは，この8原香に部分嗅盲が多いから原香といえる，ということであった。

アムーアは，においの質はにおいの分子の外形によって決まり，受容部分に鍵と鍵孔の様式ではまり込むという立体化学説（サイト説…サイトとは，受容部分に存在する，におい分子の外形に当てはまる孔のことである）を提唱したが，その後の研究で原臭がどんどん増えて，サイト説は崩壊してしまった。

JIS K 0102による分類[756]

JIS K 0102（工場排水試験方法）では，臭気の分類及び種類の例として，次の8種を示している（JIS K 0102の表10.1）。

	臭気の大分類	臭気の種類
①	芳香性臭気	メロン臭，すみれ臭，にんにく臭，きゅうり臭，芳香臭，薬味臭など
②	植物性臭気	藻臭，青草臭，木材臭，海藻臭など
③	土臭，かび臭	土臭，沼沢臭，かび臭など
④	魚貝臭	魚臭，肝油臭，はまぐり臭など
⑤	薬品性臭気	フェノール臭，タール臭，油臭，油脂臭，パラフィン臭，塩素臭，硫化水素臭，クロロフェノール臭，薬局臭，薬品臭など
⑥	金属製臭気	かなけ臭，金属臭など
⑦	腐敗性臭気	ちゅうかい（野菜，魚介などのくず）臭，下水臭，豚小屋臭，腐敗臭など
⑧	不快臭	魚臭，豚小屋臭，腐敗臭などが強烈になった不快なにおい

嗅覚測定用基準臭[757]

においの分類というものではないが，嗅覚測定用基準臭として次の5種のにおいが定められ，これを嗅覚検査診断薬とする承認申請がなされて，昭和57年に承認されている。

① β－フェニルエチルアルコール（β－phenylethyl alcohol，$C_8H_{10}O$）

純品は無色透明な液体で，花のにおい（バラの花びらのようなにおい）を有する。各種バラ様香料として化粧品やトイレタリーに利用されている。天然にはバラ，カーネーション，茶，ワイン等に存在する。

② メチルシクロペンテノロン（methyl cyclopentenolone，$C_6H_8O_2$）

純品は無色粉末状で，甘いカラメル様香気（焦げ臭，菓子プリン［焦げ茶色の部分］のようなにおい）を有する。プリンやキャラメルなどの菓子用香料としてよく用いられる。天然には麦茶，鰹節，燻煙肉製品，糖の加熱物等に存在する。

③ イソ吉草酸（isovaleric acid，$C_5H_{10}O_2$）

純品は無色透明な液体である。汗臭いにおいあるいは蒸れた靴下のにおいを有する。天然にはホップ，ペパーミント，コーヒー，ローズマリー，タイム（ハーブの一種）等に存在し，ヒトの汗の腐敗したものにも存在する。

④ γ－ウンデカラクトン（γ－undecalactone，$C_{11}H_{20}O_2$）

純品は無色～淡黄色の液体である。熟した果実臭あるいは桃の缶詰のようなにおいを有する。飲料や菓子などの食品香料のほかに，香粧品（香料及び化粧品の総称）香料にも用いられる。天然には各種の果実や野菜，ミルク等に存在する。

⑤ スカトール（skatole，C_9H_9N）

純品は白色板状結晶である。濃いと不快な糞臭あるいはかび臭いにおいを感じさせるが，希釈すると清涼感のある快香となる。天然のシベット（霊猫香［ジャコウ猫の分泌物］）に含まれていることから，シベット様香料として高級化粧品などに用いられる。

以上５つの基準臭の物質は，いずれも食品香料や香粧品香料として古くから広く用いられ，天然に存在する物質であり，特別な方法で使用するわけではないので，安全上何ら危惧する必要のないものばかりである。

これらの基準臭は，Ｔ＆Ｔオルファクトメーターで用いられる。Ｔ＆Ｔオルファクトメーターとは，日本で開発され，日本耳鼻咽喉科学会などにより公認され，厚生省より嗅力の診断薬として承認された唯一の嗅力測定装置である[758]。

基準嗅力検査のためには，基準臭５種を用い，におい紙の一端ににおい液をつけ，他端を被検者自身の手に持ってもらい，嗅いでもらう。まず検知閾値，次に認知閾値（これらの意味については後述する）を測定する。その結果をオルファクトグラム用紙に記入し，パターンで嗅力を判断するとともに，必要に応じて平均嗅力損失値の算定もできる[759]。この検査では，嗅力の損失値が表示される。すなわち，数値が大きいほど，嗅覚感度は悪い[760]。

嗅覚能力を客観的に調べる方法としては，世界的には統一された方法は決められておらず，日本ではこの嗅覚測定用基準臭による検査が嗅覚診断薬として承認を受けている唯一のものであり[761]，耳鼻科の外来などでの嗅力検査や[762]，交通事故や脳障害などにより嗅覚異常を来した患者の障害度や治療による改善度の判定，また次に述べる嗅覚測定法のパネル（判定者）選定にも用いられる[763]。

なお，嗅覚測定用基準臭としては，当初は10種類のにおいが用意されて詳細な検討がなされ，その結果も発表されているが，実際の臨床の場では10種の診断薬では時間もかかるなど大変であるので，診断薬としては前記の５種に限定された経緯がある。残りの５種は以下の通りであり，これらのにおいは精密検査用として提案されている[764]。

・シクロペンタデカノリド（Cyclopentadecanolide，合成ジャ香の一種）
・フェノール（Phenol，石炭酸）
・dl－カンファー（dl－Camphor，合成樟脳）
・ジアリルサルファイド（Diallyl sulfide，悪臭の一種。薄いものは海苔の

においに似る）
・酢酸（Acetic acid）

1.8.3　においの認容性（快・不快度）

においの快・不快度を示す主観的な評価を認容性という。悪臭公害を客観的に表すということでは強度よりも重要であるが，実際には非常に難しい[765]。

認容性を示す尺度として，快・不快度表示法というものがあり，快・不快度を何段階に区分して表示するかによって，９段階快・不快度表示法，７段階快・不快度表示法，５段階快・不快度表示法等が用いられているが[766]，広く使われているのは９段階快・不快度表示法である[767]。

これは，環境庁委託による悪臭規制基準設定に関する調査（日本環境衛生センター，昭和46年度）の官能試験班で取り決められたものであり，次の表に示されるように，快でも不快でもないにおいを中間点にして，不快方向４段階，快方向４段階の９段階からなる。各段階は等間隔とみなされ，－４～＋４の評点が与えられる[768]。

９段階快・不快度表示法[769]

快・不快度	内容
＋４	極端に快
＋３	非常に快
＋２	快
＋１	やや快
０	快でも不快でもない
－１	やや不快
－２	不快
－３	非常に不快
－４	極端に不快

７段階快・不快度表示法は，９段階法の両極端を除いたもの（評点は－３～＋3）であり，また５段階快・不快度表示法は悪臭評価に主眼をおいたもの（評点は－３～＋1）である[770]。

快・不快度表示法は，においをかいでいる時間の長さに測定結果が大きく影響され，個人差，地域差，さらに民族差がみられるため，客観性のある評価が難しい。たとえば，短時間かいだときには快いにおいでも，長時間かぐと悪臭になることもあるからである[771]。このことから，次のように，短時間表示と長時間表示に分けた表示方法も提案されている（東京都公害研究所案)。

東京都公害研究所案（短時間表示と長時間表示）[772]

短時間表示	長時間表示
＋1　やや快 0　快でも不快でもない －1　やや不快 －2　不快 －3　非常に不快	1　においは気にならない 2　まあ住んでもよい 3　できれば住みたくない 4　住みたくない 5　すぐに逃げ出したい

1.8.4　においの強度と広播性

臭気強度[773]

臭気強度とは，臭気の強さを4段階，5段階，6段階，7段階，8段階などで示すものである。何段階に分けるかは学者によって異なるが，日本では，昭和45年に6段階によることが決まり，昭和46年に制定された悪臭防止法でも,「6段階臭気強度表示法」が採用された。

その6段階とは，具体的には以下の通りである[774]。

臭気強度0　…　無臭
　　　　1　…　やっと感知できるにおい（検知閾値濃度）
　　　　2　…　何のにおいであるかがわかる弱いにおい（認知閾値濃度）
　　　　3　…　らくに感知できるにおい
　　　　4　…　強いにおい
　　　　5　…　強烈なにおい

弱いにおいから強いにおいまでの間には,「何のにおいかはわからないが，何かのにおいがすることはわかる」段階と,「何のにおいであるかがわかる」段階とがある。前者が臭気強度1の検知閾値濃度であり，後者は臭気強度2の認知閾値濃度である。

臭気強度表示法は，悪臭防止法において，規制基準を定めるための基本的考え方として用いられており，臭気強度2.5～3.5に対応する特定悪臭物質の臭気濃度や臭気指数（これらの用語の意味についてはすぐ後で述べる）が敷地境界線の規制基準の範囲として定められている[775]。臭気強度2.5とは2と3の中間，3.5は3と4の中間を意味する[776]。

臭気濃度

1.8.1で述べた通り，においが無臭の空気中に広がって薄められてもなお感知できるかを決定する尺度が広播性である[777]。

臭気濃度とは，においのある空気を無臭の空気で臭気が感じられなくなるまで希釈したときの希釈倍数をいう。たとえば，臭気濃度1000とは，臭気を1000倍に希釈した場合に初めてにおいを感知できなくなることを示す[778]。

臭気強度表示法や快・不快度表示法が臭気のくささの程度を判定するのに対し，臭気濃度表示法はにおいの有無すなわちにおいがするかしないかを判断するといえる[779]。

臭気指数[780]

臭気指数とは，臭気濃度から以下の式で算出した数値である。

臭気指数$= 10 \times \log_{10}$［臭気濃度］

logは対数を示す記号であり，以下のように定義される。

aが1でない正の数，Xが正の数のとき，$a^P = X$となるPがただ一つ存在する。このとき，$P = \log_a X$（ログaのX）と表し，Pを対数，aを底(テイ)，Xのことを真数（シンスウ）という。

つまり，$\log_a X$とは「aを何乗すればXになるか」という数のことであり，たとえば，$\log_{10}10 = 1$，$\log_{10}100 = 2$，$\log_{10}100000 = 5$，$\log_{10}1 = 0$である。

従って，臭気濃度が1000のときには，臭気指数は　$10 \times \log_{10}1000 = 10 \times 3 = 30$である。

臭気指数は，臭気濃度に比べ，人間の感覚量に近い対応を示す尺度といわれている[781]。

なお，上記のように底が10である対数を常用対数といい，常用対数は底の10を省略して書くことができる（但し，常用対数以外にも底を省略して書くことができる対数があるので，底が省略されている対数がすべて常用対数であるわけではない)。

におい物質の濃度（刺激量）とにおいの感覚強度（感覚量）の関係(スティーブン則とウェーバー・フェヒナーの法則)[782]

人間の五感のうち，視覚・聴覚・触覚は物理的刺激を感じるので物理感覚といわれ，味覚と嗅覚は化学的刺激を感じるので化学感覚といわれる[783]。

測定された刺激量と感覚強度の関係については，スティーブン（Steven）則やウェーバー（Weber）・フェヒナー（Fechner）の法則が成り立つといわれている。

スティーブン則とは，感覚強度は刺激強度のべき乗（累乗）に比例するという説であり，

$$Y = a X^{n}$$

と表される。ここに，Y は感覚強度，X は刺激量，a は刺激固有の定数，n は感覚の種類により異なる定数である。

嗅覚においては，n が 0.5 に近い値であったことから，n = 0.5 とすると，$Y = a\sqrt{X}$ となり，感覚強度は刺激量の平方根に比例することになる。

次に，ウェーバー・フェヒナーの法則は，ウェーバーの法則とフェヒナーの法則を合体させたものであり，以下の式で示される（常用対数の底は省略している）。

$$Y = a \log X + b$$

ここに，Y は感覚強度，X は刺激量，a 及び b は刺激固有の定数であり，におい物質や測定方法によって異なる。

現在，嗅覚の領域では主としてウェーバー・フェヒナーの法則を用いる。

ウェーバー・フェヒナーの法則の式は対数関数なので，方眼紙上でグラフにすると放物線を描く。

図 28　ウェーバー・フェヒナーの法則のグラフ (1)（川崎他・嗅覚とにおい物質 42 頁）

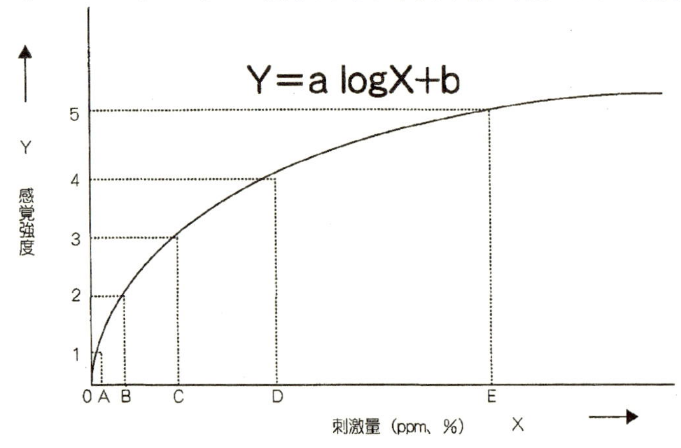

上のグラフは，感覚強度の尺度である 6 段階臭気強度表示法とにおい量（刺激量）との関係を示すものである。A，B，C，D の各点はそれぞれ臭気

強度 1，2，3，4 に対応する。E 点以降の領域は，においの量が少々増えても感覚的には強くなったと感じられなくなってしまう。

におい物質のうち，あるものは比較的低濃度で放物線が寝てしまい，そこからは濃度を増してもにおいが強くならないが，あるものは，比較的高濃度まで放物線の勾配があるので，濃度を増すとにおいが強くなる。一般的には，前者はにおいが弱い化合物といわれ，後者はにおいが強い化合物といわれる。

においの濃度が濃くなり，グラフが横になった領域では，刺激量が少々増えても感覚としては強くなったという弁別ができないことを意味する。つまり,「におい物質の濃度をあげていけば，感じるにおいの強度は際限なく強くなる」というわけではない。もしそうであれば，人間はにおい刺激で卒倒してしまうだろうし，場合によっては，におい刺激から逃れるために呼吸を止めて窒息死してしまうことも想像される。身を守るために生体が身につけた術とも考えられる。

ウェーバー・フェヒナーの法則が意味することは，臭気成分の濃度をかなり除去しても，感覚強度の低減効果は小さいということである。

図 29　ウェーバー･フェヒナーの法則のグラフ (2)(川崎他･嗅覚とにおい物質 44 頁)

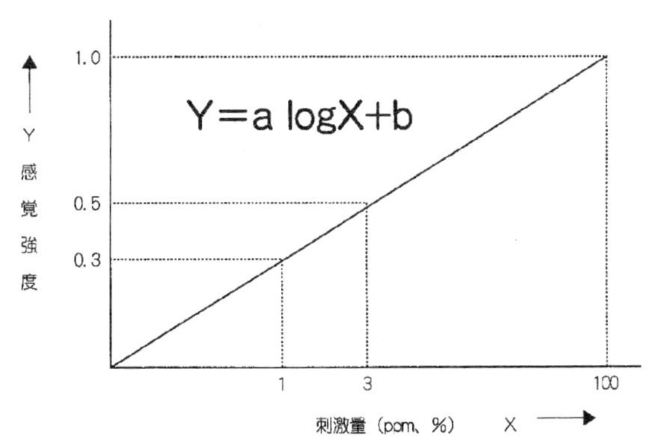

上のグラフは，ウェーバー・フェヒナーの法則を対数方眼紙に示したものである。横軸の ppm は刺激量の百万分率である。(注)

(注) 対数方眼紙[784]

対数方眼紙とは，対数目盛の方眼紙である。縦横ともに対数目盛りのものを全対数方眼紙，略して対数方眼紙といい，縦横の一方だけのものを半対数方眼紙という。上のグラフは半対数方眼紙である。

このグラフから，たとえばある臭気が100 ppm存在しているときに1.0の臭気の強さを感じたとすると，その臭気を何らかの方法で除去して3 ppmの濃度にしたときに0.5の強さになったと感じることがわかる。つまり，97%の臭気除去をしても当初の臭気の強さが半減したと感じるに過ぎないということである。99%の臭気除去をしても，当初の臭気の強さが3割になったと感じるだけである。

このように，ウェーバー・フェヒナーの法則は，臭気を除去することにより消臭（感覚強度の低下）を実現させることの難しさを示している。

なお，この関係は感覚器が正常に機能する範囲に限られており，閾値以下の非常に弱い刺激や感覚が飽和してしまう高濃度の刺激に対しては当てはまらない。また，これは単一物質の関係であり，複合臭については単純にこの関係式では表せない[785]。

1.8.5　機器分析法と嗅覚測定法

両方式の比較

臭気を測定する方法として，人間の嗅覚を用いてにおいを総体として把握する嗅覚測定法と，アンモニアや硫化水素といった悪臭の原因となる個々の物質を機器で測定する機器分析法がある[786]。1.8.4で述べた臭気強度や，臭気濃度，臭気指数は，嗅覚測定法による指標である。

環境省の臭気指数規制ガイドラインは，嗅覚測定法と機器分析法の長所・短所を以下のように整理している[787]。

測定法の長所・短所

	嗅覚測定法	機器分析法
長所	・数十万種あるといわれるにおい物質に対応できる。 ・法則性のない複合臭の相乗・相殺作用についても評価ができる。 ・嗅覚を用いているということで，結果の数値にイメージがわきやすい。 ・人の嗅覚に対応するだけの検出下限が得られる。 ・設備費が安価である。	・精度を確保するのが原理的に容易である。 ・ガスクロマトグラフ質量分析計を用いればある程度主要成分の定性分析も可能である。 ・物質によっては連続測定が可能である。 ・多数の検体を短時間で測定できる。 ・物質の種類ごとの濃度が定量できる。

	嗅覚測定法	機器分析法
短所	・標準となるにおいがなく，精度管理に技術を要する。 ・主要成分の寄与率の推測には不向きである。 ・連続測定ができない。 ・試験実施者（オペレーター）の知識や経験が必要である。	・単一物質以外の場合には，感覚量との相関関係が得られない。 ・あるにおいを構成する未知のにおい物質をすべて定性・定量するのは不可能な場合が多い。 ・物質によっては人の閾値に比べて測定下限が高く，測定自体が困難である。 ・設備費が高価である。

嗅覚測定法は，欧米においては古くからにおいの測定法として用いられている。日本では，宮城県が魚腸骨処理場からの悪臭に対応するため，いち早く「食塩水平衡法」を昭和41年に公害防止条例に採用した。また，海外ではASTM注射器法やオルファクトメータ法等の嗅覚測定法が広く用いられていた[788]。

昭和46年の悪臭防止法の制定時（施行は昭和47年5月31日）には，これらの嗅覚測定法は測定精度・誤差等に問題があるとして採用が見送られ[789]，機器分析法による規制が採用されたが，平成7年の悪臭防止法の改正により，嗅覚測定法による規制を行うことができるようになった。この経緯については2.1で述べる。

嗅覚測定法としては，東京都で開発された嗅覚測定法である「三点比較式臭袋法」(さんてんひかくしきにおいぶくろほう）が採用された。(注)

現在は，機器分析法と嗅覚測定法のいずれかによって悪臭の規制がされる。その詳細については第2章で述べる。

（注）東京都における三点比較式臭袋法の開発[790]

東京都が悪臭公害問題と本格的に取り組んだのは，昭和39年の墨田区の化製場（魚腸骨処理場）対策からであった。当初は，悪臭をその原因となる悪臭物質の主要な成分構成，成分濃度比等の側面からとらえようと試みたが，化学分析法やガスクロマトグラフ法による測定結果と地域住民の被害感とのずれが問題となり，嗅覚測定法の検討を始めた。始めはＡＳＴＭ注射器法から調査，研究を行い，その後三点比較式臭袋法を確立し，昭和48年から指導標準として指導を開始し，昭和52年に条例化した。この方法は東京都の他にも多くの地方公共団体で条例や指導要綱等の測定法に採用され，その後，悪臭防止法の臭気指数規制に導入された。

三点比較式臭袋法[791]

悪臭防止法が採用している三点比較式臭袋法の内容の概要は，以下の通りである。

6人以上のパネル（嗅覚測定を実施する際ににおいを嗅ぎ分ける検査員のことをいう[792]。前述の5基準臭を用いた嗅覚検査に合格した人を選定する）に，それぞれ容量3リットルのポリエステル製におい袋を3個用意する。そのうちの1つには，ある倍数に希釈した試料，残りの2つには無臭の空気を入れる。各パネルは，どの袋がにおうかを判定する。

最初はどのパネルも正解できる比較的濃い濃度で行い，順次3倍ずつ希釈倍数を上げてテストを続け，パネル全員か，1名を除いた全員が不正解になったところでテストを終了する。パネルそれぞれの閾値を求めて，最大と最小の閾値をカットして，残りのパネル全員の閾値を平均して，パネル全体の閾値，臭気濃度，臭気指数を求める。

その計算式は以下の通りである。

まず，各パネルの閾値を以下の計算式により常用対数として求める。

$$X_a = \frac{(\log a_1 + \log a_2)}{2}$$

X_a：パネルの閾値

a_1：パネルの「正解」である最大の希釈倍数

a_2：パネルの「不正解」である希釈倍数

各パネルの閾値の最大値と最小値を除き，残りの閾値を平均したものをパネル全体の閾値X（常用対数表示）とする。

次に，次式によりXを変換し，臭気濃度Yを求める。

$$Y = 10^X$$

さらにYを次式により変換し，臭気指数Zを求める。

$$Z = 10 \log Y$$

（従って，$Z = 10X$）

三点比較式臭袋法の詳細な実施方法は，平成8年2月22日環境庁告示第7号「臭気指数及び臭気排出強度の算定の方法」の別表に詳細に規定されている。

この方法が「三点比較式」と呼ばれるのは，三点比較法を採用しているためである。三点比較法とは，官能検査法（人間の感覚［視覚・聴覚・嗅覚・味覚・触覚］によって品質の特性を測る，または人間の感覚の精度，感度を測るための方法[793]）の一つであり，２種の試料ＡとＢを識別するのに，どちらか一方を２個（偶数試料），他方を１個（奇数試料または半端試料）の計３個を１組としてパネルに呈示し，どれが異なる１個であるか，またはどの２個が同じであるかを当てさせる方法である。n 回の繰り返しで得られた正解数あるいは n 人のパネルで得られた正解数から２種の試料間に差があるか，またパネルにその差を識別する能力があるか等を判定する[794]。

1.9 脱臭技術

1.9.1 脱臭技術の分類

脱臭技術は，臭気物質を取り除くことによって臭いをなくすか弱める方法(臭気物質が有用な物質である場合には回収することもできる)，臭気物質を分解することにより無臭あるいは臭いの弱い物質に変化させる方法（分解してしまうため臭気物質の回収はできない)，ほかの臭いで臭気物質の臭いをおおい隠す方法に大別される。

また，脱臭法の原理で分類すると，物理・化学的方法，生物学的方法，消臭・脱臭剤法，希釈・拡散法がある[795]。

脱臭技術を説明している文献は多いが，取り上げる脱臭方法も，またそれらの方法についての説明内容も文献によってかなり異なっているため，それらを統合・整理し，一貫した説明をすることは難しい。

そこで，以下では，主に環境省の『臭気対策行政ガイドブック』48 頁の「脱臭装置の種類と概要及び対応業種」という一覧表に記載されている脱臭方法について，その一覧表の記載に基づいて説明し，必要に応じて他の文献で補足することにする。

上記の一覧表には，脱臭装置の種類として，大別して燃焼法，洗浄法，吸着法，生物脱臭法，消臭・脱臭剤法の 5 種類が掲載されている。(注)

（注）業種別悪臭対策

臭気対策行政ガイドブック 49 頁以下には，「近年苦情の多い業種や対策上問題になり易い主な業種など 10 業種・発生源」について，業種ごとに，対策の進め方と処理対策についての概要が記載されている。また，このガイドブック 58 頁には，環境省が作成した業種別の悪臭防止マニュアルの一覧表が記載されている。

1.9.2 燃焼法[796]

概要

燃焼法は，臭気物質を燃焼させて分解する方法であり，脱臭効率が高く，臭気物質濃度が高くても適用でき，操作もシンプルなため，広く使われている。また，排熱を回収できるという利点もある。

反面，燃料代や運転コストが高く，燃焼により生成する窒素酸化物や硫黄酸化物の処理が必要になるなどの短所もある。臭気物質を分解する方法なので，回収することはできない。

燃焼法には，直接燃焼法，蓄熱式燃焼法，触媒燃焼法の３種類がある。

直接燃焼法

直接燃焼法は，燃焼室において臭気物質を高温度（臭気対策行政ガイドブック 48 頁の一覧表では約 750℃とされているが，約 700 ~約 900℃，あるいは約 650℃~約 800℃と述べる文献もある）で燃焼・酸化分解させることにより，臭気物質を無害無臭の炭酸ガス（二酸化炭素）と水（水蒸気）に分解して脱臭する方法である。

たとえば，シンナーのにおいがするトルエン（$C_6H_5CH_3$）は，燃やされると次のように反応する。

$$C_6H_5CH_3 \quad + \quad 9O_2 \quad \rightarrow \quad 7CO_2 \quad + \quad 4H_2O$$

この方法では，臭気物質の発火温度以上に燃焼温度を保持し，滞留時間（臭気物質が燃焼室内に留まっている時間で，燃焼反応に必要な時間を意味する）が保てるようになっていれば，臭気成分はほぼ瞬時に酸化分解し，脱臭される。

この方法は，触媒を用いないため触媒毒の影響もなく，広範囲の臭気や有機溶剤，VOC（揮発性有機化合物）の処理に適用でき（ほとんどの有機物質の処理が可能である），99% 以上の高い脱臭効果が得られ，脱臭効率の経年劣化がないことが長所である。他方，燃料代がかさむため，廃熱回収をしなければランニングコストが高い欠点がある。また，燃焼温度が高いため，他方式と比較すると窒素酸化物の排出量が若干多い。

対応業種は，化製場，塗装，印刷，パルプ工場である。

蓄熱式燃焼法

蓄熱式燃焼法は，直接燃焼法の燃料消費量を改善する方式の燃焼脱臭法である。燃焼による脱臭後，高温の排ガスを高い熱交換比率を持つ蓄熱体（金属やセラミック）に通すことにより，排ガスのもつ熱量を蓄熱体に吸収させ，その熱で燃焼室に入る前の排ガスを昇温させて燃焼室で脱臭する。直接燃焼法と組み合わせた方式であり，処理温度 800 ～ 1,000 ℃で処理し，蓄熱剤による熱交換により 85%～ 95%の熱回収を行える。

この方式は，燃料費が大幅に低減され，経済的な脱臭が可能であり，窒素酸化物や硫黄酸化物の発生が少ないこと，また，処理ガスの廃熱を，蒸気，温水，熱風回収などの廃熱回収システムと組み合わせることにより，省エネ運転が可能になることが長所である。短所としては，広い設置スペースが必要であることや，重量が大きいことがある。

対応業種は，塗装，印刷，ラミネート，化学工場である。

触媒燃焼法

触媒燃焼法は，ヒーターと貴金属メタルハニカム触媒（白金系，パラジウム系，鉄・マンガン系など）を組み合わせることにより，直接燃焼法に比べて低温で臭気ガスを燃焼（接触酸化分解）させて無臭・無害化する方法である（温度については，悪臭防止行政ガイドラインは 250 ～ 350℃とするが，250 ～ 400℃，150 ～ 350 ℃あるいは 200 ～ 330 ℃と説明する文献もある）。

燃焼温度が低いため，ランニングコストが低いし，窒素酸化物の発生の心配もない。

他方，被毒性物質（触媒を劣化させる物質）の混入により，前処理剤の設置などが必要であること，触媒劣化への対策として触媒の洗浄などのメンテナンスコストがかかること，触媒が高価なため，イニシャルコストが高くなること，触媒反応熱により，耐熱対策が必要であること等の短所がある。

対応業種は，印刷，塗装，インキ製造，医薬品，食品加工業である。

1.9.3　洗浄法（吸収法）[797]

洗浄法は，薬剤をスプレーして，臭気物質を含むガスに接触させ，化学反応によって脱臭するか，あるいはガスに含まれている臭気物質を液中に物理的に溶解させる方法である。

悪臭物質の種類によって，水・酸・アルカリ・酸化剤水溶液等を使用する。これらのうち，水を用いる方法は，化学反応が起こらないので，物理的に溶解させる方法であり，薬液を用いる方法は，溶解した臭気成分と薬液中の化学成分との反応が起こるので，化学反応による吸収方法である[798]。

脱臭効果が安定していること，設備費・運転費が安価であること，ミスト・ダストも同時処理が可能であること，ガスの冷却効果があること等の長所があるが，洗浄廃液の処理が必要であることや，薬液洗浄の場合には薬液の安全性や装置の腐食対策が問題になること，薬液濃度調整や計器点検等の日常管理がシビアに必要であること等の短所がある。

対応業種は，下水処理場，し尿処理場，ごみ処理場，食料品製造，化学工場，畜産農業，と畜場，ビルピットである。

1.9.4 吸着法[799]

概要

吸着法は，活性炭などの粒子内部に細孔を持つ吸着剤に，臭気物質を吸着させ臭気を除去する方法である。回収・濃縮・交換の３つの方式がある。

吸着法は比較的臭気成分が低濃度の場合に適用され，設備費が比較的安価であり，ランニングコストも安いため，広範囲に適用されているが，脱臭性能は燃焼法に比べると若干劣る。

回収方式

回収方式は，臭気物質を吸着後，臭気物質を脱着して，吸着剤は劣化するまで再使用する方式である。脱着した臭気物質は，冷却・凝縮して液体の状態で回収する。適用される吸着剤は活性炭である。回収した溶剤などを再利用できる利点がある。

回収方式には，吸着装置が固定床式のものと，流動床式のものとがある。

固定床式回収装置は，活性炭を充塡した複数の塔を切り換えながら吸着し，水蒸気で脱着し，冷却凝縮して回収する方式である。長所として，歴史が古く実績が多いこと，操作が簡単であること，設置面積は広くなるが高さが低いこと，ガス流量や濃度の変化への対応が容易であることがあげられるが，短所としては，廃水が多量に発生するため廃水処理が必要であること，ケトン系溶剤の発火防止対策が必要であること，ミストが混入して閉塞を起こすこと，排ガス温度が高いと吸着効率が低下すること，高沸点物質による活性炭の劣化が起こること，水溶性溶剤の回収溶剤は水分が多量に溶解して薄まることがあげられる。適用業種は，塗装，印刷，接着，塗料・インク・テープ製造，クリーニング業である。

流動床式回収装置は，流動床吸着部が移動床脱着部の上に載っている構造で，活性炭が循環する連続回収装置である。脱着ガスは窒素を用いる。

この流動床式回収装置の長所は，廃水がほとんど発生しないこと，ケトン溶剤も安全に回収できること，回収溶剤中の水分が少ないことである。反面，短所は，装置の高さ（物理的な高さ）が高いこと，風量が大幅変動するときには風量制御装置が必要であること，ミストが混入して閉塞を起こすこと，排ガス温度が高いと吸着効率が低下すること，高沸点物質による活性炭の劣化が起こること，ガス流量や濃度の変化への対応が容易でないことである。

対応業種は，塗装，各種印刷，接着，テープ，FRP 加工業，ドライクリーニング等である。

濃縮方式

濃縮方式は，ハニカムローター吸着装置を使用する方式である。活性炭やゼオライト（結晶中に微細孔を持つアルミノケイ酸塩の総称[800]）を担持させたハニカムローターを，吸着（処理）・脱着（再生）・冷却の 3 つのゾーンに区分された装置内で連続的に回転させる（1 時間に 1 ～ 5 回転の非常に低速のケースが多い）。これに向かって，臭気ガスと脱着用ガス（熱風）を反対方向に流す。

臭気物質を含む排ガスは，プレフィルター等で前処理された後，吸着ゾーンを通過し，臭気物質が吸着除去される。臭気物質を吸着したローターは脱着ゾーンに回転移動し，脱着用ガス（熱風）で臭気物質を脱着し再生され，さらに冷却ゾーンに回転移動し，冷却空気により冷却される。冷却ゾーンを通過した空気は加熱され，再生用の空気として使用される。一方，臭気物質は脱着ゾーンで脱着され，5 ～ 20 倍に濃縮される。

濃縮方式の長所は，大風量の排ガスも経済的に処理できること，装置がコンパクトであり，建設費及び運転費が安価であること，保守保全が簡単であること，作業室の脱臭も可能であることである。他方，短所は，活性炭劣化物質が多量に含まれる場合は不可能であること，ミストが混入して閉塞を起こすこと，排ガス温度が高いと吸着効率が低下すること，高沸点物質による活性炭の劣化が起こることである。なお，発火の可能性があるケトン系溶剤の場合にはゼオライトを用いる。

対応業種は，流動式回収装置と同じく，塗装，各種印刷，接着，テープ，FRP 加工業，ドライクリーニング等である。

交換方式

交換方式は，吸着剤や酸化剤を充填し，通風して脱臭する方法である。充填剤の効果がなくなれば，再生または新品と交換する。

長所は，装置がコンパクトで安価であり，取扱いも簡単であることである。短所は，超低濃度の臭気物質に限定される（濃度が高いと交換費用が高価になるため）こと，ミストが混入して閉塞を起こすこと，排ガス温度が高いと吸着効率が低下することである。

対応業種は，下水処理場，ごみ処理場，食品加工，ペットショップ，ゴム工場，プラスチック製造業等である。

1.9.5　生物脱臭法[801]

概要

生物脱臭法は，微生物が臭気物質を栄養源及びエネルギー源に使うために取り込むのを利用して，排ガス中の臭気成分を分解処理する技術である。運転コストが安く，省資源，省エネルギーで維持管理が容易であり，地球環境にも優しい技術である。

生物脱臭法の反応は，

臭気物質（C，H，S，P，N）＋ O_2 ＋ 無機栄養源 → 微生物（増殖）＋ CO_2 ＋ H_2O

と書ける。

生物脱臭法には，土壌脱臭法，腐植質脱臭法，充てん塔式脱臭法，活性汚泥ばっ気脱臭法，スクラバー脱臭法がある。

土壌脱臭法

土壌脱臭法は，悪臭を土壌に通風して土壌中の微生物により分解脱臭する方法である。通常は低濃度臭気に適用される。

方法の一例を述べると，地下１m程度のところに臭気を排出する配管を引き，その配管の上に砂利などを敷き，その上 50 cm 程度に黒土などで層を作る。臭気はその配管を通り，砂利層を経て，黒土層に送られる。送られた臭気は厚さ 30 cm ～ 1 mの土壌層を通過して大気中に放出される。臭気は土壌中を通過する際に，土壌中の微生物により分解される。土壌としては黒ぼく土などが広く使われているが，微生物の数が多いコンポスト土壌や通気性に優れたピートなども使われている[802]。

運転費が非常に安価であること，維持管理が容易であること，土壌の上層は花畠等，緑地に利用可能であることが長所である。反面，処理可能な悪臭物質に制限があること，降雨時に通気抵抗が大きくなり，リークが生じること，広いスペースが必要であることが短所である。
対応業種は，下水処理場，し尿処理場，化製場，浄化槽，動物飼育，堆肥等である。

腐植質脱臭法

腐植質脱臭法は，悪臭を腐植質脱臭剤に通風して腐植質との化学反応及び生物反応で脱臭する方法である。
長所は，装置費が安価であること，運転操作が簡単であること，悪臭中の湿度が高いほど脱臭効果が大きいこと，廃液が生じないことである。短所は，物理吸着主体の臭気に弱いこと，中濃度以下に限定されること（高濃度では，運転費が非常に高価）である。
対応業種は，下水処理場，し尿処理場，ごみ処理場，浄化槽，化学工場，畜産農業，ビルピット等である。

充てん塔式脱臭法

充てん塔式脱臭法は，小さなセラミックスやプラスチックなどの担体（大きさは数 mm ~ 2 cm）の表面に微生物を付着させ，それらを充填した塔の中に臭気を通して脱臭する方法である。
長所は，装置がコンパクトであること，維持管理が容易であること，運転費が非常に安価であることである。短所は，処理できる悪臭物質に制限があること，微生物の馴致期間が必要であること，酸性廃液処理が必要な場合があることである。
対応業種は腐植質脱臭法と同じで，下水処理場，し尿処理場，ごみ処理場，浄化槽，化学工場，畜産農業，ビルピット等である。

活性汚泥ばっ気脱臭法

活性汚泥ばっ気脱臭法は，悪臭を水に溶解させ，その水溶液を微生物により分解脱臭する方法である。長所は，ばっき槽があれば特別な装置は不要であること，運転費が非常に安価であることである。短所は，ばっき槽を別に設置する必要があること，微生物の馴致期間が必要であること，pH の調整，汚泥の更新や追加が必要な場合があることである。
対応業種は，し尿処理場，化学工場等で活性汚泥処理装置を有する施設である。

スクラバー脱臭法

スクラバー脱臭法は，悪臭を汚慌泥と接触させ，汚泥中の微生物により分解脱臭する方法であり，装置がコンパクトであること，維持管理が容易であること，運転費が非常に安価であることが長所である。短所は，ばっき槽を別に設置する必要があることである。

対応業種は，塗装，鋳造，有機肥料製造業等である。

1.9.6　消臭・脱臭剤法[803]

消臭・脱臭剤法は，悪臭に消臭・脱臭剤を噴霧，混入し，発生源に散布，被覆，滴下させ，臭気レベルの低下や脱臭をする方法である。

工場でも一般家庭でも，消臭・脱臭剤は広く使われている。消・脱臭剤にはさらに細かい呼び名があるが，芳香消臭脱臭剤協議会では，以下のように用語を定義している（一般消費者用芳香・消臭・脱臭剤の自主基準，芳香消臭脱臭剤協議会，2004. p4[804]）。

芳香剤：空間に芳香を付与するもの
消臭剤：臭気を化学的・生物的作用等で除去または緩和するもの
脱臭剤：臭気を物理的作用等で除去または緩和するもの
防臭剤：他の物質を添加して臭気の発生や発散を防ぐもの

この方法は，簡便で安価であり，低濃度臭気に効果がある。他方，高濃度臭気には不適である。また，臭気に合った消臭・脱臭剤の選定が必要である。

対応業種は，畜産農業，ごみ処理場，下水処理場，食料品製造，印刷，食品加工業，ペットショップ，ごみ置場，ビルピット，堆肥等である。

1.9.7　希釈・拡散法[805]

臭気対策行政ガイドブック 48 頁の一覧表には掲載されていない方法であるが，希釈・拡散法は，臭いを感じなくなる程度まで希釈して薄めてしまう方法であり，工場の煙突はこの希釈効果をねらったものである。①煙突（排気口）の高さが高いほど，②煙突から排出される臭気の温度が高いほど，③煙突から飛び出る吐出速度が大きいほど，臭気の希釈効果は大きい。

臭気対策としては，一般的には上向きが最も適しており，上向き以外のタイプは臭気が上空に高く舞い上がることによる高い希釈効果を妨げるので，適していない。

有害ガス対策とは異なり，悪臭対策としては煙突を高くしたり上向きにしたりする方法は非常に有効であり，日常のメンテナンスがほとんどいらないこと，またランニングコストもかからないメリットがある。

1　左巻他・教科書 14 頁，齋藤・有機化学がわかる 12 頁
2　左巻他・教科書 16 頁，新しい科学の教科書化学編 15 頁
3　左巻他・教科書 20 頁
4　左巻他・教科書 14 頁，化学入門編 3 頁，三田・不思議な旅 32 頁
5　京極・ほんとうの使い道 18 頁
6　化学入門編 3 頁
7　宮本他・有機化学 1 頁
8　岡野・理論化学 21 頁
9　宮本他・有機化学 1 頁
10　宮本他・有機化学 3 頁
11　宮本他・有機化学 3 頁
12　吉野・高校化学 15 頁
13　宮本他・有機化学 4 頁
14　大野他・化学入門 2 頁
15　ビジュアル化学 12 頁
16　三田・不思議な旅 10 頁，左巻他・教科書 25 頁
17　三田・不思議な旅 16 頁
18　三田・不思議な旅 14 頁
19　中川・化学の基礎 6 頁
20　左巻他・教科書 26 頁，化学入門編 55 頁
21　左巻他・教科書 26 頁
22　ビジュアル化学 12 頁
23　ビジュアル化学 12 頁
24　旺文社化学事典 283 頁
25　大野他・化学入門 3 頁
26　ビジュアル化学 12 頁
27　大野他・化学入門 3 頁
28　ビジュアル化学 14 頁
29　渡辺他・教わりたかった化学 17 頁
30　渡辺他・教わりたかった化学 18 頁
31　完全図解周期表 80 頁，スクエア図説化学 50 頁
32　齋藤・元素 20 頁，化学入門編 55 頁，完全図解周期表 12 頁，渡辺他・教わりたかった化学 18 頁
33　吉野・高校化学 18 頁
34　渡辺他・教わりたかった化学 18 頁
35　左巻他・教科書 26 頁，齋藤・有機化学がわかる 13 頁
36　齋藤・有機化学がわかる 13 頁
37　京極・ほんとうの使い道 18 頁
38　京極・ほんとうの使い道 35 頁，36 頁
39　大野他・化学入門 4 頁
40　スクエア図説化学 51 頁

41　化学入門編 11 頁
42　岡野・理論化学 9 頁
43　化学入門編 12 頁
44　旺文社化学事典 348 頁
45　齋藤・有機化学がわかる 13 頁，完全図解周期表 16 頁
46　吉野・高校化学 18 頁，齋藤・元素 16 頁
47　ビジュアル化学 31 頁，京極・ほんとうの使い道 21 頁)
48　ビジュアル化学 34 頁
49　中川・化学の基礎 7 頁
50　化学入門編 61 頁
51　中川・化学の基礎 7 頁
52　渡辺他・教わりたかった化学 17 頁
53　平成 28 年理科年表 490 頁
54　完全図解周期表 12 頁
55　ビジュアル化学 34 頁
56　化学入門編 60 頁
57　吉野・高校化学 19 頁
58　齋藤・元素 18 頁
59　中川・化学の基礎 1 頁
60　京極・ほんとうの使い道 22 頁
61　中川・化学の基礎 1 頁
62　齋藤・有機化学がわかる 80 頁
63　齋藤・きほん 72 頁
64　完全図解周期表 84 頁
65　左巻他・教科書 28 頁，中川・化学の基礎 2 頁
66　化学入門編 59 頁
67　化学入門編 62 頁
68　中川・化学の基礎 9 頁
69　京極・ほんとうの使い道 23 頁
70　中川・化学の基礎 9 頁
71　スクエア図説化学 22 頁
72　ビジュアル化学 32 頁，京極・ほんとうの使い道 23 頁
73　ビジュアル化学 32 頁
74　化学入門編 5 頁
75　吉野・高校化学 25 頁，大野他・化学入門 12 頁
76　大野他・化学入門 13 頁
77　大野他・化学入門 12 頁
78　左巻他・教科書 55 頁，中川・化学の基礎 21 頁
79　京極・ほんとうの使い道 56 頁
80　吉野・高校化学 25 頁
81　中川・化学の基礎 21 頁・50 頁
82　吉野・高校化学 25 頁
83　京極・ほんとうの使い道 58 頁
84　吉野・高校化学 25 頁，大野他・化学入門 15 頁
85　岡野・理論化学 27 頁
86　完全図解周期表 36 頁
87　岡野・理論化学 28 頁
88　齋藤・元素 31 頁
89　旺文社化学事典 143 頁

90　岡野・理論化学 23 頁，宮本他・有機化学 13 頁
91　旺文社化学事典 143 頁，岡野・理論化学 23 頁，京極・ほんとうの使い道 54 頁，化学入門編 57 頁
92　化学入門編 57 頁
93　京極・ほんとうの使い道 54 頁
94　化学入門編 57 頁
95　化学入門編 58 頁
96　化学入門編 58 頁
97　宮本他・有機化学 13 頁
98　化学入門編 57 頁
99　齋藤・元素 31 頁
100　化学入門編 67 頁・71 頁
101　旺文社化学事典 117 頁。齋藤・元素 34 頁も同旨。
102　旺文社化学事典 317 頁，大野他・化学入門 15 頁
103　齋藤・「化学」がわかる 82 頁
104　京極・ほんとうの使い道 59 頁
105　齋藤・元素 34 頁
106　京極・ほんとうの使い道 59 頁
107　大野他・化学入門 15 頁
108　旺文社化学事典 250 頁
109　7 時間でわかる本 9 頁
110　7 時間でわかる本 10 頁
111　中川・化学の基礎 10 頁
112　櫻井・元素 24 頁
113　金原・基礎化学 28 頁
114　化学入門編 63 頁
115　金原・基礎化学 28 頁，齋藤・元素 20 頁，完全図解周期表 8 頁，12 頁
116　岡野・理論化学 18 頁，吉野・高校化学 20 頁，大野他・化学入門 6 頁，スクエア図説化学 23 頁，櫻井・元素 24 頁
117　京極・ほんとうの使い道 21 頁
118　岡野・理論化学 18 頁，吉野・高校化学 20 頁
119　旺文社化学事典 277 頁，岡野・理論化学 18 頁，大野他・化学入門 2 頁，京極・ほんとうの使い道 23 頁
120　化学入門編 12 頁
121　左巻他・教科書 27 頁
122　吉野・高校化学 18 頁，
123　化学入門編 8 頁
124　電子辞書版百科事典マイペディアの「ミクロン」の項目
125　化学入門編 12 頁
126　齋藤・元素 17 頁，吉野・高校化学 18 頁
127　化学入門編 60 頁
128　吉野・高校化学 18 頁，ビジュアル化学 22 頁，福間・復習する本 28 頁
129　化学入門編 60 頁
130　完全図解周期表 8 頁
131　完全図解周期表 38 頁
132　中川・化学の基礎 7 頁
133　齋藤・元素 19 頁
134　京極・ほんとうの使い道 24 頁，大川・勉強法 43 頁
135　左巻他・教科書 50 頁

136 齋藤・元素 25 頁

137 中川・化学の基礎 13 頁

138 渡辺他・教わりたかった化学 39 頁

139 旺文社化学事典 368 頁

140 渡辺他・高校で教わりたかった化学 39 頁，吉野・高校化学 23 頁

141 吉野・高校化学 21 頁

142 岡野・理論化学 14 頁

143 岡野・理論化学 16 頁

144 旺文社化学事典 368 頁

145 渡辺他・教わりたかった化学 39 頁

146 吉野・高校化学 21 頁

147 旺文社化学事典 88 頁

148 福間・復習する本 36 頁

149 齋藤・元素 27 頁

150 吉野・高校化学 21 頁

151 大野他・化学入門 9 頁，岡野・理論化学 27 頁

152 吉野・高校化学 22 頁

153 吉野・高校化学 23 頁，齋藤・元素 26 頁

154 中川・化学の基礎 14 頁

155 中川・化学の基礎 15 頁

156 山本他・よくわかる化学 32 頁，ビジュアル化学 25 頁

157 中川・化学の基礎 15 頁

158 福間・復習する本 30 頁・32 頁

159 渡辺他・教わりたかった化学 30 頁，中川・化学の基礎 17 頁

160 福間・復習する本 39 頁

161 福間・復習する本 39 頁

162 吉野・高校化学 26 頁

163 大野他・化学入門 10 頁

164 大野他・化学入門 11 頁

165 左巻他・教科書 61 頁

166 岡野・理論化学 31 頁

167 中川・化学の基礎 31 頁

168 岡野・理論化学 32 頁

169 ビジュアル化学 46 頁，完全図解周期表 73 頁

170 左巻他・教科書 28 頁

171 完全図解周期表「はじめに」

172 完全図解周期表 73 頁，齋藤・元素 276 頁

173 完全図解周期表 70 頁

174 完全図解周期表 162 頁

175 IUPAC のウェブサイト（http://iupac.org/）で検索して，2015 年 12 月 30 日付の “Discovery and Assignment of Elements with Atomic Numbers 113, 115, 117 and 118” という記事

176 IUPAC のウェブサイトで検索して，“IUPAC Announces the Names of the Elements 113, 115, 117, and 118” という記事

177 理化学研究所のウェブサイト（http://www.riken.jp/）で検索して，「2016 年 11 月 30 日　113 番元素の名称・記号が正式決定」という記事

178 完全図解周期表 85 頁

179 齋藤・元素 271 頁

180 完全図解周期表付録，齋藤・元素 272 頁，平成 28 年理科年表 380 頁

181 渡辺他・教わりたかった化学 21 頁
182 渡辺他・教わりたかった化学 18 頁
183 東京化学同人化学辞典 89 頁
184 地球のしくみ 160 頁
185 地球のしくみ 161 頁
186 齋藤・元素 22 頁
187 スクエア図説化学 23 頁
188 地球のしくみ 160 頁
189 京極・ほんとうの使い道 145 頁
190 京極・ほんとうの使い道 145 頁
191 地球のしくみ 160 頁
192 齋藤・元素 23 頁
193 齋藤・元素 23 頁
194 京極・ほんとうの使い道 144 頁
195 齋藤・元素 21 頁・250 頁
196 左巻・化学の疑問 213 頁
197 齋藤・元素 24 頁
198 齋藤・元素 24 頁
199 京極・ほんとうの使い道 153 頁
200 齋藤・元素 23 頁
201 渡辺他・教わりたかった化学 21 頁
202 渡辺他・教わりたかった化学 21 頁
203 渡辺他・教わりたかった化学 21 頁
204 齋藤・「化学」がわかる 30 頁，櫻井・元素 44 頁
205 化学入門編 67 頁
206 化学入門編 68 頁
207 左巻他・教科書 64 頁
208 大川・勉強法 49 頁
209 左巻他・教科書 55 頁
210 左巻他・教科書 55 頁
211 化学入門編 80 頁，旺文社化学事典 242 頁
212 岡野・理論化学 3 6 頁，福間・復習する本 40 頁
213 左巻他・教科書 67 頁
214 化学入門編 69 頁
215 左巻他・教科書 64 頁
216 化学入門編 170 頁
217 スクエア図説化学 32 頁
218 京極・ほんとうの使い道 35 頁，福間・復習する本 60 頁
219 化学入門編 80 頁・168 頁
220 山本他・よくわかる化学 49 頁
221 山本他・よくわかる化学 49 頁
222 福間・復習する本 55 頁
223 左巻他・教科書 67 頁，岡野・理論化学 47 頁
224 福間・復習する本 26 頁
225 大野他・化学入門 16 頁
226 吉野・高校化学 33 頁
227 吉野・高校化学 33 頁，化学入門編 76 頁
228 岡野・理論化学 57 頁
229 吉野・高校化学 33 頁

230　化学入門編76頁
231　左巻他・教科書69頁，大野他・化学入門17頁
232　大野他・化学入門17頁
233　中川・化学の基礎32頁
234　左巻他・教科書69頁
235　左巻他・教科書69頁
236　山本他・よくわかる化学47頁，福間・復習する本58頁
237　福間・復習する本58頁
238　左巻他・教科書70頁
239　スクエア図説化学32頁
240　化学入門編82頁
241　福間・復習する本61頁
242　吉野・高校化学37頁
243　福間・復習する本61頁
244　ビジュアル化学5頁
245　化学入門編81頁
246　左巻他・教科書70頁
247　左巻他・教科書71頁
248　岡野・理論化学52頁
249　吉野・高校化学37頁
250　吉野・高校化学40頁，左巻他・教科書64頁
251　左巻他・教科書71頁
252　左巻他・教科書73頁
253　ビジュアル化学100頁
254　左巻他・教科書75頁，福間・復習する本61頁
255　左巻他・教科書75頁
256　中川・化学の基礎26頁
257　左巻他・教科書76頁
258　左巻他・教科書77頁
259　旺文社化学事典88頁・141頁，左巻他・教科書276頁
260　左巻他・教科書74頁
261　岡野・理論化学55頁，吉野・高校化学43頁
262　左巻他・教科書78頁
263　左巻他・教科書78頁
264　左巻他・教科書86頁，中川・化学の基礎38頁
265　山本他・よくわかる化学46頁
266　京極・ほんとうの使い道36頁
267　完全図解周期表57頁
268　完全図解周期表57頁
269　化学入門編71頁
270　山本他・よくわかる化学54頁
271　左巻他・化学の疑問161頁
272　吉野・高校化学45頁
273　旺文社化学事典266頁，岡野・理論化学42頁，福間・復習する本45頁
274　化学入門編70頁・83頁
275　左巻他・教科書87頁，中川・化学の基礎44頁
276　左巻他・教科書79頁
277　山本他・よくわかる化学49頁
278　福間・高校の化学を復習する本76頁，吉野・高校化学44頁

279　岡野・理論化学 67 頁，山本他・よくわかる化学 49 頁，吉野・高校化学 44 頁
280　山本他・よくわかる化学 49 頁
281　岡野・理論化学 72 頁
282　左巻他・教科書 85 頁
283　吉野・高校化学 44 頁
284　岡野・理論化学 68 頁
285　左巻他・教科書 97 頁
286　山本他・よくわかる化学 15 頁
287　大野他・化学入門 34 頁
288　京極・ほんとうの使い道 36 頁，山本他・よくわかる化学 61 頁，左巻他・教科書 81 頁
289　岡野・理論化学 79 頁
290　左巻他・教科書 83 頁，山本他・よくわかる化学 71 頁
291　左巻他・化学の疑問 171 頁
292　岡野・理論化学 81 頁，吉野・高校化学 42 頁
293　左巻他・教科書 82 頁
294　旺文社化学事典 328 頁
295　左巻他・教科書 80 頁
296　福間・復習する本 72 頁
297　左巻他・教科書 80 頁
298　福間・復習する本 79 頁
299　大野他・化学入門 25 頁
300　岡野・理論化学 88 頁，吉野・高校化学 41 頁，大野他・化学入門 25 頁
301　山本他・よくわかる化学 50 頁
302　山本他・よくわかる化学 60 頁
303　中川・化学の基礎 67 頁，化学入門編 43 頁
304　齋藤・「化学」がわかる 124 頁
305　化学入門編 32 頁・34 頁
306　化学入門編 44 頁・48 頁
307　化学入門編 34 頁，京極・ほんとうの使い道 36 頁・48 頁
308　スクエア図説化学 35 頁，福間・復習する本 83 頁
309　化学入門編 49 頁
310　金原・基礎化学 101 頁
311　平山・化学反応 10 頁
312　平山・化学反応 17 頁
313　旺文社化学事典 46 頁
314　福間・復習する本 89 頁
315　旺文社化学事典 371 頁
316　金原・基礎化学 101 頁
317　福間・復習する本 94 頁
318　化学入門編 50 頁・53 頁，左巻他・教科書 79 頁・94 頁
319　平山・化学反応 34 頁，東京化学同人化学辞典 303 頁
320　左巻他・教科書 102 頁
321　大野他・化学入門 34 頁，京極・ほんとうの使い道 40 頁
322　化学入門編 36 頁・39 頁・52 頁
323　左巻他・教科書 104 頁
324　大野他・化学入門 36 頁
325　左巻他・教科書 104 頁
326　大野他・化学入門 37 頁
327　大野他・化学入門 37 頁

328 吉野・高校化学 81 頁
329 吉野・高校化学 81 頁
330 化学入門編 95 頁
331 吉野・高校化学 79 頁
332 大野他・化学入門 36 頁
333 吉野・高校化学 79 頁
334 左巻他・教科書 105 頁
335 大野他・化学入門 36 頁，吉野・高校化学 80 頁
336 吉野・高校化学 80 頁
337 旺文社化学事典 368 頁
338 左巻他・教科書 106 頁
339 吉野・高校化学 80 頁
340 スクエア図説化学 55 頁
341 吉野・高校化学 80 頁
342 化学入門編 95 頁
343 化学入門編 96 頁
344 左巻他・教科書 107 頁
345 大野他・化学入門 39 頁
346 京極・使い道 40 頁
347 左巻他・教科書 105 頁
348 山本他・よくわかる化学 70 頁
349 山本他・よくわかる化学 71 頁
350 大野他・化学入門 38 頁
351 吉野・高校化学 98 頁，大野他・化学入門 45 頁
352 左巻他・教科書 58 頁
353 左巻他・教科書 58 頁
354 左巻他・教科書 123 頁
355 吉野・高校化学 99 頁，左巻他・教科書 127 頁
356 吉野・高校化学 103 頁，左巻他・教科書 128 頁
357 左巻他・教科書 128 頁
358 左巻他・教科書 129 頁
359 齋藤・「化学」がわかる 124 頁，旺文社化学事典 325 頁
360 化学入門編 36 頁
361 平山・化学反応 42 頁
362 左巻他・教科書 129 頁，大野他・化学入門 49 頁，吉野・高校化学 104 頁
363 大野他・化学入門 50 頁
364 旺文社化学事典 347 頁
365 左巻他・教科書 124 頁，吉野・高校化学 99 頁
366 左巻他・教科書 58 頁
367 大野他・化学入門 46 頁，吉野・高校化学 99 頁，左巻他・教科書 125 頁
368 大野他・化学入門 46 頁
369 吉野・高校化学 99 頁
370 左巻他・教科書 130 頁，大野他・化学入門 48 頁，用語と解説 129 頁・130 頁
371 京極・ほんとうの使い道 44 頁，旺文社化学事典 204 頁・417 頁
372 旺文社化学事典 417 頁
373 齋藤・「化学」がわかる 132 頁
374 山本他・よくわかる化学 16 頁
375 中川・化学の基礎 47 頁，吉野・高校化学 50 頁
376 齋藤・「化学」がわかる 146 頁

377　中川・化学の基礎 49 頁
378　中川・化学の基礎 50 頁
379　スクエア図説科学 40 頁
380　京極・化学ほんとうの使い道 24 頁
381　齋藤・「化学」がわかる 148 頁
382　岡野・理論化学 91 頁
383　中川・化学の基礎 51 頁
384　齋藤・「化学」がわかる 147 頁
385　吉野・高校化学 51 頁
386　大野他・化学入門 29 頁
387　中川・化学の基礎 52 頁
388　渡辺他・教わりたかった化学 81 頁
389　左巻他・教科書 42 頁
390　大野他・化学入門 29 頁
391　吉野・高校化学 53 頁
392　渡辺他・教わりたかった化学 10 頁
393　山本他・よくわかる化学 34 頁
394　中川・化学の基礎 53 頁・96 頁
395　中川・化学の基礎 55 頁
396　中川・化学の基礎 57 頁
397　京極・ほんとうの使い道 26 頁
398　中川・化学の基礎 60 頁
399　吉野・高校化学 55 頁，左巻他・教科書 49 頁，京極・化学のほんとうの使い道 26 頁
400　山本他・よくわかる化学 70 頁
401　左巻他・教科書 49 頁
402　大野他・化学入門 31 頁
403　化学入門編 35 頁
404　中川・化学の基礎 63 頁
405　化学入門編 91 頁
406　京極・ほんとうの使い道 28 頁
407　左巻他・教科書 93 頁
408　金原・基礎化学 102 頁
409　左巻他・教科書 120 頁，吉野・高校化学 87 頁
410　京極・ほんとうの使い道 30 頁
411　大野他・化学入門 44 頁，吉野・高校化学 89 頁
412　吉野・高校化学 96 頁，旺文社化学事典 408 頁，大野他・化学入門 43 頁
413　中川・化学の基礎 77 頁
414　大野他・化学入門 2 頁
415　左巻他・教科書 37 頁
416　左巻他・教科書 39 頁
417　大野他・化学入門 31 頁，中川・化学の基礎 78 頁
418　大野他・化学入門 31 頁
419　中川・化学の基礎 85 頁
420　中川・化学の基礎 86 頁
421　中川・化学の基礎 87 頁
422　大野他・化学入門 61 頁，旺文社化学事典 176 頁，金原・基礎化学 136 頁
423　金原・基礎化学 136 頁
424　金原・基礎化学 139 頁，左巻・教科書 175 頁
425　金原・基礎化学 130 頁

426 左巻・教科書 171 頁・175 頁，金原・基礎化学 136 頁
427 左巻・教科書 130 頁・156 頁
428 左巻・教科書 176 頁
429 金原・基礎化学 140 頁
430 旺文社化学事典 96 頁・169 頁，金原・基礎化学 145 頁
431 左巻他・教科書 182 頁，金原・基礎化学 145 頁
432 金原・基礎化学 145 頁
433 金原・基礎化学 146 頁
434 金原・基礎化学 146 頁
435 金原・基礎化学 147 頁，左巻・教科書 189 頁
436 旺文社化学事典 96 頁
437 福間・復習する本 101 頁
438 渡辺他・教わりたかった化学 9 頁・25 頁
439 金原・基礎化学 101 頁
440 平山・化学反応 10 頁，金原・基礎化学 101 頁
441 平山・化学反応 11 頁，金原・基礎化学 101 頁
442 東京化学同人化学辞典 660 頁
443 平山・化学反応 14 頁
444 東京化学同人化学辞典 1361 頁
445 旺文社化学事典 371 頁，金原・基礎化学 101 頁，左巻他・教科書 149 頁
446 金原・基礎化学 101 頁・110 頁
447 平山・化学反応 20 頁
448 金原・基礎化学 101 頁
449 福間・復習する本 91 頁
450 金原・基礎化学 101 頁
451 平山・化学反応 20 頁・23 頁
452 平山・化学反応 37 頁
453 左巻他・教科書 150 頁，渡辺他・教わりたかった化学 101 頁，金原・基礎化学 110 頁
454 左巻他・教科書 150 頁
455 平山・化学反応 39 頁
456 旺文社化学事典 77 頁
457 左巻他・教科書 149 頁
458 福間・復習する本 96 頁
459 左巻他・教科書 150 頁
460 福間・復習する本 101 頁
461 大野他・化学入門 58 頁，福間・高校の化学を復習する本 103 頁，旺文社化学事典 355 頁
462 吉野・高校化学 74 頁
463 吉野・高校化学 76 頁
464 平山・化学反応 42 頁
465 平山・化学反応 47 頁
466 平山・化学反応 49 頁
467 平山・化学反応 52 頁
468 平山・化学反応 52 頁
469 平山・化学反応 243 頁
470 金原・基礎化学 115 頁
471 平山・化学反応 59 頁
472 金原・基礎化学 115 頁
473 金原・基礎化学 102 頁

474　スクエア図説化学 57 頁
475　金原・基礎化学 102 頁
476　櫻井・元素 48 頁
477　スクエア図説化学 57 頁
478　金原・基礎化学 116 頁
479　平山・化学反応 198 頁，福間・復習する本 138 頁
480　平山・化学反応 220 頁・222 頁，齋藤・「化学」がわかる 180 頁
481　齋藤・「化学」がわかる 178 頁
482　化学入門編 26 頁
483　齋藤・有機化学がわかる 15 頁
484　左巻他・教科書 265 頁
485　宮本他・有機化学 57 頁
486　化学入門編 27 頁，大川・勉強法 240 頁，宮本他・有機化学 57 頁
487　左巻他・教科書 265 頁
488　齋藤・有機化学がわかる 15 頁
489　齋藤・有機化学がわかる 15 頁，左巻他・教科書 266 頁，旺文社化学事典 395 頁
490　米山他・有機化学が好きになる 29 頁，スクエア図説化学 162 頁
491　川端・ビギナーズ 3 頁
492　大川・勉強法 240 頁
493　化学入門編 26 頁
494　旺文社化学事典 396 頁
495　ビジュアル化学 86 頁
496　左巻他・教科書 239 頁，完全図解周期表 92 頁，齋藤・きほん 99 頁
497　旺文社化学事典 395 頁，齋藤・きほん 96 頁
498　旺文社化学事典 395 頁，齋藤・きほん 96 頁
499　齋藤・きほん 61 頁
500　齋藤・きほん 10 頁
501　福間・復習する本 240 頁
502　齋藤・きほん 10 頁，左巻他・教科書 266 頁
503　左巻他・教科書 266 頁
504　齋藤・きほん 11 頁
505　左巻他・教科書 266 頁，岡野・有機化学 128 頁，宇野・おさらいする本 33 頁
506　スクエア図説化学 162 頁
507　左巻他・教科書 266 頁
508　宮本他・有機化学 45 頁
509　齋藤・きほん 32 頁
510　木原・基本と仕組み 18 頁
511　馬場・基礎化学 27 頁，完全図解周期表 52 頁，齋藤・はじめて学ぶ 24 頁
512　左巻他・教科書 267 頁・276 頁，齋藤・有機化学がわかる 48 頁，岡野・有機化学 129 頁，山本他・よくわかる化学 105 頁
513　旺文社化学事典 88 頁
514　木原・基本と仕組み 88 頁
515　スクエア図説化学 162 頁，左巻他・教科書 264 頁・268 頁
516　左巻他・教科書 268 頁
517　左巻他・教科書 269 頁，スクエア図説化学 162 頁
518　旺文社化学事典 396 頁
519　左巻他・教科書 269 頁
520　左巻他・教科書 269 頁
521　京極・ほんとうの使い道 190 頁

522 山本他・よくわかる化学 24 頁
523 齋藤・有機化学がわかる 62 頁・66 頁，齋藤・きほん 68 頁
524 宮本他・有機化学 51 頁
525 木原・基本と仕組み 53 頁
526 宮本他・有機化学 51 頁，木原・基本と仕組み 55 頁
527 齋藤・きほん 70 頁
528 木原・基本と仕組み 54 頁，齋藤・きほん 71 頁，齋藤・有機化学がわかる 69 頁
529 木原・基本と仕組み 56 頁，齋藤･有機化学のきほん 70 頁
530 角・基礎化学 134 頁
531 齋藤・きほん 71 頁
532 宮本他・有機化学 47 頁
533 宮本他・有機化学 47 頁，旺文社化学事典 356 頁
534 左巻他・教科書 274 頁
535 旺文社化学事典 100 頁
536 旺文社化学事典 241 頁
537 金原・基礎化学 204 頁
538 旺文社化学事典 250 頁
539 旺文社化学事典 99 頁
540 齋藤・有機化学がわかる 103 頁
541 木原・基本と仕組み 45 頁
542 金原・基礎化学 209 頁
543 旺文社化学事典 241 頁，大野他・化学入門 126 頁
544 ビジュアル化学 104 頁
545 左巻他・教科書 274 頁
546 左巻他・教科書 270 頁・272 頁
547 福間・復習する本 238 頁
548 ビジュアル化学 105 頁
549 宮本他・有機化学 48 頁
550 左巻他・教科書 272 頁，宮本他・有機化学 47 頁，大野他・化学入門 124 頁，スクエア図説化学 163 頁
551 吉野・高校化学 216 頁
552 吉野・高校化学 216 頁
553 吉野・高校化学 221 頁
554 岡野・有機化学 133 頁，宮本他・有機化学 47 頁
555 大野他・化学入門 124 頁，左巻他・教科書 290 頁（脂肪族炭化水素の大項目の中に，脂環式炭化水素の小項目を入れている），宇野・おさらいする本 72 頁，吉野・高校化学 217 ～ 218 頁，京極・ほんとうの使い道 197 頁
556 金原・基礎化学 219 頁
557 スクエア図説化学 163 頁
558 京極・ほんとうの使い道 197 頁
559 大野他・化学入門 124 頁，左巻他・教科書 273 頁，旺文社化学事典 241 頁
560 宮本他・有機化学 49 頁，大野他・化学入門 125 頁
561 大川・勉強法 242 頁
562 宇野・おさらいする本 66 頁
563 金原・基礎化学 215 頁
564 宮本他・有機化学 50 頁
565 大野他・化学入門 125 頁
566 宮本他・有機化学 50 頁
567 宮本他・有機化学 49 頁

568　大野他・化学入門 125 頁
569　金原・基礎化学 209 頁
570　宮本他・有機化学 56 頁，大野他・化学入門 128 頁
571　大川・勉強法 245 頁
572　大野他・化学入門 128 頁，スクエア図説化学 170 頁
573　宮本他・有機化学 57 頁
574　角・基礎化学 136 頁
575　宮本他・有機化学 58 頁
576　スクエア図説化学 172 頁
577　大野他・化学入門 124 頁，宮本他・有機化学 47 頁
578　左巻他・教科書 290 頁
579　宮本他・有機化学 55 頁，左巻他・教科書 273 頁
580　旺文社化学事典 241 頁
581　左巻他・教科書 292 頁・294 頁
582　宮本他・有機化学 95 頁
583　今西他・理工系のための化学 118 頁
584　旺文社化学事典 364 頁
585　宮本他・有機化学 95 頁
586　左巻他・教科書 293 頁
587　宮本他・有機化学 96 頁，左巻他・教科書 297 頁
588　左巻他・教科書 297 頁
589　左巻他・教科書 293 頁
590　木原・基本と仕組み 264 頁
591　宮本他・有機化学 96 頁
592　木原・基本と仕組み 265 頁
593　左巻他・教科書 295 頁
594　左巻他・教科書 296 頁
595　左巻他・教科書 300 頁
596　化学入門編 28 頁，大野他・化学入門 144 頁
597　スクエア図説化学 202 頁，角・基礎化学 150 頁，今西他・理工系のための化学 138 頁
598　今西他・理工系のための化学 138 頁
599　吉野・高校化学 270 頁，角・基礎化学 150 頁
600　吉野・高校化学 298 頁
601　齋藤・きほん 184 頁・174 頁，今西他・理工系のための化学 141 頁
602　スクエア図説化学 166 頁
603　岡野・有機化学 139 頁
604　ビジュアル化学 106 頁
605　齋藤・はじめて学ぶ 54 頁，溝呂木・基礎知識 123 頁，福間・復習する本 227 頁，金原・基礎化学 206 頁，吉野・高校化学 223 頁，宮本他・有機化学 49 頁，齋藤・きほん 52 頁，宇野・おさらいする本 33 頁
606　東京化学同人化学辞典 108 頁，旺文社化学事典 37 頁
607　東京化学同人化学辞典 108 頁
608　旺文社化学事典 37 頁，スクエア図説化学 166 頁，宮本他・有機化学 49 頁，左巻他・教科書 267 頁，岡野・有機化学 131 頁，宇野・おさらいする本 33 頁
609　吉野・高校化学 223 頁，溝呂木・基礎知識 123 頁，齋藤・はじめて学ぶ 54 頁，齋藤・有機化学がわかる 74 頁，齋藤・きほん 68 頁
610　京極・ほんとうの使い道 194 頁
611　福間・復習する本 227
612　齋藤・きほん 52 頁

613　ビジュアル化学 106 頁
614　東京化学同人化学辞典 108 頁，旺文社化学事典 37 頁，岡野・有機化学 163 頁
615　岡野・有機化学 163 頁
616　岡野・有機化学 169 頁，吉野・高校化学 226 頁
617　東京化学同人化学辞典 108 頁，旺文社化学事典 37 頁，岡野・有機化学 131 頁，吉野・高校化学 223 頁，スクエア図説化学 166 頁，福間・復習する本 228 頁，今西他・理工系のための化学 107 頁，宇野・おさらいする本 43 頁
618　東京化学同人化学辞典 469 頁，左巻他・教科書 278 頁，スクエア図説化学 166 頁，岡野・有機化学 131 頁
619　福間・復習する本 227 頁，宇野・おさらいする本 43 頁，今西他・理工系のための化学 107 頁
620　ビジュアル化学 107 頁
621　スクエア図説化学 169 頁，任田・有機化学 25 頁，大川・勉強法 243 頁
622　任田・有機化学 25 頁，大野他・化学入門 125 頁
623　旺文社化学事典 150 頁，東京化学同人化学辞典 469 頁
624　岡野・有機化学 162 頁
625　スクエア図説化学 166 頁
626　岡野・有機化学 162 頁，福間・復習する本 226 頁
627　スクエア図説化学 166 頁
628　スクエア図説化学 166 頁，宮本他・有機化学 49 頁，岡野・有機化学 163 頁
629　宮本他・有機化学 48 頁，岡野・有機化学 164 頁
630　スクエア図説化学 166 頁
631　旺文社化学事典 39 頁
632　東京化学同人化学辞典 120 頁
633　溝呂木・基礎知識 124 頁，吉野・高校化学 223 頁，スクエア図説化学 166 頁，岡野・有機化学 131 頁
634　スクエア図説化学 166 頁
635　スクエア図説化学 166 頁
636　スクエア図説化学 166 頁
637　スクエア図説化学 166 頁
638　旺文社化学事典 408 頁，東京化学同人化学辞典 1504 頁，今西他・理工系のための化学 107 頁
639　スクエア図説化学 167 頁
640　左巻他・教科書 285 頁
641　岡野・有機化学 168 頁
642　左巻他・教科書 285 頁，岡野・有機化学 166 頁
643　左巻他・教科書 285 頁
644　左巻他・教科書 307 頁
645　左巻他・教科書 307 頁
646　岡野・有機化学 169 頁，吉野・高校化学 226 頁，宇野・おさらいする本 41 頁
647　岡野・有機化学 169 頁
648　溝呂木・基礎知識 126 頁，角・基礎化学 162 頁
649　スクエア図説化学 167 頁
650　左巻他・教科書 307 頁
651　福間・復習する本 230 頁
652　齋藤・きほん 94 頁
653　東京化学同人化学辞典 518 頁
654　齋藤・有機化学がわかる 80 頁
655　金原・基礎化学 207 頁，齋藤・有機化学がわかる 80 頁

656　金原・基礎化学 208 頁
657　齋藤・有機化学がわかる 83 頁
658　宮本他・有機化学 53 頁，齋藤・有機化学がわかる 84 頁
659　宮本他・有機化学 53 頁
660　今西他・理工系のための化学 108 頁
661　齋藤・有機化学がわかる 86 頁
662　宮本他・有機化学 56 頁
663　齋藤・有機化学がわかる 89 頁
664　齋藤・有機化学がわかる 90 頁
665　齋藤・有機化学がわかる 91 頁
666　齋藤・有機化学がわかる 92 頁
667　旺文社化学事典 78 頁
668　旺文社化学事典 78 頁
669　京極・ほんとうの使い道 50 頁，中川・化学の基礎 33 頁
670　旺文社化学事典 78 頁
671　旺文社化学事典 78 頁
672　京極・ほんとうの使い道 50 頁・195 頁
673　旺文社化学事典 78 頁
674　京極・ほんとうの使い道 194 頁
675　宮本他・有機化学 48 頁
676　旺文社化学事典 78 頁
677　京極・ほんとうの使い道 50 頁
678　京極・ほんとうの使い道 192 頁
679　旺文社化学事典 78 頁
680　京極・ほんとうの使い道 50 頁，194 頁
681　京極・ほんとうの使い道 193 頁
682　旺文社化学事典 269 頁，京極・ほんとうの使い道 50 頁
683　旺文社化学事典 78 頁
684　吉野・高校化学 67 頁，スクエア図説化学 50 頁
685　川崎他・嗅覚とにおい物質 4 頁
686　川崎他・嗅覚とにおい物質 4 頁
687　倉橋他・においとかおりの本 32 頁
688　用語と解説 39 頁
689　ブリタニカ・ジャパン「ブリタニカ国際大百科事典」(電子辞書版)
690　川崎他・嗅覚とにおい物質 7 頁
691　川崎他・嗅覚とにおい物質 5 頁
692　倉橋他・においとかおりの本 32 頁
693　川崎他・嗅覚とにおい物質 5 頁
694　ブリタニカ・ジャパン「ブリタニカ国際大百科事典」(電子辞書版)
695　精選版日本国語大辞典（小学館）
696　川崎他・嗅覚とにおい物質 7・11 頁
697　左巻・化学の疑問 119 頁
698　川崎他・嗅覚とにおい物質 8 頁
699　川崎他・嗅覚とにおい物質 7 頁・11 頁，倉橋他・においとかおりの本 34 頁，左巻・化学の疑問 119 頁
700　ブリタニカ・ジャパン「ブリタニカ国際大百科事典」(電子辞書版)
701　川崎他・嗅覚とにおい物質 10 頁，倉橋他・においとかおりの本 34 頁
702　左巻・化学の疑問 119 頁
703　左巻・化学の疑問 119 頁

704 東原・メカニズム 10 頁・28 頁
705 渋谷他・においの受容 2 頁
706 用語と解説 114 頁
707 楢崎・におい 55 頁
708 環境省・臭気指数規制ガイドライン 47 頁
709 石黒・対策技術 5 頁
710 川崎他・嗅覚とにおい物質 25 頁・34 頁
711 川崎他・嗅覚とにおい物質 25 頁
712 山本他・よくわかる化学 44 頁
713 川崎他・嗅覚とにおい物質 32 頁
714 山本他・よくわかる化学 44 頁
715 左巻・化学の疑問 121 頁
716 川崎他・嗅覚とにおい物質 26 頁
717 旺文社化学事典 204 頁
718 旺文社化学事典 107 頁
719 川崎他・嗅覚とにおい物質 31 頁
720 左巻・化学の疑問 121 頁
721 川崎他・嗅覚とにおい物質 31 頁
722 旺文社化学事典 209 頁
723 旺文社化学事典 233 頁
724 川崎他・嗅覚とにおい物質 26 頁
725 川崎他・嗅覚とにおい物質 28 頁
726 川崎他・嗅覚とにおい物質 33 頁・38 頁
727 東京化学同人化学辞典 351 頁
728 旺文社化学事典 199 頁
729 川崎他・嗅覚とにおい物質 34 頁
730 環境省・臭気指数規制ガイドライン 47 頁
731 川崎他・嗅覚とにおい物質 40 頁
732 小学館・精選版日本国語大辞典（電子辞書版）
733 川崎他・嗅覚とにおい物質 50 頁，楢崎・におい 62 頁
734 岩崎・環境 23 頁・36 頁・40 頁
735 川崎他・嗅覚とにおい物質 60 頁・64 頁，楢崎・におい 64・65 頁）
736 川崎他・嗅覚とにおい物質 63 頁，楢崎・におい 66 頁
737 川崎他・嗅覚とにおい物質 65 頁
738 川崎他・嗅覚とにおい物質 51 頁，楢崎・におい 67 頁
739 川崎他・嗅覚とにおい物質 68 頁，楢崎・におい 57 頁
740 用語と解説 72 頁
741 楢崎・におい 59 頁，川崎他・嗅覚とにおい物質 56 頁
742 楢崎・におい 59 頁，川崎他・嗅覚とにおい物質 72 頁
743 環境省・臭気指数規制ガイドライン 46 頁
744 石黒・対策技術 5 頁
745 楢崎・におい 86 頁
746 川崎他・嗅覚とにおい物質 96 頁
747 石黒・対策技術 7 頁，楢崎・におい 123 頁
748 用語と解説 31 頁
749 用語と解説 31 頁
750 石黒・対策技術 7 頁
751 楢崎・におい 51 頁・123 頁
752 川崎他・嗅覚とにおい物質 95 頁，石黒・対策技術 6 頁

753　石黒・対策技術 6 頁
754　楢崎・におい 52 頁，川崎他・嗅覚とにおい物質 95 頁
755　川崎他・嗅覚とにおい物質 96 頁，用語と解説 4 頁，石黒・対策技術 6 頁
756　石黒・対策技術 7 頁
757　川崎他・嗅覚とにおい物質 15 頁，石黒・対策技術 6 頁，用語と解説 34 頁
758　用語と解説 101 頁
759　用語と解説 101 頁
760　用語と解説 40 頁
761　川崎他・嗅覚とにおい物質 23 頁
762　石黒・対策技術 6 頁
763　川崎他・嗅覚とにおい物質 15 頁，石黒・対策技術 6 頁
764　川崎他・嗅覚とにおい物質 23 頁，用語と解説 34 頁
765　石黒・対策技術 15 頁
766　用語と解説 17 頁
767　楢崎・におい 88 頁
768　用語と解説 38 頁
769　石黒・対策技術 15 頁
770　用語と解説 38 頁，石黒・対策技術 15 頁
771　楢崎・におい 89 頁
772　石黒・対策技術 16 頁
773　石黒・対策技術 8 頁
774　石黒・対策技術 11 頁
775　石黒・対策技術 9 頁，環境省・臭気対策行政ガイドブック 1 頁
776　環境省・臭気対策行政ガイドブック 2 頁
777　環境省・臭気指数規制ガイドライン 46 頁
778　川崎他・嗅覚とにおい物質 104 頁，石黒・対策技術 16 頁
779　石黒・対策技術 17 頁
780　石黒・対策技術 17 頁，川崎他・嗅覚とにおい物質 104 頁
781　楢崎・におい 92 頁，岩崎・環境 77 頁
782　川崎他・嗅覚とにおい物質 41 頁，楢崎・におい 60 頁，石黒・対策技術 11 頁
783　川崎他・嗅覚とにおい物質 40 頁
784　小学館「精選版日本国語大辞典」(電子辞書版)
785　楢崎・におい 62 頁
786　環境省・臭気指数規制ガイドライン 11 頁
787　環境省・臭気指数規制ガイドライン 11 頁
788　環境省・臭気指数規制ガイドライン 2 頁
789　環境省・臭気指数規制ガイドライン 2 頁
790　環境省・臭気指数規制ガイドライン 41 頁
791　石黒・対策技術 62 頁，楢崎・におい 90 頁
792　倉橋他・においとかおりの本 136 頁
793　用語と解説 27 頁
794　用語と解説 60 頁
795　川瀬・脱臭技術 32 頁
796　環境省・臭気対策行政ガイドブック 48 頁，川瀬・脱臭技術 33 頁・37 頁・40 頁・42 頁・46 頁・50 頁，楢崎・におい 217 頁，石黒・対策技術 85 頁・91 頁・95 頁，岩崎・環境 104 頁
797　環境省・臭気対策行政ガイドブック 48 頁，川瀬・脱臭技術 54 頁，石黒・対策技術 100 頁，楢崎・におい 216 頁
798　川瀬・脱臭技術 54 頁

799 環境省・臭気対策行政ガイドブック 48 頁，川瀬・脱臭技術 69 頁
800 川瀬・脱臭技術 73 頁
801 環境省・臭気対策行政ガイドブック 48 頁，川瀬・脱臭技術 92 頁
802 岩崎・環境 108 頁
803 環境省・臭気対策行政ガイドブック 48 頁，岩崎・環境 110 頁
804 楢崎・においい 232 頁
805 岩崎・環境 98 頁

第２章　悪臭防止法による悪臭の規制

2.1 悪臭防止法の歴史

2.1.1 悪臭防止法の制定まで

悪臭防止法制定以前の状況[1]

昭和42年8月に公布・施行された公害対策基本法（平成5年に環境基本法の制定に伴って廃止された）において指定された典型7公害の中には悪臭も含まれ，同法は，国が悪臭について必要な措置を講ずるよう努めなければならない旨を規定していた（同法10条2項）。

しかし，悪臭防止法が制定されたのはその4年後の昭和46年6月であり，それまでは，国の法律による一元的な悪臭の規制は行われていなかった。また，地方公共団体の規制においても，具体的な基準をもって悪臭を規制していたのは宮城県だけであった。

このように悪臭が未規制のまま放置されてきた理由として，以下のことがあげられている。

① 公害対策の初期の時代には，大気汚染，水質汚濁などによる深刻な被害を防止するための対策に，限られた力を集中することを余儀なくされたことから，ただ人に不快感を与えるだけとしか認識されなかった悪臭については対策が遅れがちであった。

② 悪臭は個人差の著しいものであり，また悪臭に対する順応性も見られ，閾値も変動するなど，公害問題としても特殊な性格を持つことから，悪臭については客観的な評価が難しく，従って法規制についても困難な点が多かった。

③ 悪臭の機器による分析及び量的測定の技術の開発が遅れ，機器よりも鋭敏な人の嗅覚に頼らざるを得ない面が多かった。

④ 多種多様な悪臭発生源のそれぞれに即して悪臭を効果的に防除する技術・装置の開発が非常に遅れていた。

⑤ 悪臭公害の防止のための単独規制立法は時期尚早であって困難であると考えられ，また，そのような段階においては，大気汚染防止法，水質保全法，清掃法，へい獣処理場法等の関連諸法の運用によって悪臭問題に対処すべきであるとされた。

しかし，昭和40年代には悪臭公害に対する苦情・陳情は著しく増加して全国的な問題となり，昭和44年度には，地方公共団体に寄せられた悪臭に関する苦情陳情数は，騒音・振動に次いで2位となった。

このような悪臭問題の深刻化の背景として，次のことがあげられている。

① 石油精製工場，クラフトパルプ工場等の悪臭発生型工場が大規模化し，全国的に立地するとともに，生産高も大幅に増加してきた。

② スプロール的な市街地の拡大により，養豚・養鶏場，化製場等の悪臭発生源に接近して住居が設けられるようになってきた。

③ 住民の生活水準の向上とともに，生活環境の質的向上に対する要求が高まり，これまで容認してきたにおいが悪臭として感じられ，その除去が求められるようになってきた。

悪臭防止法の制定[2]

厚生省が悪臭問題についての研究を開始したのは昭和40年のことであるが，公害対策基本法制定の翌々年である昭和44年に，同省の諮問機関として悪臭公害研究会が設置され，この研究会が，悪臭に対する規制措置を講ずるための基礎的研究の中心となった。

同研究会は，悪臭の人体への影響に関する問題点と，悪臭分析法の現成果及び技術上の見通しについて，昭和45年3月に中間報告を提出した。

そして，おりからの全国的な公害反対の世論の高まりの中で，同年秋には公害対策の抜本的確立のための臨時国会が開かれることがほぼ確実視されたことから（この臨時国会は，同年12月に第64回臨時国会として開かれ，「公害国会」と呼ばれる），厚生省は，公害関係法令の整備の一環として，悪臭防止法の制定作業に着手した。

その当時，悪臭に対する法規制の実施を遅れさせた問題点（悪臭の実態の未解明，測定技術・防止技術の未確立等）のすべてが解明されたわけではないが，昭和40年以降の悪臭問題に関する研究の成果や関連学問分野の進捗状況等を総合すると，これらの諸問題がかなり解決されつつあること，国民の間に悪臭防止対策について規制立法を要望する声が強いこと，悪臭防止法の制定によって悪臭に関する研究・防止技術の開発の促進が図られること，事業者の悪臭防止設備整備に対する税制上，金融上の助成措置等の波及効果等が期待できること等の点にかんがみて，厚生省は悪臭防止法の制定に踏み切ったのである。

厚生省は，上記の第64回臨時国会（公害国会）に，大気汚染防止法の一部改正法，騒音規制法の一部改正法等とともに，公害関係15法案の一つとして悪臭防止法案を提出するための準備や関係各省庁との調整等を進めたが，結局公害国会における法案の提出は見送られた。

その後，厚生省は，第65回通常国会に悪臭防止法案を提出するための準備・調整を行い，昭和46年2月末に最終的な法案がまとめられた。そして，同年3月5日の閣議決定を経て，悪臭防止法案が第65回通常国会に提出され，4月26日に衆議院産業公害対策特別委員会において一部修正の上可決され，翌27日に衆議院本会議で可決されて参議院に送付され，5月19日に参議院公害対策特別委員会，5月21日に参議院本会議において可決，成立し，6月1日に公布された（昭和46年法律第91号）。その翌月の昭和46年7月1日に環境庁が発足し，これに伴って，悪臭防止法の所管は厚生省から環境庁に移管された。

悪臭防止法は，公布の日から1年を超えない範囲内において政令で定める日から施行するものとされ（悪臭防止法附則1項），悪臭防止法の施行期日を定める政令により，昭和47年5月31日に施行された。また，悪臭防止法施行令（昭和47年政令第207号），悪臭防止法施行規則（昭和47年総理府令第39号）及び悪臭物質の測定の方法（昭和47年5月環境庁告示第9号）も同年5月30日付で公布され，悪臭防止法と同じく同年5月31日から施行された。

なお，同年6月7日付で出された「悪臭防止法の施行について」という環境事務次官及び環境庁大気保全局長名の各通知（前者は昭和47年6月7日環大特第31号環境事務次官から各都道府県知事，各指定都市市長あて通知，後者は昭和47年8月31日環大特第48号環境庁大気保全局長から各都道府県知事，各指定都市市長あて通知）は，悪臭防止法の解釈や運用について重要な内容を含んでおり（ハンドブック328頁以下に全文が掲載されている），本章において『「悪臭防止法の施行について」(環境事務次官通知)』または『「悪臭防止法の施行について」(大気保全局長通知)』として随時引用する。

また，悪臭防止法やそれに基づく政令等の改正時にも，同様に環境事務次官や環境庁大気保全局長の名で通知が出されることが多く，これらも重要であるので，随時引用する。

「悪臭防止法の施行について」（環境事務次官通知）は，悪臭防止法の制定の契機について次のように述べている[3]。

「法（悪臭防止法のこと…筆者注）は，近年における産業の発展，市街地の拡大等に伴い住民の日常生活に身近な公害として悪臭問題が全国的に取り上げられている状況にかんがみ，公害対策基本法の精神にのっとり，工場その他の事業場から発生する悪臭について必要な規制を行ない，悪臭問題の早急な改善とその防止対策の徹底を期することにより，生活環境を保全し，国民の健康の保護に資することを目的として制定されたものである。

悪臭の防止を図り，良好な生活環境を保全することは，今日，国民の強く期待するところとなつており，本法の厳正な施行はこの期待に応えるものであると考える。」

機器分析法の採用[4]

悪臭防止法案の作成にあたり，最大の問題は悪臭の測定法であった。第1章の1.8.5で述べた通り，悪臭の測定方法には機器分析法（悪臭を発生させる物質の濃度を測定する方法）と嗅覚測定法（人の嗅覚を用いて悪臭の強さを把握する方法）とがあるが，制定時の悪臭防止法では機器分析法が採用された。この理由は，次のように説明されている。(注)

(注) 測定方法と規制方法のそれぞれの名称

環境省（旧環境庁）の用語法では，臭気の測定方法の名称としては「機器分析法」と「嗅覚測定法」が用いられ，悪臭の規制方法の名称としては「物質濃度規制」と「臭気指数規制」が用いられる[5]。

① 機器分析法は，悪臭の原因となる物質の濃度と悪臭の刺激（感覚）強度との相関関係を把握して物質ごとに規制基準を定める方法であり，その作業の最初の段階（相関関係の把握）においてはパネルやモニターと呼ばれる人の鼻を用いる六段階臭気強度表示法をその基礎としており，規制基準設定後はガスクロマトグラフなどの機器を用いて直ちに規制基準遵守の有無等を判断できるという利点も備えていることから，悪臭規制の将来の方向を示すものである。

② 規制基準の設定については，アミン類については昭和46年春までに，その他の主要な悪臭の原因となる物質についてもほぼ1年以内に基準設定段階に入ることができる。

③ 悪臭が公害として問題となるのは，その原因となる物質の検知臨界濃度（閾値）付近でなく，その数十倍若しくは数百倍程度であり，これを測定することはすでに技術的に可能である。

④ 悪臭の原因となっている物質を特定することのできる機器分析法は，発生原因者を容易に特定でき，また，その事業場のどの物質，どの工程に主因があるかを明らかにすることができるので，防止対策を立てやすい。

このことについては，次のような説明もされている。すなわち，機器分析法による規制の利点は，具体的に悪臭問題が生じた場合に，悪臭発生源の工場その他の事業場から採取してきた排出（漏出）ガスや排水中の原因物質（特定悪臭物質）の量や濃度を測定すれば，その事業場が規制基準を遵守しているかどうかが直ちに判明する上に，規制基準違反の場合には，当該悪臭の原因物質の排出（漏出）についての適切な防除措置を講ずることで悪臭の防止を図ることができるという点にある，というものである[6]。

⑤　常時規制は，いわゆるパネル，モニター等による嗅覚測定では不可能であるが，ガスクロマトグラフ等の機器による測定では可能である。

⑥　特定の悪臭の原因となる物質の排出防止施設の建設により，当該物質以外の有臭物質もあわせて除去することができ，すべての悪臭が防止できなくとも，他の有臭物質の規制基準の設定により，規制の実効を期することができる。

他方，次のような問題点の指摘あるいは反対論の主張もなされた。

①　悪臭の分析測定法は未確立であり，現段階においては嗅覚測定法を採用するほうが信頼度が高い。

②　悪臭の前駆物質，成分相互の関係，不明確成分，超微量物質など，未解明の問題がある。

③　悪臭の成分物質と感覚量との関係は未だ解明されていない。

④　主たる成分を除去しても，悪臭公害の完全な防止にはつながらない。

2.1.2　制定後，現在までの主要な変更点

（特定）悪臭物質の追加[7]

悪臭防止法による規制の対象となる悪臭物質（平成７年の改正以降は「特定悪臭物質」と呼ばれるようになった。悪臭防止法の一部を改正する法律の施行について［平成７年環境事務次官通知］第二の四（一）[8]）は，同法２条１項の委任により，悪臭防止法施行令によって定められているが，同法の施行当初は５種類であった。これは，中央公害対策審議会大気部会悪臭専門委員会が昭和47年５月にとりまとめた「悪臭物質の指定及び悪臭規制基準の範囲の設定等に関する基本的方針について」という報告（第１次報告）に基づいている。

「悪臭防止法の施行について（環境事務次官通知）」の第二[9]によれば，悪

臭物質としての指定の要件は，悪臭公害の主要な原因となっている物質であって，その大気中の濃度を測定しうるものであることとされており，さらに，「なお，今後さらに悪臭公害の実態の究明，測定方法に関する研究開発の進展等に基づき，必要に応じ悪臭物質を追加指定していく予定であること」とも述べられ，悪臭物質を追加指定することが予定されていた。

その後，以下のように，3回にわたって悪臭物質が追加指定され，現在は22種類の物質が指定されているが，これら3回の追加指定においても，悪臭物質としての指定の要件は上記と同じく，①悪臭公害の主要な原因となっている物質であること，②大気中の濃度を測定し得るものであること，の2つである（それぞれの悪臭防止法施行令の改正にあたっての大気保全局長通知[10]）。

（特定）悪臭物質の名称と，指定された年

物質名	（特定）悪臭物質に指定された年（悪臭防止法施行令の改正年を示す。施行の年とは必ずしも一致しない）
アンモニア	昭和47年（悪臭防止法制定時）
メチルメルカプタン	
硫化水素	
硫化メチル	
トリメチルアミン	
二硫化メチル	昭和51年
アセトアルデヒド	
スチレン	
プロピオン酸	平成元年
ノルマル酪酸	
ノルマル吉草酸	
イソ吉草酸	
プロピオンアルデヒド	平成5年
ノルマルブチルアルデヒド	
イソブチルアルデヒド	
ノルマルバレルアルデヒド	
イソバレルアルデヒド	
イソブタノール	
酢酸エチル	
メチルイソブチルケトン	
トルエン	
キシレン	

3種類の規制基準[11]

悪臭防止法により定められた規制基準は，測定をする場所によって，①事業場の敷地境界線，②気体排出口，③排出水中，の3種類がある。

このうち，事業場の敷地境界線における規制基準については，基礎的な規制基準として，すべての特定悪臭物質について定められている。

また，気体排出口における規制基準については，悪臭防止法の施行時にはアンモニア，硫化水素，トリメチルアミン（すなわち，本法施行時に指定された5種類の悪臭物質のうち3種類）について定められ，その後，平成6年に追加されたトルエン等10物質について許容限度の算定方法が定められた。

一方，排出水中の特定悪臭物質に係る規制基準については，悪臭防止法の施行後22年近く定められていなかったが，平成6年2月4日に環境庁長官から中央環境審議会に対して「排出水中の特定悪臭物質に係る規制基準を定める方法について」を諮問し，同審議会は同年3月28日にメチルメルカプタン，硫化水素，硫化メチル，二硫化メチルの硫黄系4物質に関する基準設定方法について答申した。この答申を受けて，平成6年4月21日に「悪臭防止法施行規則の一部を改正する総理府令」（平成6年総理府令第23号）及び「悪臭物質の測定の方法の一部を改正する告示」（平成6年環境庁告示第39号）が公布され，いずれも平成7年4月1日から施行または適用された。

嗅覚測定法の導入[12]

前述した通り，悪臭防止法の制定時には，測定方法として機器分析法と嗅覚測定法のいずれを採用するかについては相当の議論がされた上，機器分析法が採用された。

施行後，機器分析法による物質ごとの排出濃度の規制方法は社会的にも定着し，一定の規制効果をあげていた（この理由として，悪臭防止法の制定当時は畜産農業が全苦情件数の約3割を占めるなど，特定の悪臭原因物に的を絞った規制が有効に機能する状況にあったことがあげられる[13]）ものの，複合臭等に対する規制には限界があった。すなわち，多くの場合には，悪臭はただ一つの物質が原因となるわけではなく，多種類の物質が相互に相加・相乗あるいは相殺しあい，悪臭を発しているものと考えられ，このような複合臭等の場合には，個々の特定悪臭物質の濃度規制では十分な規制効果が見込まれない[14]。

このため，複合臭等に的確に対応でき，より悪臭の被害感と一致する測定法としての嗅覚測定法の導入を望む声が地方自治体等からあがっていた。

一方，環境庁では，悪臭防止法施行後も引き続き嗅覚測定法についての調査研究を進め，昭和 50 年には悪臭評価法調査委員会を設置した。この委員会では，行政に適用できる悪臭の最適評価法の検討を行うとして，次の理由により，三点比較式臭袋法を取り上げた。

① 判定の客観性及び安定性の確立のための顕著な改良（注射器法の問題点［注射器のすり合わせ面に臭気物質が吸着する，注射器の容量が小さいため，においを嗅ぐときに周囲の空気を吸入する，鼻腔の中へ吹き込む方法であり，不自然な状態である，高倍率の希釈試料の調整が煩雑で誤差が大きい］に対するもの）がされたこと。

② 国内の測定例が相当数あること。

③ 操作が簡単で，測定機材の整備に要する費用が安価なこと。

その後，昭和 51 年 4 月の「悪臭評価法調査委員会調査報告書（中間報告)」を経て，昭和 53 年 3 月には悪臭評価判定法改善検討委員会により，三点比較式臭袋法が行政的評価方法としてもっとも優れているとして，その実施方法が「昭和 52 年度官能試験法調査報告書」としてとりまとめられた。さらに，昭和 57 年 3 月には，悪臭評価判定法改善委員会により，三点比較式臭袋法による測定結果の評価等に関する技術資料が「昭和 56 年度官能試験法調査報告書」としてとりまとめられ，事業場の敷地境界及び気体排出口における望ましい臭気濃度が示された。また，同年（昭和 57 年）11 月には嗅覚測定法の当面の利用法が示されるとともに，地方自治体における嗅覚測定法による測定結果が「昭和 58 年度三点比較式臭袋法調査結果」としてとりまとめられた。

また環境庁は，嗅覚測定法の信頼性の向上を図るため，平成 4 年度に，公益法人の行う臭気判定技士審査証明事業の認定を行うとともに，嗅覚測定法のうち三点比較式臭袋法を「嗅覚を用いる臭気の判定試験の方法」として告示した（平成 4 年 12 月 24 日環境庁告示第 92 号[15]）。この審査証明事業に基づき，平成 5 年度から平成 7 年度までの間に約 800 名の臭気判定技士が養成された（なお，この認定制度及び告示は，後述する悪臭防止法の改正に伴う一連の措置によって廃止された）。

上記の昭和 57 年に示された方法により，全国の地方公共団体で条例・要綱等の制定の動きが活発化し，臭気指数の測定件数も平成 7 年までに 1 万件を超える状況となった。

これらの状況のもとで，平成 7 年 1 月に，環境庁長官が中央環境審議会に「悪臭防止対策の今後のあり方について」を諮問し，同審議会は，同年3月に，新たな規制手法としての嗅覚測定法の導入や国民の日常生活に伴う悪臭の防止（後者は，過去に苦情件数の大勢を占めていた畜産農業・各種製造工場に係る苦情が次第に減少し，代わって国民の日常生活に伴う苦情の割合が増加する傾向にあったことに対応するためのものである）等を骨子とした答申をした。

環境庁では，この答申を踏まえて改正法案を作成し，改正法案は平成7年3月10日の閣議決定を経て第132回国会に提出され，同年3月24日に参議院環境特別委員会及び参議院本会議で可決され，同年4月14日に衆議院環境委員会及び衆議院本会議で可決されて成立し，同年4月21日に公布され，翌平成8年4月1日に施行された。

この改正悪臭防止法の施行に伴う同法施行令・施行規則の改正は，それぞれ平成7年9月8日及び同月12日に公布され，平成8年4月1日に施行された。

また，「臭気指数及び臭気排出強度の算定の方法」（平成7年9月13日環境庁告示第63号）が平成8年4月1日から適用され，これに伴い，前述の「嗅覚を用いる臭気の判定試験の方法」は同年3月31日限り廃止された。

この改正の際に出された「悪臭防止法の一部を改正する法律の施行について」（平成7年環境事務次官通知）の第一の一[16]は，この改正で嗅覚測定法による規制を導入した理由について，

> 「…悪臭の原因となる特定の物質ごとの排出濃度に着目した従来の規制制度のみでは，ある発生源から複数の悪臭の原因となる物質が排出され，これらが相加，相乗される等して人の嗅覚に強く感じられる複合臭の問題に十分対応できないことや，悪臭の原因となる未規制の多種多様な物質への実効性のある対応が困難であることから，これらに適切に対応するためのものである」

と述べている。ただ，この通知は同時に，第二の一の（一）[17]において，

> 「悪臭の原因となる特定の物質の排出濃度に着目した従来の規制（新法第4条第1項。以下「物質濃度規制」という。）は，特定の物質を排出する工場その他の事業場に対しては効果的であり，代表的な悪臭の原因物質は既に規制対象となっていることから，悪臭の防止に相当の効果が得られている。したがって，既に社会的に定着している同規制を引き続き基本とし，複合臭等の問題があるために同規制によっては十分な規制効果が見込まれない区域に対しては，これに代えて，嗅覚測定法による規制を行うことができることとされた…」

と述べ，物質濃度規制が基本であるとの見解を示している。

嗅覚測定法と機器分析法の比較について，環境省の臭気指数規制ガイドラインは，２つの方法の長所・短所を 192 ～ 193 頁に記載した表のように整理しており[18]，この表によれば，２つの測定方法はそれぞれ一長一短があって優劣がつけがたいように見える。

しかし，環境省は，「臭気指数規制の主な優位性を整理すると，次の通りである」と述べ，臭気指数規制のほうが優れているという見方を示している[19]。

① においはほとんどの場合，様々な物質（低濃度多成分）が混合した複合臭として存在しており，このようなにおいの指標として適切であること。

② 機器分析法と比べ高価な機器を必要としないこと。

③ 機器分析法による規制は，特定悪臭物質を指定して行っているが，すべての悪臭物質を指定するのは困難であり，物質濃度規制では未規制物質については対応できないこと。

④ 嗅覚測定法は，においそのものを人の嗅覚で測定するため，周辺住民の悪臭に対する被害感（感覚）と一致しやすいこと。

⑤ 最近の悪臭苦情件数は，飲食店などのサービス業の割合が多く，複合臭への対応が必要なこと。

⑥ 物質濃度規制では十分な規制効果が認められない業種が，立地する事業場の９割以上を占めるとの実態調査結果もあり，物質濃度規制では対処できにくくなっていること（注１）。

⑦ 実測データに基づく物質濃度と臭気指数から換算臭気強度を算出すると，ほとんどの場合，臭気指数の換算臭気強度のほうが大きい結果となった（注２）。また，今まで物質濃度で十分対応できるとされた業種についても臭気指数換算強度が上回った。このことから，臭気指数は，人間の嗅覚に近く，苦情によりよく合致する指標であること。

（注１）物質濃度規制では十分な規制効果が認められない業種が９割以上を占めるとの実態調査結果

この調査は平成 10 年度に宮城県において行われたものであり，その結果が臭気指数規制ガイドラインに示されている[20]。また，物質濃度規制では対応が困難であるとされる事業場は全体的に立地しており，物質濃度規制で対応可能な事業場はその中に点在している形である[21]。

これとは別のデータとして，環境省のパンフレットである「臭気指数制度導入のすすめ」には，悪臭に関する苦情のうちで物質濃度規制で対応できるものは，平成元年は 65％であったのに対して，平成 11 年にはわずか 30％にすぎないという集計結果が示されている。

(注 2) 物質濃度と臭気指数から換算臭気強度を算出した結果

この実態調査は平成 10 ~ 11 年度に環境省が行ったものであり，結果の概要が臭気指数規制ガイドラインに示されている[22]。

また，環境省のパンフレットである「臭気指数制度導入のすすめ」には，

「悪臭規制の切り札は臭気指数制度です」

「今後の悪臭問題の解決には，臭気指数制度の導入が極めて重要であるといえます」

「…全国の多くの自治体が臭気指数規制を導入することは確実で，近い将来には臭気指数規制が主流となると予想される。また，嗅覚を用いた臭気の測定法は世界的にも広く採用されている」

といった表現がみられる。

これらのことから，(2.6 で見る通り，悪臭防止法の文言上は，物質濃度規制が原則で，臭気指数規制は例外であるかのように読めるけれども) 悪臭の規制は物質濃度規制ではなく臭気指数規制によって行うのが望ましいというのが環境省の見解であるといえる。

また，アメリカ（セントメータ法や ASTM 注射器法）やフランス，オランダ（オルファクトメータ法）で嗅覚を用いた規制手法が採用されており，世界的には嗅覚測定法が主流となっている。(注)

(注) セントメータ法，ＡＳＴＭ注射器法，オルファクトメータ法[23]

セントメータ法とは，大きさ 5 インチ× 6 インチ× 2.5 インチの箱形のセントメータを用いて，自動的に希釈された臭気を吸い，においの有無を判定する手法である。この方法の長所は低濃度臭気が簡便に測定できることであり，短所は希釈比の精度が劣ることである。

ASTM 注射器法とは，アメリカの ASTM（American Society of Testing Materials）で規定されている測定法で，注射器に一定量の試料を採取し，無臭空気にて希釈後臭気を押し出して臭気を吸い，においの有無を判定する手法である。

オルファクトメータ法とは，オルファクトメータ（機器操作により濃度を調整してにおいを呈示する装置）を用いて臭気を吸い，においの有無を判定する方法である。

他方，嗅覚測定法の欠点として，物質の特定が難しく，事業場における悪

臭対策が困難であることや，工場が密集する地域等では原因となる発生事業場の特定が難しいことがあげられるが，臭気指数規制ガイドラインでは，このことへの対応方法を次のように述べている[24]。

「嗅覚測定法では，臭気を採取する場合，発生事業場の風下で臭気を採取することとされているが，これに加えて，当該地域の事業場等の影響を受けない一般環境の臭気や発生事業場の風上の臭気を採取し，測定結果を比較することで，発生事業場の臭気の状況が確認できる。

また，嗅覚測定法のバックアップとして特定悪臭物質を測定し，苦情に至った原因と思われる物質を特定することも有効である。」

平成12年には，事業場の事故時の措置の強化と臭気指数等の測定の業務に従事する者（臭気判定士免状を有する者）に関する制度の法律への規定を内容とする「悪臭防止法の一部を改正する法律」が公布され（5月17日），これは翌平成13年4月1日に施行されて，臭気指数測定に係る体制も整備された[25]。

2.2 悪臭防止法の目的及び基本概念

目的

悪臭防止法の目的は 1 条に規定されており，その条文は，

「この法律は，工場その他の事業場における事業活動に伴つて発生する悪臭について必要な規制を行い，その他悪臭防止対策を推進することにより，生活環境を保全し，国民の健康の保護に資することを目的とする。」

というものである。

以下，この条文に示された基本的な概念についての説明を述べる。

工場その他の事業場[26]

「工場その他の事業場」についての定義は示されていないので，一般的な用語として常識的に理解するところに従って解釈される。従って，「事業場」とは継続的に一定の業務のために使用される事業所をいい，特に事業場のうち一定の業務として物の製造または加工のために使用されるところが「工場」であるが，悪臭防止法上は，ある事業場が工場に該当するかどうかを区別する実益はない。

事業場の例としては，ホテル，病院，学校，デパート，レストラン，廃棄物処理場，下水道終末処理場，堆積場，事務所などがある。

悪臭防止法では，工場その他の事業場はすべて，業種や規模，経営主体の如何等を問わず（従って，私人のほか，国や地方公共団体等が設置・管理しているものも含む）規制対象となる（但し，後述する規制地域内に存在するものに限る)。この点で，政令で指定した特定の施設について規制することとしている騒音規制法や振動規制法，大気汚染防止法，水質汚濁防止法等と異なる。(注)

(注) 工場その他の事業場のすべてを規制対象とした理由[27]

悪臭防止法が工場その他の事業場のすべてを規制対象とした理由は，①悪臭原因物を発生させている施設を特定することが困難な事業も多く，②また，政令等であらかじめ特定した施設，事業場等についてのみ規制するという従来一般に行われてきた仕組みによっては，それらの施設・事業場以外のものが悪臭の発生源となっている場合に何ら有効な規制をなし得ないという事態が予測されること，③さらにまた，悪臭の場合には悪臭原因物が排出され

ば容易に感知される（この点で，大気汚染や水質汚濁の場合には目に見えない形で汚染物質が排出され，われわれが感知したときは既に被害が生じる可能性があるため，あらかじめ汚染物質を排出するおそれのある施設が規制対象施設として指定され，常時監視の義務等が課されるのと異なる）という特性があり，特定施設制をとらなくてもよいことである。

他方，「工場その他の事業場」（すなわち固定発生源）に該当しなければならないから，自動車，航空機，船舶等の輸送機械器具のような移動発生源は規制対象ではない（「悪臭防止法の施行について」［環境事務次官通知］の第三[28]）。これは，工場その他の事業場における事業活動に伴って発生する悪臭が悪臭問題の主要な原因であることによる。

また，その他に悪臭防止法による規制対象とはならない発生源として，建設工事，しゅんせつ，埋め立て等のために一時的に設置される作業場や，下水管の排水管及び排水渠その他などがある（「悪臭防止法の施行について」［環境事務次官通知］の第三[29]）。

「下水道の排水管及び排水渠その他」の施設には，農業集落排水施設等の排水管及び排水渠，分流式下水道の雨水管・雨水渠及び都市下水路に付帯するポンプ場等が含まれる。但し，下水道の終末処理場は事業場として悪臭防止法による規制を受ける。

悪臭

悪臭防止法や環境基本法には，「悪臭」の定義条項はない。ハンドブック悪臭防止法六訂版には，『これらの法（悪臭防止法及び環境基本法のこと…筆者注）でいう「悪臭」とは，いやなにおい，不快なにおいの総称でなければならないと考えられる』とある[30]。また，臭気指数規制ガイドラインにも，「一般的には，悪臭は，いやなにおい・不快なにおいの総称とされている」と述べられている[31]。

２条１項の

「この法律において「特定悪臭物質」とは，アンモニア，メチルメルカプタンその他の不快なにおいの原因となり，生活環境を損なうおそれのある物質であつて政令で定めるものをいう。」

や，８条１項の

「市町村長は，規制地域内の事業場における事業活動に伴つて発生する悪臭原因物の排出が規制基準に適合しない場合において，その不快なにおいにより住民の生活環境が損なわれていると認めるときは，…」

さらには10条1項及び3項の

「規制地域内に事業場を設置している者は，当該事業場において事故が発生し，悪臭原因物の排出が規制基準に適合せず，又は適合しないおそれが生じたときは，直ちに，その事故について応急措置を講じ，かつ，その事故を速やかに復旧しなければならない。

（2項は省略）

3　市町村長は，第1項の場合において，当該悪臭原因物の不快なにおいにより住民の生活環境が損なわれ，又は損なわれるおそれがあると認めるときは，同項に規定する者に対し，引き続く当該悪臭原因物の排出の防止のための応急措置を講ずべきことを命ずることができる。」

といった規定に照らしてみても，悪臭とは不快なにおいを意味するというのが通常の解釈であろう。(注)

(注) 8条1項の「その不快なにおいにより」という文言

8条1項（市町村長が改善勧告を出すための要件を定めた規定）において，平成7年の悪臭防止法の改正（臭気指数規制を導入した改正である）より前は，単に「住民の生活環境が損なわれていると認めるとき」という表現が用いられていたが，同年の改正により，「その不快なにおいにより住民の生活環境が損なわれていると認めるとき」との表現に改められた。この改正の理由について，この改正時の「悪臭防止法の一部を改正する法律の施行について」（平成7年環境事務次官通知）の第二の三[32]は，次のように述べている。

「これは，罰則により担保される規制措置は，一定以上の強さの不快なにおいによって生活環境が損なわれている事態に対し発動されるものであるとの趣旨を明らかにしたものである。」

ところが，第4章で述べる通り，京都地判平成22.9.15（判例時報2100号109頁，判例タイムズ1339号164頁）では，不快なにおいとは言えない菓子工場から発生するにおい（具体的には，焦げたバターのにおいや，ベビーカステラ，キャラメルコーン及びあんこ等の甘味臭である）が悪臭であるという理由による損害賠償請求が認められている。

この問題についての環境省の見解を見ると，臭気指数規制ガイドラインでは，「通常悪臭とは言えないにおいでも，悪臭と感じる人がいれば，一般的には悪臭と言うことができる」と述べられている[33]。

また，同省の「悪臭苦情対応事例集」は，「なお，法（悪臭防止法のこと…筆者注）でいう悪臭とは，臭いの善し悪しに係わらず，生活環境を阻害していると認められる「におい」を対象としている。」と述べている[34]。

さらに，同省のパンフレットである「悪臭防止法の手引き」(環境省のウェブサイトに掲載されている）の「「悪臭」とは何でしょうか？」という項目には，次の説明がある。

「「悪臭」とは，人が感じる「いやなにおい」,「不快なにおい」の総称です。

一般的に，「いいにおい」と思われるにおいでも，強さ，頻度，時間によっては悪臭として感じられることがあります。また，においには個人差や嗜好性，慣れによる影響があります。そのため，ある人には良いにおいとして感じられても，他の人には悪臭に感じるということもあります。

よく事業者は自社からのにおいに嗅ぎ慣れてしまっているので，そのにおいで困っている人がいることに気がつきませんが，迷惑だと感じる人がいれば，そのにおいは「悪臭」なのです。」

これらのことから，悪臭とは必ずしも不快なにおいには限定されないと理解しておいたほうがよい。

生活環境[35]

生活環境についても，悪臭防止法に定義規定はない。これは環境基本法２条３項の「生活環境」と同じ意味であるが，悪臭による被害は一般に感覚的・心理的なものにとどまることから，悪臭から保全されることが必要な生活環境とは，常識的な意味で理解される本来的な生活環境，すなわち，人間がその中に生活し，日々呼吸する上で必要な，悪臭のない清浄で良好な大気の状態をさすものと考えられる。

2.3 規制されあるいは義務づけられる行為及び罰則

事業者の義務（1）…通常の場合

規制地域内に事業場を設置している者（その事業場を使用して事業を行っている者という意味であり，自ら事業場を設置し所有して事業を行っている者だけでなく，他人の設置した事業場を借り受けて現に操業している者も含まれる[36]）は，当該規制地域についての規制基準を遵守しなければならない(7条)。規制地域や規制基準については後述する。(注)

(注) 7条違反についての罰則はない[37]

本条の遵守義務の違反に対しては罰則がない。すなわち，悪臭防止法では，直罰方式（規制基準違反に対して改善命令等の行政処分を経ることなく直ちに通常の司法手続により罰則を科しうる方式。大気汚染防止法13条，33条の2がその例である）をとらず，次に述べる通り，改善命令違反に対して罰則を設けるにとどまっている。

このように，規制基準違反に対して罰則がない理由は，悪臭による被害が感覚的被害を主とするという特殊性によるものである。すなわち，悪臭による被害は，人に不快感・嫌悪感を与えるといういわば感覚的な被害をその本質とするところから，規制基準を超えて悪臭原因物が事業場から排出されていても，たまたまその事業場が立地条件等に恵まれていて，その周辺に被害を受ける住居がないケースが存在し，このような場合には規制基準違反をもって直ちに罰するだけの必要性がない，という理由による。

市町村長は，規制地域内の事業場における事業活動に伴って発生する悪臭原因物の排出が規制基準に適合しない場合において，その不快なにおいにより住民の生活環境が損なわれていると認めるときは，当該事業場を設置している者に対し，相当の期限を定めて，その事態を除去するために必要な限度において，悪臭原因物を発生させている施設の運用の改善，悪臭原因物の排出防止設備の改良その他悪臭原因物の排出を減少させるための措置を執るべきことを勧告することができる（改善勧告。8条1項)。

そして，市町村長は，勧告を受けた者がその勧告に従わないときは，相当の期限を定めて，その勧告に係る措置を執るべきこと（従って，改善勧告をしなかった措置をいきなり改善命令によって命ずることはできない[38]）を命ずることができる（改善命令。8条2項）。この命令への違反には罰則（1年以下の懲役または百万円以下の罰金）がある（24条）。

なお，市町村長は，当該市町村の住民の生活環境を保全するため必要があると認めるときは，関係市町村長に対し，悪臭原因物を排出する事業場について改善勧告または改善命令を出すべきことを要請することができる（9条後段）。

また，市町村長は，改善勧告または改善命令に関し必要があると認めるときは，当該事業場を設置している者に対し，悪臭原因物を発生させている施設の運用の状況，悪臭原因物の排出防止設備の設置の状況，事業場における事故の状況及び事故時の応急措置その他悪臭の防止に関し必要な事項の報告を求め，またはその職員に当該事業場に立ち入り，悪臭の防止に関し，悪臭原因物を発生させている施設その他の物件を検査させることができる（20条1項）。「改善勧告または改善命令に関し必要があると認めるとき」の具体例については，2.7で述べる。

この規定による報告をせず，若しくは虚偽の報告をし，またはこの規定による検査を拒み，妨げ，若しくは忌避した者には罰則（30万円以下の罰金）がある（28条）。(注1)(注2)(注3)(注4)(注5)(注6)

(注1)「不快なにおいにより生活環境が損なわれている」の意義

単に規制基準違反の状態があれば改善勧告を発動することができるものとはせず，住民の生活環境が損なわれていることを要件とした理由は，以下のように説明されている[39]。

規制基準の基本的な考え方からして，一般的には，規制基準違反の悪臭原因物の排出があれば生活環境が損なわれているものと考えられるが，悪臭による被害は人に不快感や嫌悪感を与えるといういわば感覚的な被害にとどまるのが通例であり，一般には悪臭原因物の蓄積による環境の破壊のおそれも考えられない。このため，仮に規制基準に不適合の悪臭原因物が排出され，または漏出しても，自然的・社会的条件に恵まれ，住民の生活環境が損なわれていないという場合もあり，このような場合には必ずしも改善勧告を発動する必要はないものと考えられる。

「不快なにおいにより生活環境が損なわれている」について，臭気対策行政ガイドブックは，「苦情の有無，事業場から発生する臭気の程度，事業場の操業状態及び住居との位置関係などを総合的に判断することが望ましい」と述べており[40]，臭気指数規制ガイドラインも同旨である[41]。一方，ハンドブック悪臭防止法六訂版は，「当該改善勧告・改善命令の対象となる事業場に対する住民からの苦情が発生していることを前提として，当該地域の自然的，社会的条件及びにおいの強さ，継続時間，頻度等を総合的に勘案して判断する必要がある」と述べている[42]。後者は，住民から苦情があることが生活環境が損なわれていると認められるための必要条件であると考えているのに対し，前者は必ずしもそうでない（つまり，住民からの苦情の有無が一つの判断材料となるに過ぎず，苦情は必要条件ではない）という点に違いがあるように思われる。

(注2) 改善勧告及び改善命令に関する注意

「悪臭防止法の施行について」(環境事務次官通知）の第六は，改善勧告及び改善命令について，次の趣旨を述べている[43]。

① 住民の生活環境が損なわれているか否かは，当該地域の自然的，社会的条件の差異，住民からの苦情の申出などの状況に則して判断する。

② 改善勧告または改善命令の内容は，生活環境の悪化を除去するに必要な範囲に限るものとし，できる限り具体的な措置を指示する。

③ 改善勧告または改善命令の内容には，事業場の移転または操業停止は含まれない。

但し，③について，ある事業の敷地内において悪臭原因物を発生させている施設の配置を変更することや，結果的に操業の停止・短縮につながる施設の改善や施設の運用の改善，施設の使用停止，作業方法の改善等は改善勧告の内容となりうる[44]。

また,「悪臭防止法の施行について」(大気保全局長通知）の第四の（二)[45]は，改善勧告及び改善命令について，次の趣旨を述べている。

① 改善勧告または改善命令の内容は，生活環境の悪化を除去するに必要な範囲に限られる。従って，規制地域内の事業場からの悪臭物質の排出が悪臭防止法4条1号（現4条1項1号…筆者注）の規制基準及び同条2号（現4条1項2号…筆者注）の規制基準の双方に適合しない場合において，当該規制地域の住民の生活環境が専ら一の規制基準に適合しないことにより損なわれていると認められるときは，当該規制基準の不適合に関し，悪臭物質の排出を減少させるための改善勧告または改善命令を発動すれば足りる。

② 改善勧告または改善命令の主な内容としては，次のようなものがある。

ア 悪臭物質を発生させている施設の密閉化，工程の改善等による悪臭物質排出量の減少

イ 排出ガスの洗浄装置，燃焼装置，吸着装置，中和装置等，悪臭物質排出防止設備の設置または改善による悪臭物質排出量の減少

ウ　清掃周期の短縮，点検修理の励行等，悪臭物質を発生させている施設の運用の改善及び原材料入荷の調整等の作業管理の適正化による悪臭原因物質排出量の減少

最後に，臭気指数規制ガイドラインは，改善勧告及び改善命令について以下のように述べている[46]。

「住民の生活環境が損なわれている事態を除去するのに必要な範囲で実現可能な改善措置を示し勧告及び命令を行うこと。また，物質濃度規制地域を新たに臭気指数規制地域として設定した場合にあっては，事業者における物質濃度規制への従来からの取り組み状況についても考慮する。特に，小規模事業者にあっては，事業活動に及ぼす影響について配慮し，改善期間の延長，段階的実施，必要な資金の斡旋等を示すこと。」

臭気対策行政ガイドブックも同趣旨を述べた上で，追加して「また，物質濃度規制地域を新たに臭気指数規制地域として設定した場合にあっては，事業者における物質濃度規制への従来からの取組み状況についても考慮する」と述べている[47]。

(注3) 相当の期限[48]

市町村長が改善勧告を出す場合には，勧告を受ける事業者がその勧告に係る改善措置を実施すべき期限を明示しなければならない。その期限は一律に定められるものではなく，その事業場からの規制基準を超えた悪臭原因物の排出または漏出によって受けている住民の被害の程度と，その改善措置の実施の難易度，改善工事等に要する期間，資金調達期間等を考慮して，個々の具体的なケースごとに合理的に定められなければならない。

たとえば改善措置の内容が大規模なものである，あるいは技術的に困難な点の多いものであるような場合には，その期限は比較的長期に定められることもあり得るが，一般的には可能な限り短期の期限が付されるべきであり，住民が受けている被害が大きい場合には，たとえ事業者にとって改善措置の実施が資金調達能力等から見て相当に困難なものであるとしても，技術的に可能な限り短期の期間が定められなければならない。

市町村長が改善命令を出す場合にも，その改善命令に係る改善措置を実施すべき「相当の期限」を定めることとされているが，改善命令に付される期限は，改善勧告の場合に付された期限と同等の期間か，あるいはそれ以下の期間となるように定められるものと考えられる。

(注4) 測定の委託

市町村長は，8条1項の勧告を行なうために必要な測定を次の者に委託することができる（12条)。

特定悪臭物質の濃度の測定については，これを適正に行うことができるものとして環境省令で定める要件を備える者（悪臭防止法施行規則８条により，計量法に基づく環境測量士並びに国，地方公共団体及び独立行政法人であって当該計量証明の事業を適正に行う能力を有するものとして政令で定めるものと定められている）。

臭気指数及び臭気排出強度に係る測定については，国，地方公共団体または臭気測定業務従事者若しくは臭気指数等に係る測定の業務を行う法人（当該測定を臭気測定業務従事者に実施させるものに限る）。

臭気測定業務従事者とは，臭気判定士試験及び適性検査（嗅覚検査）に合格しており，かつ臭気判定士免状の交付を受けている者（12条１号及び悪臭防止法施行規則11条）またはこれと同等以上の能力を有すると認められる者で，環境省令で定める者（12条２号）である。

（注５）改善命令についての制約

改善命令については制約があり，以下の各場合には改善命令を出すことができない（8条３項・４項）。

① 当該事業場の存する地域が規制地域となった日から１年間は，当該事業場を設置している者について

② 当該事業場において発生する悪臭原因物の排出についての規制基準が新たに設けられた日から１年間は，当該事業場を設置している者の当該悪臭原因物の排出について

③ 当該事業場において発生する悪臭原因物の排出についての規制基準が強化されたときは，その日から１年間，その排出が強化される前の規制基準に適合している場合について

（注６）小規模事業者に対する配慮

市町村長は，小規模の事業者に対して改善勧告または改善命令を出すときには，その者の事業活動に及ぼす影響についても配慮しなければならない（8条５項）。一般的に技術水準も低く，資力も少なく，またゆとりがない場合が多いという小規模事業者の実態を考慮した規定である[49]。

小規模の事業者については定義がないが，ハンドブック悪臭防止法六訂版では，常時使用する従業員数が10人以下の事業者を目安としているとされている[50]。また，「配慮」の具体的な内容としては，①実施すべき改善措置及びその期限の決定にあたってはその者の事業活動を著しく困難にすることのないようにできるだけ改善措置の段階的実施や期限の延長などを行う，②小規模事業者に対して勧告しまたは命令した改善措置の実施を容易にするように融資または融資のあっせん，技術的援助等の助成措置を実施すること等があ

げられている[51]。

事業者の義務（2）…事故発生時

規制地域内に事業場を設置している者は，当該事業場において事故が発生し，悪臭原因物の排出が規制基準に適合せず，または適合しないおそれが生じたときは，①直ちに，その事故について応急措置を講じ，かつ，その事故を速やかに復旧しなければならず，②直ちに，その事故の状況を市町村長に通報しなければならない（10条1項・2項)。

但し，②については，大気汚染防止法17条2項の規定による通報の受理に関する事務が同法31条1項により政令で定める市の長が行うこととされている場合において当該通報を当該政令で定める市の長にしたとき及び石油コンビナート等災害防止法23条1項の規定による通報をした場合は，通報の必要はない（10条2項但書)。(注1)(注2)(注3)

(注1)「事故」の意義[52]

事故とは，たとえば悪臭原因物を製造している施設や悪臭原因物の処理施設等に故障，破損等があった場合等であり，人為的な原因による事故の他に，地震・火災等の災害による事故や停電等による施設の機能の一部停止なども含まれる。具体的には工場等におけるタンクや配管等の破損や脱臭塔のトラブルの他，野外の中古タイヤ集積場等の火災事故等が想定される。

(注2) 市町村長への通報義務（10条2項）の立法趣旨[53]

中古タイヤ集積場の火災など，事故時の悪臭被害については，一時的に大量の悪臭物質が放出され，大きな被害をもたらす傾向にあることや，原因が不明で住民に不安が広がるなどの特性がある。平成12年の悪臭防止法改正前は，事業者が市町村長に事故について通報する仕組みとなっていなかったことから，行政による初動体制が確保されず，悪臭に係る被害が発生する可能性が高くなっていた。また，事業者が事故時に適切な応急措置を講じない場合には，住民の生活環境を保全するため，行政が何らかの措置を執る必要があるが，このような緊急を要する場合においては，8条の改善勧告・命令のスキームは有効に機能しなかったことから，このような事故時における悪臭被害を防止するため，平成12年度の悪臭防止法改正により，10条2項の市町村長への通報義務の規定が設けられた。

(注3) 通報義務の免除[54]

事故時に，事業者に複数の法律に基づく通報をさせることは，事態への迅速な対応の観点から望ましくない。このため，次の要件を満たした法に基づく市町村長（環境部局）への通報がなされるものについては，義務の免除を行うこととしている。

① 当該施設に責任を持つ者から，市町村長（環境部局）に確実に通報が到達すること。

② 「直ちに」通報されることが担保されること。

この２つの要件を満たしているのは大気汚染防止法（同法の定めにより政令市に通報をした場合）及び石油コンビナート等災害防止法であることから，本文で述べた通り，これらの事故時の措置の規定に基づく通報があった場合には悪臭防止法の通報義務が免除される。

市町村長は，規制地域内の事業場において事故が発生し，悪臭原因物の排出が規制基準に適合せず，または適合しないおそれが生じたときにおいて，当該悪臭原因物の不快なにおいにより住民の生活環境が損なわれ，または損なわれるおそれがあると認めるときは，当該事業場を設置している者に対し，引き続く当該悪臭原因物の排出の防止のための応急措置を講ずべきことを命ずることができる（10条３項）。この命令については，８条３項・４項（前出の「改善命令についての制約」すなわち猶予期間）が準用される。(注1)(注2)

(注１) 当該悪臭原因物の不快なにおいにより住民の生活環境が損なわれ，又は損なわれるおそれがあると認めるとき[55]

不快なにおいにより生活環境が損なわれているか否かは，苦情があるかどうかや，においの程度によりある程度判断される。また，不快なにおいにより生活環境が損なわれるおそれがあるか否かは，事業場の敷地境界線のにおいの程度により判断される。

(注２) 規制基準に適合しないおそれが生じたとき[56]

10条３項・１項の文言から，市町村長が事故時の応急措置命令を発動する要件には，悪臭原因物の排出が「規制基準に適合しないおそれが生じたとき」も含まれる。すなわち，現時点では規制基準には適合しているものの，近い将来規制基準に適合しない蓋然性が高い場合には，市町村長が応急措置命令を発動するにあたり，規制基準に適合しているか否かを判定するために悪臭原因物の測定を行うことは必ずしも必要でない。これは，事故時においては一時的に多量の悪臭物質が放出され，被害が大きくなる傾向にあり，迅速な対応が必要となるためである。

応急措置とは，たとえば火災事故の場合，消防による消火で鎮火することによって悪臭がおさまれば，それ以上措置をとる必要はないが，燃え残りなどが焦げ臭を発し，悪臭被害が生じているような場合は，その燃え残りを撤去することなど悪臭原因物の排出の防止のための応急措置が必要となる。

ここでいう応急措置には，公共用水域に流出した悪臭原因物の回収，被害の復旧作業等の措置は含まれておらず，必ずしも原状回復義務とは一致しない。

この応急措置命令は，事業者が応急措置を全く講じていない場合だけでなく，講じた応急措置が不十分な場合も発することができる[57]。なお，応急措置が実施されず，または不十分に実施された場合には，8条に基づく改善勧告または改善命令を発することもできる（悪臭防止法の施行について［環境事務次官通知］の第八[58]）。

応急措置命令に対する違反には罰則（6月以下の懲役又は50万円以下の罰金）がある（27条）。また，この命令に関しても，8条のところで述べた報告義務・検査への協力義務及びそれらに従わない場合の罰則が適用される（20条1項・28条）。

この罰則は平成12年の悪臭防止法改正前にはなく，同年の改正により設けられたものであり，これによって事故時の対応の強化が図られた[59]。

27条及び28条の罰則には両罰規定がある（30条）。

市町村長は，10条3項の命令を行なうために必要な測定の委託ができる（12条）。12条に基づく委託の相手方については，前述したことがそのまま当てはまる。

国民の責務

（1） 日常生活における行為に関する注意

何人も，住居が集合している地域においては，飲食物の調理，愛がんする動物の飼養その他その日常生活における行為に伴い悪臭が発生し，周辺地域における住民の生活環境が損なわれることのないように努めるとともに，国又は地方公共団体が実施する悪臭の防止による生活環境の保全に関する施策に協力しなければならない（14条）。

この規定は，第17条（国及び地方公共団体の責務）とともに，平成7年の悪臭防止法の一部改正により新たに規定された。その立法趣旨は以下の通りである[60]。

環境基本法は，その基本理念において，環境への負荷の少ない持続的発展が可能な社会の構築に向け，すべての者の公平な役割分担の下に環境の保全に関する行動が自主的かつ積極的に行われることが必要である旨を規定しており，政府は，同法及びこれに基づき平成６年12月に閣議決定された環境基本計画を踏まえ，施策の具体化を図っていくこととしている。

環境基本法の実施法の一つである悪臭防止法においても，当然に環境基本法の基本理念を受けた法体系としていくことが必要であることから，平成７年に悪臭防止法を見直すにあたって，国民一人ひとりや国，地方公共団体その他の関係者が適切な役割分担のもとで悪臭の防止を図っていくべきことを明らかにするため，14条及び17条が規定されたものである。

日常生活に伴う悪臭の苦情の主なものとしては，家庭ごみ，ペットのふん尿，側溝に無処理で排出される生活排水，公衆トイレ等があげられる。これらについては，従来の規制的手法による対策には必ずしもなじまず，国民一人ひとりの意識啓発を図っていくことが有効であると考えられることから，14条の国民の責務が規定された[61]。14条違反の行為については罰則はない。

この責務の適用対象は住居が集合している地域であるが，住居が集合している地域とは，３条により規制地域としての指定が行われている地域は当然該当するが，規制地域としての指定が行われていない地域であっても住居が集合している地域は該当する[62]。

「飲食物の調理，愛がんする動物の飼養」とは，悪臭の原因となりうる日常生活における行為の例示である。本条により求められる生活態度として具体的には，調理の際の排気が近隣の迷惑にならないよう配慮する，側溝等に溜まってにおいのもとになる台所排水の流し方に留意する，調理くず等のごみ集積場への出し方に留意する，ペットのふん尿を適切に始末する，公衆トイレ等の清潔な使用に心がけるといったことがあげられている[63]。

日常生活に伴う行為の例示であるから，飲食店，ペットショップ，畜産業等の事業場は除かれる。これらの事業場は３条以下の規制の対象となる。

（2） 悪臭が生ずる物の焼却の禁止

何人も，住居が集合している地域においては，みだりに，ゴム，皮革，合成樹脂，廃油その他の燃焼に伴って悪臭が生ずる物を野外で多量に焼却してはならない（15条）。

この規定は，快適な市民生活を送る上で当然に必要な住民としてのモラル，責務を規定したものであって，違反者に対する罰則規定はない[64]。なお，規制地域内の事業場の敷地内において行われる焼却行為に伴って排出される悪臭については，４条１項または２項により定められる規制基準が適用され，敷地境界等において規制基準を超過し，かつその不快なにおいにより周辺住民の生活環境が損なわれているときには，８条に基づいて改善勧告や改善命令を出すことができる[65]。

14条と同様に，住居が集合している地域における責務である。「みだりに」とは，適切な燃焼設備や悪臭防止設備を設置せず，十分な管理を怠って思慮もなくむやみやたらに，という意味であり，「野外」とは，適切な燃焼設備や悪臭防止設備を設置していない屋外で，という意味である[66]。従って，適切な燃焼設備や悪臭防止設備を設置していれば，15条に掲げられているような物質を多量に焼却することは問題ない。(注)

(注) 燃焼設備や悪臭防止設備を設置していれば多量に焼却してもよい

「適切な燃焼設備や悪臭防止設備を設置していれば，15条に掲げられているような物質を多量に焼却することは問題ない」という理解の根拠となる記述が，「悪臭防止法の施行について」(環境事務次官通知) の中にある。関連部分は以下の通りである[67]。

「左記の事項にご留意のうえ，本法の施行に格段のご尽力を願いたく，命により通達する。

記

第10　その他

(2)　事業者または一般の住民は，適切な焼却施設を備えることなく住居が集合している地域でゴム，廃油その他の燃焼に伴つて悪臭が生ずる物を野外で多量に焼却することが禁止されているので，この旨周知徹底されたいこと。」

この他，下水溝，河川，池沼，港湾その他の汚水が流入する水路または場所を管理する者について，悪臭の発生を防止する義務が課せられているが (16条)，この義務を負う者は通常は私人でなく地方公共団体等の公的団体であるので，この規定については2.7で述べる。

2.4 規制地域

都道府県知事または市長による規制地域の指定

規制地域は，都道府県知事または市長によって指定される（3条）。3条の全文は次の通りである。

> 「都道府県知事（市の区域内の地域については，市長。次条及び第6条について同じ。）は，住民の生活環境を保全するため悪臭を防止する必要があると認める住居が集合している地域その他の地域を，工場その他の事業場（以下単に「事業場」という。）における事業活動に伴つて発生する悪臭原因物（特定悪臭物質を含む気体又は水その他の悪臭の原因となる気体又は水をいう。以下同じ。）の排出（漏出を含む。以下同じ。）を規制する地域（以下「規制地域」という。）として指定しなければならない。」

指定地域制（指定水域制）は，旧水質保全法（公共用水域の水質の保全に関する法律）や旧ばい煙規制法（ばい煙の排出の規制等に関する法律）以来の日本の公害規制法の伝統的な仕組みであるが，昭和45年末の公害国会（第64回臨時国会）において制定された公害規制法では，指定地域制（指定水域制）を廃止し，規制を全国的に拡大するという方向がとられた。これは，全国的に大気汚染，水質汚濁等がいっそう複雑化・深刻化し，指定地域（指定水域）外において黒部市カドミウム汚染事件，田子の浦ヘドロ事件等の深刻な環境汚染問題が発生したことに対する反省によるものである。

このような傾向にもかかわらず悪臭防止法が指定地域制度をとることにした理由は，悪臭による被害の特性による。すなわち，悪臭による被害は，本質的には人に不快感・嫌悪感を与えるということにとどまるものであり，人に悪臭を感じさせることがない地域においては，悪臭の排出を規制する必要がないと考えられる。しかも，悪臭による被害は一時的なものと考えられ，米穀類や魚介類等に蓄積されたり，これを摂取した人体に重篤な被害を及ぼしたりすることがないので，現に悪臭規制が必要な地域に限って規制すればよいと考えられたのである[68]。

この点に関し，「悪臭防止法の施行について（環境事務次官通知）」の第四の（一）[69]は，次のように述べている。

> 「悪臭による被害は，人に不快感，嫌悪感を与えるにとどまること，一時的なものであつて蓄積性がないこと等の特殊性があることにかんがみ，規制地域

としては，住居が集合している地域，学校，病院等の周辺その他悪臭を防止することにより住民の生活環境を保全する必要があると認められる地域を規制地域として指定し，当該地域について規制措置を講ずることとしているものであること（法第3条）。」

規制地域の指定権者[70]

規制地域を指定する事務は，平成11年の「地方分権の推進を図るための関係法律の整備に関する法律」の施行に伴い，都道府県知事並びに指定都市，中核市，特例市及び特別区の長の自治事務であったが，平成23年の「地域の自主性及び自立性を高めるための改革の推進を図るための関係法律の整備に関する法律」の施行に伴い，都道府県知事（市の区域内の地域については市長）の自治事務となった。従って，町村の区域については都道府県知事が規制地域を指定し，市の区域内の地域については市長が規制地域を指定することになる。これは，悪臭防止行政に関して，市は事務処理能力が十分備わっているものと認められることによる。

特別区は，地方自治法281条2項により，市が処理することとされるものを処理する。従って，特別区の区域内については特別区の区長が規制地域の指定を行う。

指定の対象

規制地域として指定すべき対象は，「住民の生活環境を保全するため悪臭を防止する必要があると認める住居が集合している地域その他の地域」である。

「住民」とは，本来的な意義としては，市町村の区域内に住居すなわち生活の本拠を持つ者が市町村の住民であり，同時にその市町村を包摂する都道府県の住民とされるが，悪臭防止法上は，より広い概念として住民という語を使っており，必ずしもその市町村または都道府県の区域内に住所を有していることは必要でなく，一般的に「人」というのと同じ程度の意義をもつ。従って，たとえば，その区域内の学校・事業場等に通学・通勤しているいわゆる昼間生活者や，病院に他の区域から来て入院している患者なども上記にいう「住民」に該当すると解される[71]。

「生活環境」の意義については2.2で述べた。

「住居が集合している地域」とは，都道府県知事及び市長が住民の生活環境を保全する必要があると認める地域の例示である。住居とは，人が居住して日常生活に用いている家屋等の場所をいい，住民の居住が永続的であることを要せず，一時的でもよいし，またその場所で常時継続して日常生活を送っているか否かは，住居であるかどうかの判断には必要がない[72]。

住居が集合している地域であるか否かについて，1平方キロメートルにつき何軒以上といった一律の基準が設けられているわけではない。これは，地域の実情に応じて具体的に判断されるべきであるという考え方によるものであるが，その地域における悪臭問題について，公害問題として公法上の規制を行うことにより住民の生活環境を保全する必要があると思われる程度に住居が集合している地域については，規制地域として指定すべきである[73]。

住居が集合している地域とは，都市計画法上の住居地域や，住居専用地域，商業地域はもちろんのこと，工業地域や準工業地域についても，当該地域内において住居が集合していると認められる地域は，3条にいう住居が集合している地域であり，規制地域として指定されることが適当である[74]。

一方，工業専用地域や港湾法上の臨港地区については，当該地域は専ら工業の用に供される地域または港湾を管理運営するための地区であって，住居は存在しないものと考えられるので，原則として規制地域として指定しないこととされているが，当該地域内の事業場からの悪臭により当該地域外の規制地域内の住民の生活環境が損なわれていると認められる場合については，所要の区域を規制地域として指定するものとされている[75]（「悪臭防止法の施行について」[環境事務次官通知] の第四の（二）[76]）。

次に，住居が集合している地域ではないが規制地域として指定されるべき「その他の地域」としては，例えば，学校，保育所，病院，診療所，図書館，老人ホーム等の存在する地域及びその周辺の地域があげられる。多数の人がその施設を利用しており，その施設の果たしている機能から見て，規制地域として悪臭から生活環境が保全されることが必要と考えられるからである。また，名所・旧跡・景勝地など，多数の人が集合し利用する地域（場所）及びその周辺地域も，規制地域として指定することが考えられる[77]。

規制地域として指定されるべき周辺地域は，その地域の地形，気象などの条件や悪臭発生源から悪臭が到達する距離などによって定まる[78]。

さらに，その地域自体には多数の人が利用する施設（学校，病院等）や，多数の人が集合し利用する場所（名所，旧跡等）は存在しなくても，その地域に存在する事業場からの悪臭によって当該地域外の規制地域内の住民の生活環境が損なわれているときには，当該事業場の存在する地域を規制地域として一体的に指定するのが適当である[79]（「悪臭防止法の施行について」[環境事務次官通知] 第四の（二）[80]）。

なお，将来的に生活環境を保全する必要がある地域として認められる場合も，指定地域に指定すべきである[81]。

排出・漏出[82]

３条で用いられている「排出」とは，広義には，汚染物質が外に出ていく状態をいうが，狭義には，汚染物質等を工場または事業場の生産施設，気体排出口など自己の支配管理可能領域からその外部に意思をもって放出することをいい，また，「漏出」とは工場または事業場内の施設，建屋等から気温変化，風などにより汚染物質が非意図的に漏れ出ることをいう。

悪臭防止法においては，悪臭問題の発生状況からみて，悪臭原因物の狭義の排出と漏出の双方を規制する必要のあるところから，悪臭防止法における排出には漏出も含まれることが明示されている。

市町村長の意見の聴取

① 都道府県知事が規制地域を指定する場合（つまり，町村の区域について規制地域を指定する場合）

都道府県知事は，規制地域の指定をする場合や，規制地域を変更したり規制地域の指定を解除したりしようとするときは，当該規制地域を管轄する町村長の意見を聴かなければならない（5条1項）。

また，この場合に，都道府県知事は，必要があると認めるときは，当該規制地域を管轄する町村長のほか，当該規制地域の周辺地域を管轄する市町村長（特別区の区長を含む）の意見を聴くものとする（5条2項）。

② 市長が規制地域を指定する場合（つまり，市の区域内の地域について規制地域を指定する場合）

市長は，規制地域の指定をする場合や，規制地域を変更したり規制地域の指定を解除したりしようとする場合において，必要があると認めるときは，当該規制地域の周辺地域を管轄する市町村長の意見を聴くものとする（5条3項）。

規制基準を定める場合（4条）に関しても上記と同じ定めがある（上記の各条項）。

これらの規定は，悪臭問題が地域性の強い問題であることから，規制地域の指定及び規制基準の設定にあたって，あらかじめ，規制地域を管轄している町村長及び規制地域の周辺地域を管轄している市町村長（特別区の区長を含む）の意見を十分に聴取することにより，地域の特性や実情に応じたきめ細かな規制基準を設定できるようにするためのものである[83]。

また，第２項において特に規制地域の周辺地域の市町村長（特別区の区長を含む）の意見を聴くものとした理由は，悪臭問題がいくつかの市町村にまたがる広域的な問題になっている場合もあり，そのような場合には，悪臭問題の実態に応じてできるだけ広範囲の市町村の長（特別区の区長を含む）の意見を聴くべきであるということによる[84]。

ここにいう「周辺地域」とは，第２項が数市町村（特別区を含む）間にまたがる広域的な悪臭問題を念頭において規定されたものであることから，境界を接している市町村（または特別区）の区域だけでなく，境界を接していなくても悪臭による影響の及ぶおそれのある地域までも含まれるものと解される[85]。

また,「必要があると認めるとき」とは，ある市町村の管轄地域に属する規制地域内に所在する工場その他の事業場から排出された悪臭原因物が，当該規制地域の周辺地域の市町村の住民の生活環境に影響を及ぼすおそれがあると考えられる場合などである[86]。(注１)(注２)

(注 1)「意見を聴かなければならない」と「意見を聴くものとする」の違い[87]

「意見を聴かなければならない」と規定されているにもかかわらず，関係町村長の意見を聴かずに規制基準を設定した場合には，この処分は効力を生じない。意見を聴いた場合には，知事は町村長の意見の内容を尊重する責務を負うものと考えられるが，町村長の意見に反する処分を行っても，当該処分は法律的には有効であると考えられる。

一方，「意見を聴くものとする」と規定されているにもかかわらず，関係市町村長の意見を聴かずに規制基準の設定等の処分を行った場合には，好ましいことではないものの，法律上は有効な処分となるものと考えられる。

(注 2) 騒音規制法との違い[88]

騒音規制法においては，規制基準の設定について市町村長の意見の聴取を要するものとはされていないが，これは次の理由による。

騒音規制法においては，国が指定地域を第一種区域（良好な住居の環境を保全するため，特に静穏の保持を必要とする区域)，第二種区域（住居の用に供されているため，静穏の保持を必要とする区域)，第三種区域（住居の用にあわせて商業，工業等の用に供されている区域であって，その区域内の住民の生活環境を保全するため，騒音の発生を防止する必要がある区域)，第四種区域（主として工業の用に供されている区域であって，その区域内の住民の生活環境を悪化させないため，著しい騒音の発生を防止する必要がある区域）の４種の地域に区分し，その地域ごとに時間帯の区分に応じた騒音の大きさについての規制基準の幅を示し，都道府県知事は，騒音の大きさに着目して，その範囲内において規制基準を設定することとしていること，市町村は，当該地域の自然的，社会的条件に特別の事情があるため，都道府県知事により定められた規制基準によっては当該地域の住民の生活環境を保全することが十分でないと認めるときは，条例で，環境大臣の定める範囲内において，騒音規制法の規制基準に代えて適用すべき規制基準を定めることができることから，特に市町村長の意見を事前に聴取する必要性がないと考えられた。

但し，実際の運用としては地域指定にあたり市町村長の意見を聴くことが望ましいとされている。

規制地域の指定等の公示

都道府県知事（3条により，市の区域内の地域については市長）は，規制地域の指定をしたり，変更したり，あるいは解除したりするときは，環境省令で定めるところにより公示しなければならない（6条）。

規制地域の指定が行われ，規制基準が施行されると，その規制地域内の事業場の設置者は規制基準の遵守義務を負うことになり，その事業場からの悪臭原因物の排出（漏出を含む）が規制基準に適合せず，その不快なにおいにより住民の生活環境が損なわれていると認められる場合には，市町村長は改善勧告及び改善命令を出すことになる。このように，規制地域の指定が行われると，それがその規制地域内の工場その他の事業場の設置者等の権利・義務に大きく影響を与えるところから，都道府県知事や市長が規制地域を指定した場合には，これを広く一般に周知させるために公表し，これを知ることのできる状態におくこととする趣旨である[89]。4条による規制基準の制定についても同じ規定がある（6条）。

「環境省令で定めるところ」とは，具体的には悪臭防止法施行規則7条に規定されており，この公示は都道府県（または市・特別区）の公報に掲載して行うものとされている。

また，「悪臭防止法の施行について」（大気保全局長通知）の第三によれば，規制地域の範囲は，行政区画またはそれに準ずるものにより表示するか，または個々の事業場もしくは住居がどの地域に存するか明らかにされている図面により表示することとされている[90]。

2.5 特定悪臭物質

2.5.0 本節の内容

特定悪臭物質の定義は2条1項であり，その規定は，

「この法律において「特定悪臭物質」とは，アンモニア，メチルアルカプタンその他の不快なにおいの原因となり，生活環境を損なうおそれのある物質であつて政令で定めるものをいう。」

である。ここにいう「政令」とは悪臭防止法施行令1条であり，同条は,「悪臭防止法（以下「法」という。）第2条第1項の政令で定める物質は，次に掲げる物質とする。」として，22種類の特定悪臭物質を列挙している。

本節では，この22種類の特定悪臭物質に関する情報を，悪臭防止法施行令1条の規定順に物質ごとに示す。

記載する情報は以下の通りである。

① 物質名
② 日本語名
③ 英語名
④ 示性式
⑤ 分子式
⑥ 構造式
⑦ 骨格
⑧ 官能基
⑨ 用途
⑩ 外観
⑪ 臭気
⑫ その他外観的特徴
⑬ 物理的性状（分子量，比重，比重測定温度，蒸気密度，水溶性，水溶性測定温度，溶解度，融点，沸点，蒸気圧，蒸気圧測定温度）
⑭ 燃焼・爆発特性（燃焼性，爆発範囲，引火点，発火点）
⑮ 分解性（熱分解性，加水分解性）
⑯ その他化学反応特記
⑰ 大気汚染防止法，水質汚濁防止法，PRTR法及び化審法（これらの法律の内容については第3章で述べる）における取扱い

⑱　毒性症状
⑲　主要な発生源事業場

これらの情報の出典と，それぞれに上記のどの項目が記載されているかを以下に記す。

○「日本化学物質辞書 Web」(独立行政法人科学技術振興機構)
(http://nikkajiweb.jst.go.jp/nikkaji_web/pages/top.html)
…⑥

○「化学物質安全情報提供システム (Kis-net)」(神奈川県環境科学センター)
(http://www.k-erc.pref.kanagawa.jp/kisnet/index.htm)
…⑥と⑲を除くすべて

○「国際化学物質安全性カード（ＩＣＳＣ)」(国立医薬品食品衛生研究所)
(http://www.nihs.go.jp/ICSC/)
…⑬⑭⑱

○ハンドブック悪臭防止法六訂版の 30 ～ 31 頁の「(特定悪臭物質の）物理化学的性状、におい及び主な発生源」
…⑪

○ハンドブック悪臭防止法六訂版の 35 ～ 37 頁の「別表　各悪臭物質の主要発生源事業場」
（これは，悪臭防止法の施行時及びその後の悪臭防止法施行令改正により特定悪臭物質が追加された際にそれぞれ出された環境庁大気保全局長通知[91] において示された事項がまとめられたものである）
…⑲

以下の説明中には，これまでに出てこなかった用語がいくつか出てくるので，まずそれらの用語の意義を掲げる。

〔ノルマル[92]（ドイツ語 Normal)〕

鎖式炭素化合物で構造式に枝のない直鎖状のもの。記号はｎ－。

〔爆発範囲・爆発限界[93]〕

爆発範囲は燃焼範囲ともいい，着火により爆発または燃焼する混合気体の濃度範囲をいう。爆発範囲の限界濃度を爆発限界（燃焼限界）といい，通常，空気中の可燃性ガスまたは蒸気の容量％で示す。薄いほうを下限界，濃いほうを上限界と呼ぶ。

〔蒸気密度（気体比重，蒸気比重)[94]〕

気体の比重のことであり，標準状態（0 ℃，1 気圧）の空気の重さを基準

（空気＝1）とする無名数である。

〔引火点（引火温度）[95]〕

可燃性蒸気を発生する液体または固体において，炎が蒸気に触れたとき，燃焼が起こるのに必要な液体または固体の温度をいう。

〔発火点（発火温度）[96]〕

着火源を与えないで，物質を空気中または酸素中で加熱することによって発火または爆発を起こす最低温度をいう。発火点は物質を加熱する容器の大きさや形，材質，表面状態，加熱温度などにも影響されるため，物質特有の定数ではない。

〔嗜眠[97]〕

睡眠を続け，強い刺激を与えなければ目覚めて反応しない状態。意識障害の一種で，さらに進めば昏睡に陥る。

〔合成中間体〕

中間体（中間生成物）とは，化学反応において最終生成物に至るまでの反応の途中で生成する物質のことである[98]が，「合成中間体」という用語については説明した文献が見当たらず，意味は不明である。

個々の特定悪臭物質の説明に入る前に，各特定悪臭物質について，① 3種類の規制基準（4条1項1号～3号）のうちどれが適用されるか，②臭気強度と濃度の関係，③臭気強度と快・不快度の関係，の3つを示した一覧表を掲げる。

特定悪臭物質ごとの規制基準の存否及び臭気強度と濃度の関係
(ハンドブック53頁，環境省・臭気対策行政ガイドブック12頁)

物質名	規制基準の存否			臭気強度と濃度の関係(濃度の単位はppm)						
	第1号	第2号	第3号	1	2	2.5	3	3.5	4	5
アンモニア	○	○		0.1	0.6	1	2	5	1×10	4×10
メチルメルカプタン	○		○	0.0001	0.0007	0.002	0.004	0.01	0.03	0.2
硫化水素	○	○	○	0.0005	0.006	0.02	0.06	0.2	0.7	8
硫化メチル	○		○	0.0001	0.002	0.01	0.05	0.2	0.8	2×10
二硫化メチル	○		○	0.0003	0.003	0.009	0.03	0.1	0.3	3
トリメチルアミン	○	○		0.0001	0.001	0.005	0.02	0.07	0.2	3
アセトアルデヒド	○			0.002	0.01	0.05	0.1	0.5	1	1×10
プロピオンアルデヒド	○	○		0.002	0.02	0.05	0.1	0.5	1	1×10
ノルマルブチルアルデヒド	○	○		0.0003	0.003	0.009	0.03	0.08	0.03	2
イソブチルアルデヒド	○	○		0.0009	0.008	0.02	0.07	0.2	0.6	5
ノルマルバレルアルデヒド	○	○		0.0007	0.004	0.009	0.02	0.05	0.1	0.6
イソバレルアルデヒド	○	○		0.0002	0.001	0.003	0.006	0.01	0.03	0.2
イソブタノール	○	○		0.01	0.2	0.9	4	2×10	7×10	1×10^3
酢酸エチル	○	○		0.03	1	3	7	2×10	4×10	2×10^2
メチルイソブチルケトン	○	○		0.2	0.7	1	3	6	1×10	5×10
トルエン	○	○		0.9	5	1×10	3×10	6×10	1×10^2	7×10^2
スチレン	○			0.03	0.2	0.4	0.8	2	4	2×10
キシレン	○	○		0.01	0.5	1	2	5	1×10	5×10
プロピオン酸	○			0.002	0.01	0.03	0.07	0.2	0.4	2
ノルマル酪酸	○			0.00007	0.0004	0.001	0.002	0.006	0.02	0.09
ノルマル吉草酸	○			0.0001	0.0005	0.0009	0.002	0.004	0.008	0.04
イソ吉草酸	○			0.00005	0.0004	0.001	0.004	0.01	0.03	0.3

特定悪臭物質ごとの臭気強度と快・不快度の関係

（ハンドブック54頁）

物質名	臭気強度と快・不快度の関係						
	1	2	2.5	3	3.5	4	5
アンモニア	0.7	-0.4	-0.9	-1.5	-2.0	-2.6	-3.7
メチルメルカプタン	0.0	-0.9	-1.4	-1.9	-2.4	-2.9	-3.8
硫化水素	0.7	-0.5	-1.0	-1.6	-2.1	-2.7	-3.8
硫化メチル	0.3	-0.6	-1.0	-1.5	-1.9	-2.4	-3.2
二硫化メチル	0.4	-0.5	-0.9	-1.4	-1.8	-2.2	-3.1
トリメチルアミン	0.5	-0.5	-0.9	-1.4	-1.9	-2.4	-3.4
アセトアルデヒド	0.1	-0.5	-0.8	-1.1	-1.3	-1.6	-2.0
プロピオンアルデヒド	0.0	-0.8	-1.3	-1.7	-2.1	-2.5	-3.4
ノルマルブチルアルデヒド	-0.4	-1.1	-1.4	-1.7	-2.0	-2.3	-3.0
イソブチルアルデヒド	0.1	-0.7	-1.1	-1.5	-1.9	-2.3	-3.0
ノルマルバレルアルデヒド	0.0	-0.8	-1.3	-1.7	-2.2	-2.6	-3.5
イソバレルアルデヒド	-0.1	-0.9	-1.2	-1.6	-2.0	-2.3	-3.1
イソブタノール	-0.3	-0.9	-1.2	-1.4	-1.7	-2.0	-2.6
酢酸エチル	0.2	-0.4	-0.7	-1.0	-1.2	-1.5	-2.1
メチルイソブチルケトン	0.1	-0.7	-1.1	-1.5	-1.9	-2.3	-3.1
トルエン	0.2	-0.8	-1.2	-1.7	-2.1	-2.6	-3.5
スチレン	0.2	-0.7	-1.1	-1.5	-1.9	-2.3	-3.2
キシレン	-0.2	-0.9	-1.2	-1.5	-1.8	-2.2	-2.8
プロピオン酸	-0.3	-1.0	-1.3	-1.7	-2.1	-2.4	-3.2
ノルマル酪酸	-0.2	-1.0	-1.4	-1.8	-2.2	-2.6	-3.4
ノルマル吉草酸	-0.2	-1.2	-1.6	-2.1	-2.5	-3.0	-3.9
イソ吉草酸	-0.2	-1.1	-1.5	-2.0	-2.4	-2.9	-3.8

前表の快・不快度は，以下の９段階快・不快度表示法による[99]。

快・不快度	内容
+4	極端に快
+3	非常に快
+2	快
+1	やや快
0	快でも不快でもない
-1	やや不快
-2	不快
-3	非常に不快
-4	極端に不快

2.5.1　アンモニア

① 物質名　アンモニア

② 日本語名　アンモニア，エキアン，エキタイアンモニア

③ 英語名　AMMONIA，LIQUID AMMONIA

④ 示性式　NH_3

⑤ 分子式　H_3N

⑥ 構造式

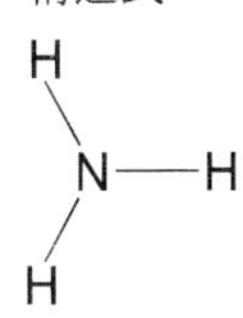

⑦ 骨格　その他の元素鎖

⑧ 官能基　アミノ基

⑨ 用途　火薬，爆薬，肥料・肥料中間体，合成繊維，合成中間体

⑩ 外観　無色気体

⑪ 臭気　刺激臭（し尿のようなにおい）

⑫ その他外観的特徴　空気より軽い，液化しやすい

⑬ 物理的性状

分子量　17.03 ~ 17.04

比重　0.676 ~ 0.771

比重測定温度（℃）　0 ~ 0

水溶性（ppm）　52 ~ 89.9

水溶性測定温度（℃）　0 ~ 20

溶解度　水によく溶ける

融点（℃）　－77.7
沸点（℃）　－33.35
蒸気圧（hPa）　10132
蒸気圧測定温度（℃）　25.7

⑭ 燃焼・爆発特性
燃焼性　発火し難い。火災への曝露あるいは火中においては爆発の危険性がある。
爆発範囲（%）　16～25
発火点（℃）　651

⑮ 分解性
加水分解性　水に不安定
熱分解性　常温では安定だが高温になると成分元素に分解

⑯ その他化学反応特記
酸素，空気，その他酸化剤で酸化され，酸化窒素，硝酸などを生じる

⑰ 大気汚染防止法，水質汚濁防止法，PRTR 法及び化審法における取扱い
大気汚染防止法　特定物質
水質汚濁防止法　要調査項目に係わる物質
PRTR 法　なし
化審法　なし

⑱ 毒性症状
吸入，経口摂取かつ多分その他の投与・摂取方法により毒性を示す。眼，粘膜並びに全身性の刺激剤である。一般的な大気汚染物質である。熱にさらすと有毒な NH_3 及び NOx のガスを発する。
吸入：灼熱感，咳，息苦しさ，息切れ，咽頭痛（症状は遅れて現れることがある）
皮膚：発赤，皮膚熱傷，痛み，水疱（液体に触れた場合は凍傷）
眼　：発赤，痛み，重度の熱傷

⑲ 主要な発生源事業場
畜産農業，鶏糞乾燥場，複合肥料製造工場，でん粉製造工場，化製場，魚腸骨処理場，フェザー処理場，ごみ処理場，し尿処理場，下水処理場等

2.5.2 メチルメルカプタン

① 物質名　メチルメルカプタン

② 日本語名

メチルメルカプタン，チオメチルアルコール，メタンチオール，メチルスルフハイドレート，メチルチオール，メルカプタンルイ，メルカプトメタン

③ 英語名

METHYLMERCAPTAN，MERCAPTOMETHANE，METHANETHIOL，METHYLSULPHYDRATE

④ 示性式　CH_3SH

⑤ 分子式　CH_4S

⑥ 構造式

HS——

⑦ 骨格　直鎖炭素鎖（飽和）

⑧ 官能基　チオール

⑨ 用途

殺虫剤・防虫剤，医薬・医薬中間体，合成中間体，ガスの付臭材・メチオニン

⑩ 外観　気体，無色

⑪ 臭気　強い悪臭（腐敗したキャベツや玉ねぎのような臭気）

⑫ その他外観的特徴　空気より重い，揮発性

⑬ 物理的性状

分子量　48.1 ~ 48.11

比重　0.8599 ~ 0.8665

比重測定温度（℃）　25 ~ 20

蒸気密度　1.66

水への溶解度　2.3 g／100 ml（20 ℃）

融点（℃）　− 123.1 ~ − 123

沸点（℃）　5.95 ~ 5.96

蒸気圧　202 kPa（26.1 ℃）

⑭ 燃焼・爆発特性

燃焼性　引火性あり。熱，炎，酸化物にさらされると非常に危険な火災の原因となる。

爆発範囲（%）　3.9 ~ 21.8

引火点（℃）　− 18 ~ − 17.8

⑮ 分解性

熱分解性　加熱分解し，非常に有毒なSOxガスを発生

⑯　その他化学反応特記

分解発生したSOxガスは水，水蒸気，酸と反応し有毒で可燃性の蒸気を発し，酸化性物質と強力に反応する。

⑰　大気汚染防止法，水質汚濁防止法，PRTR法及び化審法における取扱い

大気汚染防止法	特定物質
水質汚濁防止法	なし
PRTR法	なし
化審法	なし

⑱　毒性症状

催眠作用があり，高濃度のものは中枢神経を麻痺させる。皮膚からも吸収され，長時間では発がんする。直接の接触，蒸気の吸入は有害。

吸入：咳，咽頭痛，めまい，頭痛，吐き気，嘔吐，意識喪失

皮膚：液体に触れた場合は凍傷

眼　：発赤，痛み

⑲　主要な発生源事業場

クラフトパルプ製造工場，化製場，魚腸骨処理場，ごみ処理場，し尿処理場，下水処理場等

2.5.3　硫化水素

①　物質名　　硫化水素

②　日本語名　リュウカスイソ

③　英語名　HYDROGENSULFIDE，HYDROSULFURICACID，
SULFURATEDHYDROGEN

④　示性式　　H_2S

⑤　分子式　　H_2S

⑥　構造式

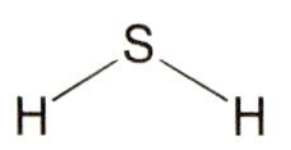

⑦　骨格　　　その他の元素鎖

⑧　官能基　　チオエーテル

⑨　用途

先端技術材料その他，染料，溶剤・洗浄剤，農薬全般（中間体を含む），医薬・医薬中間体，試薬，還元剤，金属の精製，蛍光体，皮革処理

⑩　外観　　無色の気体

⑪　臭気　　特異臭（腐った卵のような臭い），不快な臭気

⑫　その他外観的特徴　　有毒

⑬　物理的性状

分子量　　34.08

比重　　0.96 ～ 1.539

比重測定温度（℃）　0 ～ 0

蒸気密度　　1.189

溶解度（水）　　0.5 g / 100 ml（20 ℃）

融点（℃）　　−85.5 ～ −82.9

沸点（℃）　　−61.8 ～ −59.6

蒸気圧（hPa）　　14.4 ～ 18.8

蒸気圧測定温度（℃）　0 ～ 10

⑭　燃焼・爆発特性

燃焼性　　空気中で青色の炎をあげて燃え，二酸化イオウとなる。火気厳禁。可燃性。

熱，火炎にさらすと中程度の爆発。

爆発範囲（%）　　4 ～ 46

発火点（℃）　　260

⑮　分解性

熱分解性　　加熱すると分解し，SOx の有毒ガスを発する。

⑯　その他化学反応特記　　記載なし（金属腐食性として，銅に対して強い腐食性）

⑰　大気汚染防止法，水質汚濁防止法，PRTR 法及び化審法における取扱い

大気汚染防止法　　特定物質

水質汚濁防止法　　要調査項目に係わる物質

PRTR 法　　なし

化審法　　なし

⑱　毒性症状

目，鼻，のどの粘膜を刺激する。高濃度のガスを吸入すると頭痛，めまい，歩行の乱れ，呼吸障害を起こし，死に至る。刺激剤のみならず窒息剤でもある。20 ～ 150ppm の低濃度では，眼の刺激を引起し，高濃度では上部気道の刺激を引き起こす。また，曝露が長くなると，肺水腫が結果として生じ得る。さらに高濃度による神経系へのガスの作用は，さ

らに顕著となり，500 ppmに30分さらすと，頭痛，めまい，興奮，千鳥足，下痢及び排尿障害の原因となり，続いて気管支炎または気管支肺炎をときおり引き起こす。神経系への作用は，少量の場合は抑うつ症の一種を，大量の場合は神経系を刺激し，非常に大量の場合は呼吸中枢が麻痺する。800 ~ 1,000 ppmの暴露は30分以内で致命的となりえ，高濃度では直ちに死に至る。低濃度への繰り返しの曝露では，結膜炎，羞明（まぶしさ，強い光を恐れる病気），角膜の水疱，催涙，局部的な痛み及び目のかすみが通常見られる。

吸入：頭痛，めまい，咳，咽頭痛，吐き気，息苦しさ，意識喪失（症状は遅れて現れることがある）

皮膚：液体に触れた場合は凍傷

眼　：発赤，痛み，重度の熱傷

⑲　主要な発生源事業場

畜産農業，クラフトパルプ製造工場，でん粉製造工場，セロファン製造工場，ビスコースレーヨン製造工場，化製場，魚腸骨処理場，フェザー処理場，ごみ処理場，し尿処理場，下水処理場等

2.5.4　硫化メチル

①　物質名　　硫化ジメチル（硫化メチルと硫化ジメチルは同じものである[100]）

②　日本語名　リュウカジメチル，２－チアプロパン，ジメチルスルフィド

③　英語名　　DIMETHYLSULFIDE, 2-THIAPROPANE, METHYLTHIOMETHANE, THIOBISMETHANE

④　示性式　　$(CH_3)_2S$

⑤　分子式　　C_2H_6S

⑥　構造式

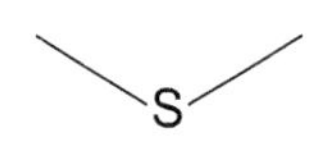

⑦　骨格　　　直鎖炭素鎖（飽和）

⑧　官能基　　アルキル基（飽和）　チオエーテル

⑨　用途

合成中間体，合成精油，食品フレーバー，においのないガスの識別物質（強烈なにおいのため）

⑩　外観　　液体，無色透明

⑪　臭気

　不快臭，強い刺激臭（腐ったキャベツのようなにおい）。希薄溶液では野菜様のグリーンな香気。

⑫　その他外観的特徴　　記載なし

⑬　物理的性状

　分子量　62.13 ～ 62.14

　比重　　0.8458 ～ 0.8483

　　比重測定温度（℃）　21 ～ 20

　蒸気密度　2.14

　溶解度　　水に不溶

　融点（℃）　−98.25 ～ −83

　沸点（℃）　37.28 ～ 38

　蒸気圧　　　53.2 kPa（20 ℃）

⑭　燃焼・爆発特性

　燃焼性　　熱または火災にさらすと発火。中程度の爆発危険性。

　爆発範囲（%）　2.2 ～ 19.7

　引火点（℃）　　−18　（国際化学物質安全性カードでは−49）

　発火点（℃）　　206

⑮　分解性　　熱分解性−熱に不安定

⑯　その他化学反応特記　　記載なし

⑰　大気汚染防止法，水質汚濁防止法，PRTR 法及び化審法における取扱い

　なし

⑱　毒性症状

　吸入により毒性を示す。皮膚を刺激する。加熱すると分解し，SOx の有毒ガスを発する。

　吸入：咳，吐き気，咽頭痛，脱力感

　皮膚：発赤，痛み

　眼　：発赤

　経口摂取：脱力感

⑲　主要な発生源事業場

　クラフトパルプ製造工場，化製場，魚腸骨処理場，ごみ処理場，し尿処理場，下水処理場等

2.5.5　二硫化メチル

① 物質名　二硫化メチル

② 日本語名　二リュウカメチル，ジメチルジスルフィド，リュウカメチル

③ 英語名　DIMETHYLDISULFIDE，2,3 − DITHIABUTANE

④ 示性式　$(CH_3S)_2$

⑤ 分子式　$C_2H_6S_2$

⑥ 構造式

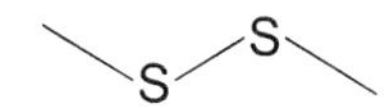

⑦ 骨格　直鎖炭素鎖（飽和）

⑧ 官能基　アルキル基（飽和），チオエーテル，硫化物（スルフィド）

⑨ 用途　香料，合成中間体

⑩ 外観　液体，黄色透明

⑪ 臭気　ニンニクに似たきわめて強い硫黄臭（腐ったキャベツのようなにおい）

⑫ その他外観的特徴　可燃性。引火点 7 ℃

⑬ 物理的性状

分子量　94.19 ～ 94.2

比重　1.0569 ～ 1.6025

　比重測定温度（℃）25 ～ 20

蒸気密度　3.24

溶解度（水）0.25 g / 100 ml (20℃)（非常に溶けにくい）

融点（℃）　−84.69

沸点（℃）　109.7 ～ 110

蒸気圧 (hPa : 25℃)　38.1

⑭ 燃焼・爆発特性

燃焼性　熱，火炎，酸化剤に曝すと非常に危険な火災を起こしうる。可燃性

引火点（℃）　7（国際化学物質安全性カードによれば 24）

発火点（℃）　300 を上回る

爆発限界　1.1 ～ 16 %（空気中）

⑮ 分解性　記載なし

⑯ その他化学反応　記載なし

⑰ 大気汚染防止法，水質汚濁防止法，PRTR 法及び化審法における取扱

い

大気汚染防止法　なし

水質汚濁防止法　なし

PRTR 法　第一種指定化学物質

化審法　なし

⑱ 毒性症状

吸入その他の経路により毒性を示す。

吸入：頭痛，吐き気，めまい，嗜眠

皮膚：発赤

眼　：発赤，痛み

経口摂取：吸入と同じ

⑲ 主要な発生源事業場

クラフトパルプ製造工場，化製場，魚腸骨処理場，ごみ処理場，し尿処理場，下水処理場等

2.5.6 トリメチルアミン

① 物質名　トリメチルアミン

② 日本語名

トリメチルアミン，N，N－ジメチルメタナミン，N，N－ジメチルメタンアミン，TMA，テーエムエー，メチルアミンルイ

③ 英語名

TRIMETHYLAMINE，N，N－DIMETHYLMETHANAMINE，TMA

④ 示性式　$(CH_3)_3N$

⑤ 分子式　C_3H_9N

⑥ 構造式

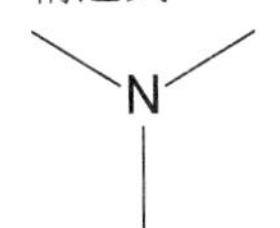

⑦ 骨格　直鎖炭素鎖（飽和）

⑧ 官能基　アミノ基

⑨ 用途　洗剤，医薬・医薬中間体，イオン交換樹脂，塩化コリン，繊維油剤

⑩ 外観　無色の気体

⑪　臭気　　刺すような，魚くさい，アンモニア臭（腐った魚のようなにおい）

⑫　その他外観的特徴

塩辛い味。アルコールと混和する。エーテル，ベンゼン，トルエン，キシレン，クロロホルムに可溶。

⑬　物理的性状

分子量　59.11 ～ 59.13

比重　　0.64 ～ 0.662

比重測定温度（℃）　20 ～ −5

蒸気密度　　2

水溶性 (ppm)　200000（非常によく溶ける）

水溶性測定温度（℃）　40

溶解度　　易溶

融点（℃）　−124 ～ −117.1

沸点（℃）　2.87 ～ 2.9

蒸気圧（hPa）　13.3 ～ 133（国際化学物質安全性カードでは 187 kPa / 20℃）

蒸気圧測定温度（℃）　−73.8 ～ −40.3

⑭　燃焼・爆発特性

燃焼性　　火花または火炎に曝すと発火する危険性が高く，中程度の爆発危険性がある。

爆発範囲（爆発限界）(%)　　2 ～ 11.6

引火点（℃）　−7 ～ −5

発火点（℃）　190

⑮　分解性

熱分解性　　加熱分解し，NOx の有毒なガスを発生

生物分解性　良好

⑯　その他化学反応特記　　記載なし

⑰　大気汚染防止法，水質汚濁防止法，PRTR 法及び化審法における取扱い

大気汚染防止法　　有害大気汚染物質

水質汚濁防止法　　要調査項目に係わる物質

PRTR 法　　なし

化審法　　なし

⑱　毒性症状

静脈内投与で毒性，吸入，皮下，直腸内投与で中程度の毒性を示す。

吸入：灼熱感，咳，頭痛，咽頭痛，息苦しさ，息切れ（症状は遅れて現れることがある）

皮膚：液体に触れた場合には凍傷

眼　：発赤，痛み，かすみ眼

⑲ 主要な発生源事業場

畜産農業，複合肥料製造工場，化製場，魚腸骨処理場，水産缶詰製造工場等

2.5.7 アセトアルデヒド

① 物質名　酢酸アルデヒド

② 日本語名

アセトアルデヒド，アルデヒド，エタナール，エチルアルデヒド，サクサンアルデヒド

③ 英語名

ACETALDEHYDE, ACETICALDEHYDE, ACETYLHYDRIDE, ETHYLALDEHYDE

④ 示性式　CH_3CHO

⑤ 分子式　C_2H_4O

⑥ 構造式

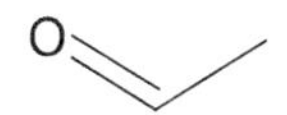

⑦ 骨格　直鎖炭素鎖（飽和）カルボニル

⑧ 官能基　アルキル基（飽和）カルボニル基

⑨ 用途

燃料，写真感光材料，染料，溶剤，洗浄剤，殺菌剤，防かび剤，防汚剤，防腐剤，医薬，医薬中間体，合成樹脂，合成中間体，可塑剤，還元剤

⑩ 外観　無色の液体，発煙性

⑪ 臭気　刺激臭，低濃度では果物風の香り（刺激的な青ぐさいにおい）

⑫ その他外観的特徴　揮発性

⑬ 物理的性状

分子量　44.05 ~ 44.06

比重　0.7839 ~ 0.79509

比重測定温度（℃）　16 ~ 10

蒸気密度　　1.52
溶解度　　水に任意の割合で溶解
融点（℃）　　−123.5 ～ −123.3
沸点（℃）　　20.8 ～ 21
蒸気圧（hPa）　　987
　蒸気圧測定温度（℃）　　20

⑭　燃焼・爆発特性
燃焼性　　引火性が極めて高い。熱，炎に曝すと危険。蒸気／空気の混合気体は爆発性である。
爆発範囲（%）　4 ～ 60
引火点（℃）　　− 37.8 ～ − 27
発火点（℃）　　175 ～ 185

⑮　分解性
生物分解性　良好

⑯　その他化学反応特記
きわめて反応性に富む。付加，重合，酸化，還元などの反応をする。
(正常な代謝の過程で生ずる産物であり，酒［エチルアルコール］を飲用した後の呼気中から分離される。体内では速やかに酢酸に酢化され，さらに二酸化炭素と水になる)

⑰　大気汚染防止法，水質汚濁防止法，PRTR 法及び化審法における取扱い
大気汚染防止法　　優先取組物質
水質汚濁防止法　　要調査項目に係わる物質
PRTR 法　　第一種指定化学物質
化審法　　優先評価化学物質

⑱　毒性症状
液体，高濃度蒸気は目，鼻，のどの粘膜，皮膚を刺激し，腐食を起こす。全身的には麻酔作用，意識混濁，気管支炎，肺浮腫などを起こす。ラット，ハムスターの実験で鼻腔に偏平上皮がんの発生をみた。気管内，静脈内投与により毒性を示す。動物実験で催奇形性を示す。
吸入：咳
皮膚：発赤，痛み
眼　：発赤，痛み
経口摂取：下痢，めまい，吐き気，嘔吐

⑲　主要な発生源事業場

アセトアルデヒド製造工場，酢酸製造工場，酢酸ビニル製造工場，クロロプレン製造工場，たばこ製造工場，複合肥料製造工場，魚腸骨処理場等

2.5.8 プロピオンアルデヒド

① 物質名　プロピオンアルデヒド
② 日本語名　プロピオンアルデヒド
③ 英語名　PROPIONALDEHYDE，PROPANAL
④ 示性式　CH_3CH_2CHO
⑤ 分子式　C_3H_6O
⑥ 構造式

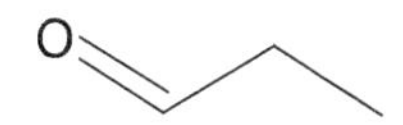

⑦ 骨格　直鎖炭素鎖（飽和）
⑧ 官能基　カルボニル基
⑨ 用途　殺菌剤，防かび剤，防汚剤，防腐剤，化学合成原料等その他
⑩ 外観　無色の液体
⑪ 臭気　特異臭，刺激臭（刺激的な甘酸っぱい焦げたにおい）
⑫ その他外観的特徴　記載なし
⑬ 物理的性状

分子量　58.08
比重　0.79664 ～ 0.797
　比重測定温度（℃）　25 ～ 25
蒸気密度　2.0
溶解度（水）　20 g / 100 ml
融点（℃）　−81
沸点（℃）　47. 5 ～ 49
蒸気圧（kPa）　31.3
　蒸気圧測定温度（℃）　20

⑭ 燃焼・爆発特性

燃焼性　引火性
爆発範囲（%）　2.9 ～ 17
引火点（℃）　−7（国際化学物質安全性カードによれば−30）
発火点（℃）　207

⑮ 分解性

生物分解性　良好

⑯　その他化学反応特記　　記載なし

⑰　大気汚染防止法，水質汚濁防止法，PRTR 法及び化審法における取扱い

なし

⑱　毒性症状

吸入：咳，咽頭痛

皮膚：発赤，痛み

眼　：発赤，痛み

経口摂取：灼熱感

⑲　主要な発生源事業場

塗装工場，その他の金属製品製造工場，自動車修理工場，印刷工場，魚腸骨処理場，油脂系食料品製造工場，輸送用機械器具製造工場等

2.5.9　ノルマルブチルアルデヒド

①　物質名　n－ブチルアルデヒド

②　日本語名　n－ブチルアルデヒド，n－ブタナール

③　英語名　BUTYRALDEHYDE, N-BUTANAL, BUTYRICALDEHYDE

④　示性式　$CH_3CH_2CH_2CHO$

⑤　分子式　C_4H_8O

⑥　構造式

⑦　骨格　直鎖炭素鎖（飽和）

⑧　官能基　カルボニル基

⑨　用途　合成中間体，加硫剤，加硫促進剤

⑩　外観　無色の液体

⑪　臭気　特有のアルデヒド臭（刺激的な甘酸っぱい焦げたにおい）

⑫　その他外観的特徴　可燃性

⑬　物理的性状

分子量　72.1 ～ 72.12

比重　0.8016 ～ 0.902

比重測定温度（℃）　20 ～ 20

蒸気密度　2.5

溶解度（水）　7 g / 100 ml（微溶）
融点（℃）　－100 ～ －99
沸点（℃）　74.7 ～ 74.8
蒸気圧　12.2 kPa
蒸気圧測定温度（℃）　20

⑭　燃焼・爆発特性
燃焼性　熱，炎に曝すと危険な燃焼を起こす
爆発範囲（%）　1.9 ～ 12.5
引火点（℃）　－22 ～ －6.7
発火点（℃）　230

⑮　分解性
熱分解性　加熱すると分解して刺激性の煙とガスを発する
生物分解性　良好

⑯　その他化学反応特記　記載なし

⑰　大気汚染防止法，水質汚濁防止法，PRTR 法及び化審法における取扱い
大気汚染防止法　有害大気汚染物質
水質汚濁防止法　なし
PRTR 法　なし
化審法　なし

⑱　毒性症状
経口摂取，蒸気吸入により毒性を示す。皮膚，粘膜に強い刺激あり。目に有害。経皮，皮下投与により中程度の毒性を示す。
吸入：咳，咽頭痛
皮膚：発赤
眼　：発赤，痛み
経口摂取：灼熱感

⑲　主要な発生源事業場
塗装工場，その他の金属製品製造工場，自動車修理工場，印刷工場，魚腸骨処理場，油脂系食料品製造工場，輸送用機械器具製造工場等

2.5.10　イソブチルアルデヒド

①　物質名　イソブチルアルデヒド
②　日本語名　イソブチルアルデヒド

③ 英語名

ISOBUTYRALDEHYDE, ISOBUTYRICALDEHYDE, 2-METHYLPROPANAL

④ 示性式　$(CH_3)_2CHCHO$

⑤ 分子式　C_4H_8O

⑥ 構造式

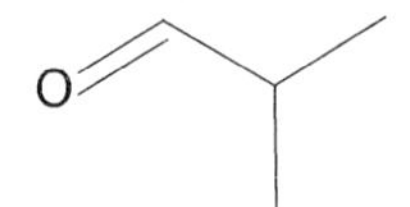

⑦ 骨格　分枝炭素鎖（飽和）カルボニル

⑧ 官能基　アルキル基（飽和）カルボニル基

⑨ 用途　合成中間体

⑩ 外観　無色透明の高屈折性の液体

⑪ 臭気　悪臭，刺激臭（刺激的な甘酸っぱい焦げたにおい）

⑫ その他外観的特徴　記載なし

⑬ 物理的性状

分子量　72.1 ～ 72.12

比重　0.7938

比重測定温度（℃）20 ～ 20

蒸気密度　2.5

溶解度（水）　6.7 g ／ 100 ml（20 ℃）

融点（℃）　−65.9 ～ −65

沸点（℃）　64.2 ～ 64.9

蒸気圧　15.3 kPa

蒸気圧測定温度（℃）　20

⑭ 燃焼・爆発特性

燃焼性　熱，炎，酸化剤にふれると引火危険性を生ずる。熱や炎にふれると蒸気の状態で中程度の爆発の危険性を生ずる。可燃性。

爆発範囲（%）　1.6 ～ 10.6

引火点（℃）　4.5（国際化学物質安全性カードでは− 25）

発火点（℃）　225（国際化学物質安全性カードでは 196）

⑮ 分解性

生物分解性　良好

⑯ その他化学反応特記　還元性物質と激しく反応する

⑰ 大気汚染防止法，水質汚濁防止法，PRTR 法及び化審法における取扱

い

大気汚染防止法　なし
水質汚濁防止法　なし
PRTR 法　第一種指定化学物質
化審法　なし

⑱ 毒性症状

経口摂取，吸入で中程度の毒性。皮膚や眼を刺激する。

吸入：咽頭痛，咳，灼熱感，息切れ，息苦しさ（症状は遅れて現れることがある）

皮膚：痛み，発赤，水疱，皮膚熱傷

眼　：痛み，発赤，重度の熱傷，視力喪失

経口摂取：灼熱感，胃痙攣，ショックまたは虚脱

⑲ 主要な発生源事業場

塗装工場，その他の金属製品製造工場，自動車修理工場，印刷工場，魚腸骨処理場，油脂系食料品製造工場，輸送用機械器具製造工場等

2.5.11 ノルマルバレルアルデヒド

① 物質名　バレルアルデヒド

② 日本語名

バレルアルデヒド，n－バレルアルデヒド，ノルマルバレルアルデヒド，ペンタナール

③ 英語名

VALERALDEHYDE, PENTANAL, AMYLALDEHYDE, BUTYLFORMAL

④ 示性式　$CH_3(CH_2)_3CHO$

⑤ 分子式　$C_5H_{10}O$

⑥ 構造式

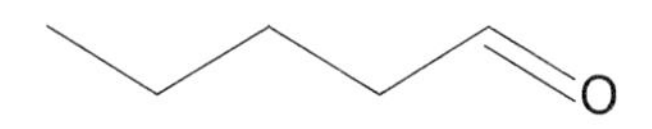

⑦ 骨格　直鎖炭素鎖（飽和）

⑧ 官能基　カルボニル基

⑨ 用途　合成中間体

⑩ 外観　無色透明な液体

⑪ 臭気　きわめて強い刺激臭（むせるような甘酸っぱい焦げたにおい）

⑫　その他外観的特徴　　可燃性

⑬　物理的性状

分子量　　86.13 ～ 86.15

比重　　　0.8095 ～ 0.8105

比重測定温度（℃）　20 ～ 20

蒸気密度　　　3

溶解度（水）　1.4 g ／ 100 ml（20 ℃）

融点（℃）　　−91

沸点（℃）　　102 ～ 104

蒸気圧　　　3.4 kPa

蒸気圧測定温度（℃）　　20

⑭　燃焼・爆発特性

燃焼性　　熱，火炎にさらすと発火危険性

爆発範囲（%）　1.4 ～ 7.2

引火点（℃）　　12

発火点（℃）　　222

⑮　分解性

熱分解性　刺激性ガス発生

⑯　その他化学反応特記　　記載なし

⑰　大気汚染防止法，水質汚濁防止法，PRTR 法及び化審法における取扱い

なし

⑱　毒性症状

経口摂取により中程度の毒性。吸入，皮膚接触により中程度の毒性。眼，皮膚を刺激。

吸入：咳，咽頭痛

皮膚：発赤

眼　：発赤，痛み

経口摂取：吐き気，下痢，嘔吐

⑲　主要な発生源事業場

塗装工場，その他の金属製品製造工場，自動車修理工場，印刷工場，魚腸骨処理場，油脂系食料品製造工場，輸送用機械器具製造工場等

2.5.12 イソバレルアルデヒド

① 物質名　イソバレルアルデヒド

② 日本語名　イソバレルアルデヒド，3－メチルブタナール

③ 英語名

ISOVALERALDEHYDE, 3－METHYLBUTYRALDEHYDE, 3－METHYL －1－BUTANAL, ISOAMYLALDEHYDE

④ 示性式　$(CH_3)_2CHCH_2CHO$

⑤ 分子式　$C_5H_{10}O$

⑥ 構造式

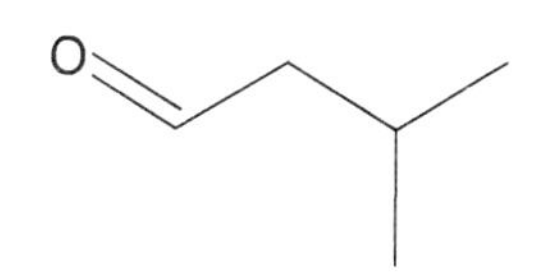

⑦ 骨格　分枝炭素鎖（飽和）

⑧ 官能基　カルボニル基

⑨ 用途　合成中間体

⑩ 外観　無色液体

⑪ 臭気　りんご臭，刺激性の不快臭（むせるような甘酸っぱい焦げたにおい）

⑫ その他外観的特徴　記載なし

⑬ 物理的性状

分子量　86.13 ～ 86.15

比重　0.785 ～ 0.803

比重測定温度（℃）　20 ～ 17

蒸気密度　2.96

溶解度（水）　2 g／100 ml（20 ℃）(溶けにくい)

融点（℃）　－51

沸点（℃）　92.5

蒸気圧　40 hPa（国際化学物質安全性カードでは 6.1 kPa ［20 ℃］）

蒸気圧測定温度（℃）　20

⑭ 燃焼・爆発特性

燃焼性　熱や火炎に曝されると非常に危険な火事を起こしうる

爆発範囲（%）　1.0 ～ 6.8

引火点（℃）　－5（国際化学物質安全性カードでは－3）

発火点（℃）　240（国際化学物質安全性カードでは175）

⑮　分解性

光分解性　　変質する

熱分解性　　加熱すると分解して刺激性のガスを発する

⑯　その他化学反応特記　　記載なし

⑰　大気汚染防止法，水質汚濁防止法，PRTR法及び化審法における取扱い

大気汚染防止法　　なし

水質汚濁防止法　　要調査項目に係わる物質

PRTR法　　なし

化審法　　なし

⑱　毒性症状

皮膚接触で中程度の毒性を示す。経口摂取，吸入により弱い毒性を示す。

吸入：咽頭痛，咳

皮膚：発赤

眼　：発赤

⑲　主要な発生源事業場

塗装工場，その他の金属製品製造工場，自動車修理工場，印刷工場，魚腸骨処理場，油脂系食料品製造工場，輸送用機械器具製造工場等

2.5.13　イソブタノール

①　物質名　　イソブタノール

②　日本語名

イソブタノール，2－メチル－1－プロパノール，イソブチルアルコール，ブタノール

③　英語名

ISOBUTANOL, 2－METHYL－1－PROPANOL, ISOBUTYLALCOHOL

④　示性式　　$(CH_3)_2CHCH_2OH$

⑤　分子式　　$C_4H_{10}O$

⑥　構造式

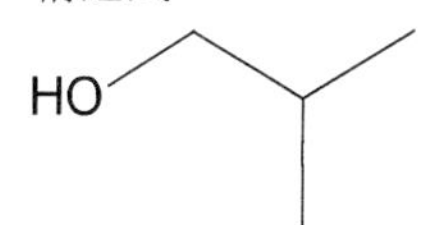

⑦　骨格　　直鎖炭素鎖（飽和）　分枝炭素鎖（飽和）

⑧　官能基　アルキル基（飽和）　ヒドロキシ基

⑨　用途　　香料，溶剤，洗浄剤，合成中間体，分析試薬

⑩　外観　　無色可燃性の液体，清澄

⑪　臭気　　甘い香（刺激的な発酵したにおい）

⑫　その他外観的特徴　　記載なし

⑬　物理的性状

分子量　　74.12 ～ 74.14

比重　　0.805 ～ 0.806

比重測定温度（℃）　20 ～ 15

蒸気密度　　2.55

溶解度（水）　8.7 g／100 ml（20 ℃）

融点（℃）　　−108

沸点（℃）　　107 ～ 107.9

蒸気圧（hPa）　13.3

蒸気圧測定温度（℃）　　21.7

⑭　燃焼・爆発特性

燃焼性　　可燃性，引火性。熱や炎に触れると蒸気の状態で中程度の爆発の危険性を生じる。熱や炎に曝されると危険な火災を起こし得る。

爆発範囲（%）　1.7 ～ 10.6

引火点（℃）　　27.8 ～ 28

発火点（℃）　　430（国際化学物質安全性カードでは 415）

⑮　分解性

熱分解性　　　熱すると有毒なガスを発する

生物分解性　　良好

⑯　その他化学反応特記　　記載なし

⑰　大気汚染防止法，水質汚濁防止法，PRTR 法及び化審法における取扱い

大気汚染防止法　　有害大気汚染物質

水質汚濁防止法　　なし

PRTR法　　　　なし

化審法　　　　なし

⑱　毒性症状

眼，鼻，のどを刺激。麻酔作用あり。動物実験により発ガン性あり。経口摂取，吸入，皮下注入，皮膚接触により中程度の毒性。皮膚，粘膜への刺激は弱い。静脈内投与，腹腔内投与により有毒。

吸入：頭痛，めまい，嗜眠

皮膚：発赤，痛み，皮膚の乾燥

眼　：発赤，痛み

経口摂取：腹痛，嗜眠，めまい，吐き気，下痢，嘔吐

⑲　主要な発生源事業場

塗装工場，その他の金属製品製造工場，自動車修理工場，木工工場，繊維工場，その他の機械製造工場，印刷工場，輸送用機械器具製造工場，鋳物工場等

2.5.14　酢酸エチル

①　物質名　　酢酸エチル

②　日本語名　サクサンエチル，サクエチ，サクサンエチルエステル

③　英語名

ETHYLACETATE, ACETICACIDETHYLESTER, ACETICETHER, VINEGARNAPHTHA

④　示性式　　$CH_3COOC_2H_5$

⑤　分子式　　$C_4H_8O_2$

⑥　構造式

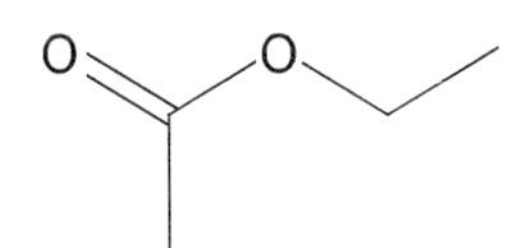

⑦　骨格　　直鎖炭素鎖（飽和）

⑧　官能基　　カルボン酸エステル

⑨　用途　　火薬，爆薬，顔料，塗料，インキ，溶剤，洗浄剤，接着剤，人造皮革，溶媒

⑩　外観　　無色透明液体

⑪　臭気　　芳香，独特な果実臭（刺激的なシンナーのようなにおい）

⑫　その他外観的特徴　　湿気により徐々に分解

⑬　物理的性状

分子量　　88.1 ～ 88.11

比重　　　0.8946 ～ 0.9003

　比重測定温度（℃）　25 ～ 20

蒸気密度　　3.04

水溶性（ppm）　　100（非常によく溶ける）

　水溶性測定温度（℃）　　25

融点（℃）　　－83.6 ～－82.4

沸点（℃）　　77.1 ～ 77.15

蒸気圧（hPa）　133

　蒸気圧測定温度（℃）　　27

⑭　燃焼・爆発特性

燃焼性　　可燃性。揮発性できわめて引火しやすい。空気との混合ガスは 2.5 ～ 9 %において火源があると爆発する。蒸気は空気より重く，低所に滞留しやすい。

爆発範囲（%）　2 ～ 11.5

引火点（℃）　　－ 4

発火点（℃）　　427

⑮　分解性　　　　　　　　記載なし

⑯　その他化学反応特記　　記載なし

⑰　大気汚染防止法，水質汚濁防止法，PRTR 法及び化審法における取扱い

なし

⑱　毒性症状

蒸気は目，鼻，のどを刺激する。蒸気を吸入すると麻酔作用があり，長時間吸入は急性肺水腫を起こすことがある。吸入，腹腔内及び皮下投与で中程度の毒性。ヒトの眼，粘膜表面，歯茎，気管支に対し特に刺激的である。繰り返しまたは長期の曝露は粘膜を刺激し，角膜を曇らす原因となる。皮膚炎を起こす可能性がある。高濃度では麻酔効果を持ち，また肝臓，腎臓のうっ血を引き起こす可能性がある。慢性中毒は二次性貧血，白血球増加症，混濁腫張，内臓の脂肪変性を引き起こすことが知られている。

吸入：咳，めまい，嗜眠，頭痛，吐き気，咽頭痛，意識喪失，脱力感

皮膚：皮膚の乾燥

眼　：発赤，痛み

⑲　主要な発生源事業場

塗装工場，その他の金属製品製造工場，自動車修理工場，木工工場，繊維工場，その他の機械製造工場，印刷工場，輸送用機械器具製造工場，鋳物工場等

2.5.15　メチルイソブチルケトン

①　物質名　4−メチル−2−ペンタノン

②　日本語名

4−メチル−2−ペンタノン，MIBK，イソブチルメチルケトン，ヘキソン，メチルイソブチルケトン

③　英語名

4−METHYL−2−PENTANONE, HEXONE, ISOBUTYLMETHYLKETONE, METHYLISOBUTYLKETONE

④　示性式　$CH_3C(=O)CH_2CH(CH_3)_2$

⑤　分子式　$C_6H_{12}O$

⑥　構造式

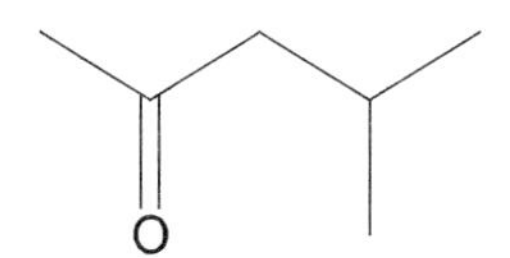

⑦　骨格　直鎖炭素鎖（飽和）　分枝炭素鎖（飽和）　ケトン

⑧　官能基　アルキル基（飽和）　カルボニル基

⑨　用途

溶剤，洗浄剤，医薬，医薬中間体，合成樹脂，合成中間体，磁気テープ，脱油剤，電気めっき工業，ピレトリン，石油製品の脱ロウ，ペニシリン抽出剤

⑩　外観　無色透明の液体

⑪　臭気　特異臭（刺激的なシンナーのようなにおい）

⑫　その他外観的特徴　記載なし

⑬　物理的性状

分子量　100.16

比重　0.801 ~ 0.8042

比重測定温度（℃）　20 ~ 20

蒸気密度　3.45
水溶性（ppm）　17000 ~ 20000（1.91 g /100 ml）(微溶)
　水溶性測定温度（℃）　20
融点（℃）　−84.7
沸点（℃）　116.7 ~ 118
蒸気圧（hPa）　6.67 ~ 8（国際化学物質安全性カードでは 2.1 kPa [20 ℃]）
　蒸気圧測定温度（℃）　− 84.7 ~ − 83.5

⑭　燃焼・爆発特性
燃焼性　熱，火炎，酸化剤に曝すと引火の可能性あり。熱，火災に曝すと蒸気の状態で中程度の爆発の危険あり。
爆発範囲（%）　1.4 ~ 7.5
引火点（℃）　17 ~ 29（国際化学物質安全性カードでは 14）
発火点（℃）　459 ~ 460

⑮　分解性
生物分解性　良好

⑯　その他化学反応特記　記載なし

⑰　大気汚染防止法，水質汚濁防止法，PRTR 法及び化審法における取扱い
大気汚染防止法　有害大気汚染物質
水質汚濁防止法　なし
PRTR 法　なし
化審法　なし

⑱　毒性症状
腹腔内投与により有毒である。経口摂取，吸入により中程度の毒性を示す。皮膚，眼を刺激する。吸入によりヒトの全身を刺激する。高濃度では麻酔剤である。低濃度で眼，鼻を刺激する。末梢神経障害作用はない。100ppm で頭痛や悪心，200ppm で眼に刺激を生ずる。
吸入　：咳，下痢，めまい，頭痛，吐き気，咽頭痛，意識喪失，嘔吐，脱力感，食欲不振
皮膚　：皮膚の乾燥，発赤，痛み
眼　：発赤，痛み
経口摂取：腹痛（他の症状については「吸入」参照）

⑲　主要な発生源事業場
塗装工場，その他の金属製品製造工場，自動車修理工場，木工工場，繊

維工場，その他の機械製造工場，印刷工場，輸送用機械器具製造工場，鋳物工場等

2.5.16 トルエン

① 物質名 トルエン

② 日本語名 トルエン，トルオール，フェニルメタン，メチルベンゼン

③ 英語名

TOLUENE, METHYLBENZENE, PHENYLMETHANE, TOLUOL

④ 示性式 $CH_3(C_6H_5)$

⑤ 分子式 C_7H_8

⑥ 構造式

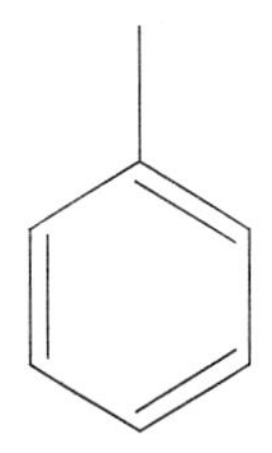

⑦ 骨格 直鎖炭素鎖（飽和）芳香族（単環）

⑧ 官能基 アルキル基（飽和）フェニル基

⑨ 用途 溶剤，洗浄剤，医薬，医薬中間体，合成中間体

⑩ 外観 無色の液体

⑪ 臭気 ベンゼンに似た臭い（ガソリンのようなにおい）

⑫ その他外観的特徴 ベンゼンより揮発しにくい。屈折率が大きい。可燃性。

⑬ 物理的性状

分子量 92.13 ~ 92.15

比重 0.866

比重測定温度（℃） 20 ~ 20

蒸気密度 3.14

水溶性（ppm） 515 ~ 670（不溶）

水溶性測定温度（℃） 23.5 ~ 25

融点（℃） −95 ~ −94.5

沸点（℃） 110.4 ~ 110.6

蒸気圧（hPa） 29.3 ~ 48.9

蒸気圧測定温度（℃）　20 ～ 30

⑭ 燃焼・爆発特性

燃焼性　可燃性。熱，火炎あるいは酸化剤にさらすと燃える可能性がある。

爆発範囲（％）　1.27 ～ 7

引火点（℃）　4 ～ 4.4

発火点（℃）　116 ～ 480

⑮ 分解性

生物分解性　良好

⑯ その他化学反応特記

加熱すると刺激性のガスを発生，酸化性物質と激しく反応しうる。

⑰ 大気汚染防止法，水質汚濁防止法，PRTR 法及び化審法における取扱い

大気汚染防止法　有害大気汚染物質

水質汚濁防止法　要監視項目に係わる物質

PRTR 法　第一種指定化学物質

化審法　優先評価化学物質

⑱ 毒性症状

腹腔内投与により毒性を示す。吸入及び経皮により中程度の毒性を示す。皮膚及び眼を刺激する。人の中枢神経系に対する影響及び向精神作用あり。高濃度蒸気暴露時の症状は主に中枢神経抑制作用である。

吸入　：咳，咽頭痛，めまい，嗜眠，頭痛，吐き気，意識喪失

皮膚　：皮膚の乾燥，発赤

眼　：発赤，痛み

経口摂取：灼熱感，腹痛（他の症状については「吸入」参照）

⑲ 主要な発生源事業場

塗装工場，その他の金属製品製造工場，自動車修理工場，木工工場，繊維工場，その他の機械製造工場，印刷工場，輸送用機械器具製造工場，鋳物工場等

2.5.17 スチレン

① 物質名　スチレン

② 日本語名

スチレン，エテニルベンゼン，シンナメン，スチロール，ビニルベンゼ

ン，フェニルエチレン

③ 英語名

STYRENE, CINNAMENE, ETHENYLBENZENE, VINYLBENZENE

④ 示性式　$CH_2=CH(C_6H_5)$

⑤ 分子式　C_8H_8

⑥ 構造式

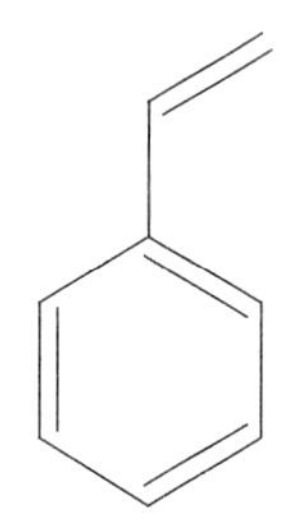

⑦ 骨格　直鎖炭素鎖（飽和）芳香族（単環）

⑧ 官能基　アルキル基（飽和）フェニル基

⑨ 用途　合成樹脂，合成中間体

⑩ 外観　無色，屈折力のある油状液体

⑪ 臭気　芳香（都市ガスのようなにおい）

⑫ その他外観的特徴　記載なし

⑬ 物理的性状

分子量　104.14

比重　0.9019 ~ 0.9059

比重測定温度（℃）　25 ~ 20

蒸気密度　3.6

水溶性（ppm）　300 ~ 310（0.03 g /100 ml）

水溶性測定温度（℃）　20 ~ 25

融点（℃）　− 33 ~ − 30.63

沸点（℃）　145.2 ~ 146

蒸気圧（hPa）　5.73 ~ 6.67

蒸気圧測定温度（℃）　15 ~ 20

⑭ 燃焼・爆発特性

燃焼性　炎，熱，酸化剤にさらすと発火の危険性あり

爆発範囲（%）　1.1 ~ 6.1（国際化学物質安全性カードでは 0.9 ~ 6.8）

引火点（℃）　31 ～ 32
発火点（℃）　254 ～ 490

⑮ 分解性

生物分解性　良好

⑯ その他化学反応特記　分解すると刺激性ガスを発して危険である。

⑰ 大気汚染防止法，水質汚濁防止法，PRTR 法及び化審法における取扱い

大気汚染防止法	有害大気汚染物質
水質汚濁防止法	要監視項目に係わる物質
PRTR 法	第一種指定化学物質
化審法	優先評価化学物質

⑱ 毒性症状

許容濃度 100 ppm。液状スチレンは皮膚に対して局所刺激作用を示す。スチレン蒸気を吸入すると粘膜刺激作用と中枢神経系に対する作用を生ずる。ヒトをスチレンに暴露した場合，60 ppm 頃から臭気を感じ，200 ppm では不快となり，400 ppm では頭痛を生じる。動物実験により発がん性を示す。

吸入：めまい，嗜眠，頭痛，吐き気，嘔吐，脱力感，意識喪失
皮膚：発赤，痛
眼　：発赤，痛み
経口摂取：吐き気，嘔吐

⑲ 主要な発生源事業場

スチレン製造工場，ポリスチレン製造工場，ポリスチレン加工工場，ＳＢＲ製造工場，ＦＲＰ製品製造工場，化粧合板製造工場等

2.5.18 キシレン

※キシレンには，o - キシレン，m - キシレン，p - キシレンの３種類の異性体がある。

これらの相違点は，次の構造式の通り，２つのメチル基のベンゼン環へのつき方である。

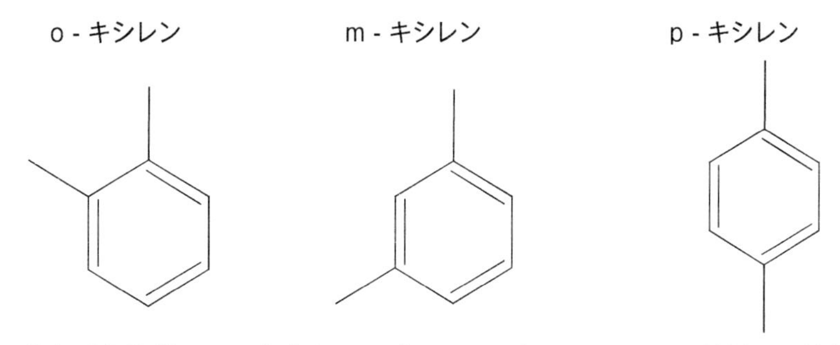

特定悪臭物質として指定された「キシレン」は，これら３種類の異性体すべてを指す（注1)。そして，異性体ごとに性質が異なるので，以下にはそれぞれについて記載する（注2)。

（注１）特定悪臭物質としてのキシレンは３種類の異性体すべてを指す

この解釈の根拠は，平成５年９月８日付大気保全局長から都道府県知事・各指定都市長あて通達「悪臭物質の測定の方法の一部改正について」（環大特95号）[101] である。この中の「第２　追加10物質等の測定方法について」の「2　留意事項」の（4）に，「キシレンについては，オルト，メタ及びパラの各異性体について濃度を求め，その総和をキシレンの濃度とすること。なお，事業場の塗装工程においては，キシレンとしてオルト，メタ及びパラの各異性体の混合物が使用されていることが多いので，キシレンの分析に当たっては，各異性体について同時に分析を実施すること。」という記述がある。

（注２）悪臭防止法ハンドブック六訂版のキシレンについての記載

悪臭防止法ハンドブック六訂版の31 ～ 32ページ「特定悪臭物質の物理化学的性状，におい及び主な発生源の一覧表」では，キシレンについて３種類の異性体があるということは触れられていない。そして，キシレンの欄に記載された性質を見ると，m - キシレンについてだけ記載されている（融点と沸点が異なることで明確にわかる)。これは不適切である。３種類の異性体があることを明記した上で，すべての異性体についての性質を載せるべきである。

［o - キシレン］

① 物質名　　o - キシレン

② 日本語名

o - キシレン，1,2 －ジメチルベンゼン，o －キシロール，キシレン，キシロール

③ 英語名

O-XYLENE, 1,2-DIMETHYLBENZENE, XYLENE, XYLOL

④ 示性式　$(CH_3)2\ (C_6H_4)$

⑤ 分子式　C_8H_{10}

⑥ 構造式

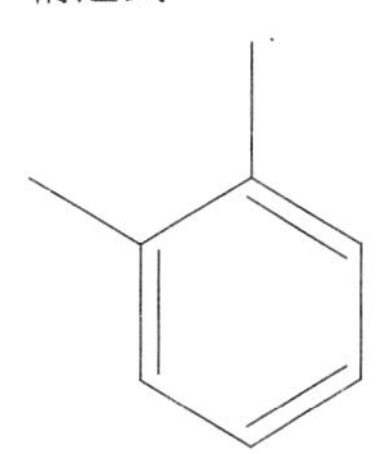

⑦ 骨格　直鎖炭素鎖（飽和）芳香族（単環）

⑧ 官能基　アルキル基（飽和）置換フェニル基

⑨ 用途　溶剤，洗浄剤，合成中間体

⑩ 外観　無色の液体，透明

⑪ 臭気　芳香族炭化水素特有の臭い（国際化学物質安全性カードによれば,「特徴的な臭気」）

⑫ その他外観的特徴　記載なし

⑬ 物理的性状

分子量　106.18

比重　0.88

比重測定温度（℃）　20 ～ 20

蒸気密度　3.7

水溶性（ppm）　175 ～ 179（不溶）

水溶性測定温度（℃）　20 ～ 25

融点（℃）　−25.5 ～ −25.2

沸点（℃）　144.4

蒸気圧（hPa）　6.67 ～ 13.3

蒸気圧測定温度（℃）　20 ～ 32.11

⑭ 燃焼・爆発特性

燃焼性　熱または火炎にさらすと発火の危険性あり。蒸気の形で熱または火炎にさらすとわずかながら爆発の危険性あり。

爆発範囲（%）　0.9 ～ 6.7

引火点（℃）　17 ～ 32.2

発火点（℃）　464

⑮　分解性

熱分解性　　　加熱すると分解し刺激性の煙とガスを発生

生物分解性　　良好

⑯　その他化学反応特記　　記載なし

⑰　大気汚染防止法，水質汚濁防止法，PRTR 法及び化審法における取扱い

大気汚染防止法　　有害大気汚染物質

水質汚濁防止法　　要監視項目に係わる物質

PRTR 法　　　　　第一種指定化学物質

化審法　　　　　　なし

⑱　毒性症状

経口摂取及び吸入により毒性を示す。眼を刺激する。高濃度で麻酔性。慢性症状として骨髄障害がある。

吸入：めまい，嗜眠，頭痛，吐き気

皮膚：皮膚の乾燥，発赤

眼　：発赤，痛み

経口摂取：灼熱感，腹痛（他の症状については「吸入」参照）

⑲　主要な発生源事業場

塗装工場，その他の金属製品製造工場，自動車修理工場，木工工場，繊維工場，その他の機械製造工場，印刷工場，輸送用機械器具製造工場，鋳物工場等

[m －キシレン]

①　物質名　　m - キシレン

②　日本語名

m - キシレン，1,3 －ジメチルベンゼン，m －キシロール，キシレン，キシロール

③　英語名

M-XYLENE，1,3-DIMETHYLBENZENE，XYLENE，XYLOL

④　示性式　　$(CH_3)_2(C_6H_4)$

⑤　分子式　　C_8H_{10}

⑥　構造式

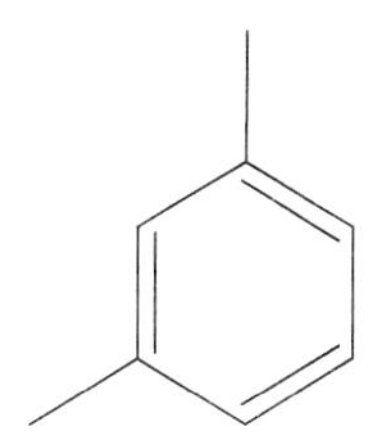

⑦　骨格　　直鎖炭素鎖（飽和）芳香族（単環）

⑧　官能基　アルキル基（飽和）置換フェニル基

⑨　用途　　溶剤，洗浄剤，合成中間体

⑩　外観　　無色，透明の液体

⑪　臭気　　ガソリンのようなにおい

⑫　その他外観的特徴　　記載なし

⑬　物理的性状

分子量　　106.18

比重　　　0.864 ～ 0.8684

　比重測定温度（℃）　20 ～ 15

蒸気密度　　3.7

水溶性（ppm）　　146（不溶）

　水溶性測定温度（℃）　　25

融点（℃）　　　−47.9 ～ −47.4

沸点（℃）　　　139

蒸気圧（hPa）　13.3（国際化学物質安全性カードでは 0.8 kPa［20 ℃］）

　蒸気圧測定温度（℃）　　28.26

⑭　燃焼・爆発特性

燃焼性　　熱または火炎にさらすと発火の危険性あり。蒸気の形で熱または火炎にさらすと中程度の爆発危険性あり。

爆発範囲（%）　1.1 ～ 7

引火点（℃）　　25 ～ 28.9

発火点（℃）　　530

⑮　分解性

熱分解性　　加熱すると分解し，刺激性の煙を発生する

生物分解性　良好

⑯　その他化学反応特記　　酸化性物質と反応しうる

⑰　大気汚染防止法，水質汚濁防止法，PRTR 法及び化審法における取扱い

　大気汚染防止法　　有害大気汚染物質
　水質汚濁防止法　　要監視項目に係わる物質
　PRTR 法　　　　　第一種指定化学物質
　化審法　　　　　　なし

⑱　毒性症状

　経口摂取及び吸入により毒性を示す。眼を刺激する。皮膚を激しく刺激する。

　吸入：めまい，嗜眠，頭痛，吐き気
　皮膚：皮膚の乾燥，発赤
　眼　：発赤，痛み
　経口摂取：灼熱感，腹痛（他の症状については「吸入」参照）

⑲　主要な発生源事業場

　塗装工場，その他の金属製品製造工場，自動車修理工場，木工工場，繊維工場，その他の機械製造工場，印刷工場，輸送用機械器具製造工場，鋳物工場等

[p - キシレン]

①　物質名　　p - キシレン

②　日本語名

　p - キシレン，1, 4 －ジメチルベンゼン，p －キシロール，キシレン，キシロール

③　英語名

　P-XYLENE，1,4-DIMETHYLBENZENE，XYLENE，XYLOL

④　示性式　　$(CH_3)_2(C_6H_4)$

⑤　分子式　　C_8H_{10}

⑥　構造式

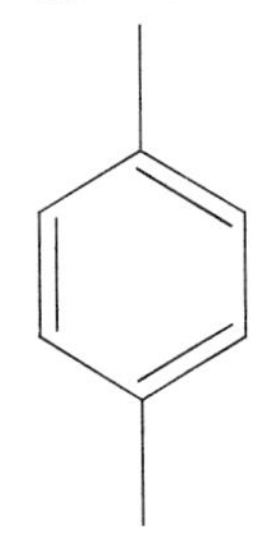

⑦　骨格　　直鎖炭素鎖（飽和）　　芳香族（単環）
⑧　官能基　アルキル基（飽和）　置換フェニル基
⑨　用途　　溶剤，洗浄剤，合成中間体
⑩　外観　　透明な板状結晶，または無色透明の液体（融点13～14℃）
⑪　臭気　　特徴的な臭気
⑫　その他外観的特徴　　記載なし
⑬　物理的性状
　分子量　　106.18
　比重　　　0.854～0.8611
　　比重測定温度（℃）　28～20
　蒸気密度　　3.7
　水溶性（ppm）　　156（不溶）
　　水溶性測定温度（℃）　　25
　融点（℃）　　13～14
　沸点（℃）　　138.3
　蒸気圧（hPa）　13.3（国際化学物質安全性カードでは0.9 kPa［20℃］）
　　蒸気圧測定温度（℃）　　27.3
⑭　燃焼・爆発特性
　燃焼性　　熱または火炎にさらすと発火する危険性あり。蒸気の形で熱または火炎にさらすと中程度の危険性あり。
　爆発範囲（%）　1.1～7
　引火点（℃）　25～27.2
　発火点（℃）　530
⑮　分解性
　熱分解性　　加熱すると分解し，刺激性のガスを発生する
　生物分解性　　良好
⑯　その他化学反応特記　　酸化性物質と反応しうる
⑰　大気汚染防止法，水質汚濁防止法，PRTR法及び化審法における取扱い
　大気汚染防止法　　有害大気汚染物質
　水質汚濁防止法　　要監視項目に係わる物質
　PRTR法　　　　　第一種指定化学物質
　化審法　　　　　　なし
⑱　毒性症状

経口摂取及び吸入により軽度の毒性を示す。眼を刺激する。高濃度では麻酔作用があるかもしれない。

吸入：めまい，嗜眠，頭痛，吐き気

皮膚：皮膚の乾燥，発赤

眼　：発赤，痛み

経口摂取：灼熱感，腹痛（他の症状については「吸入」参照）

⑲　主要な発生源事業場

塗装工場，その他の金属製品製造工場，自動車修理工場，木工工場，繊維工場，その他の機械製造工場，印刷工場，輸送用機械器具製造工場，鋳物工場等

2.5.19　プロピオン酸

①　物質名　　プロピオン酸

②　日本語名　プロピオンサン

③　英語名

PROPIONICACID, ETHYLFORMICACID, METHYLACETICACID, PROPANOICACID

④　示性式　　CH_3CH_2COOH

⑤　分子式　　$C_3H_6O_2$

⑥　構造式

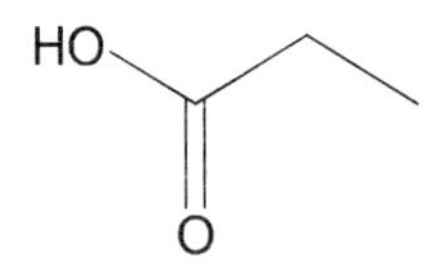

⑦　骨格　　直鎖炭素鎖（飽和）

⑧　官能基　カルボキシル基

⑨　用途

染料助剤，香料，殺菌剤，防かび剤，防汚剤，農薬全般（中間体を含む），医薬，医薬中間体，合成樹脂，サイレージ（水分含量の多い飼料作物をサイロに詰め，発酵させて貯蔵した家畜の飼料[102]）

⑩　外観　　無色の液体，無色透明，油状液体

⑪　臭気　　刺激臭，刺激性の不快な臭気（刺激的な酸っぱいにおい）

⑫　その他外観的特徴　　記載なし

⑬　物理的性状

分子量　74.08 ～ 74.09

比重　0.99336 ～ 0.9952

比重測定温度（℃）　20 ～ 20

蒸気密度　2.56

水への溶解度　非常によく溶ける

融点（℃）　－20.83 ～ －19.7

沸点（℃）　140.8 ～ 141.35

蒸気圧（hPa）　13.3（カードでは 390 Pa［20℃］）

蒸気圧測定温度（℃）　39.7

⑭　燃焼・爆発特性

燃焼性　引火点以上に加熱されると引火燃焼の危険がある。

爆発範囲（%）　2.9 ～ 12.1

引火点（℃）　52 ～ 58

発火点（℃）　513（国際化学物質安全性カードでは 485）

⑮　分解性

記載なし

⑯　その他化学反応特記　水と共沸する

（金属腐食性　金属一般…強い腐食性，鉛…強い腐食性）

⑰　大気汚染防止法，水質汚濁防止法，PRTR 法及び化審法における取扱い

大気汚染防止法　有害大気汚染物質

水質汚濁防止法　なし

PRTR 法　なし

化審法　なし

⑱　毒性症状

濃厚な蒸気を吸入すると鼻，のど，気管支の粘膜が刺激され炎症を起こす。目に入ると失明の危険がある。皮膚，粘膜につくと組織が侵され火傷を起こす。皮膚接触，腹腔内投与により毒性を示す。

吸入：灼熱感，咳，息切れ，咽頭痛

皮膚：皮膚熱傷，痛み，水疱

眼　：発赤，痛み，かすみ眼，重度の熱傷

経口摂取：胃痙攣，灼熱感，吐き気，ショックまたは虚脱，咽頭痛，嘔吐

⑲　主要な発生源事業場

脂肪酸製造工場，染色工場，畜産農業，化製場，でん粉製造工場等

2.5.20 ノルマル酪酸

① 物質名　酪酸

② 日本語名

ラクサン，n－ラクサン，エチルサクサン，ブタンサン，プロピルギサン

③ 英語名

BUTYRICACID, BUTANOICACID, ETHYL-ACETICACID, PROPYLFORMICACID

④ 示性式　$CH_3CH_2CH_2COOH$

⑤ 分子式　$C_4H_8O_2$

⑥ 構造式

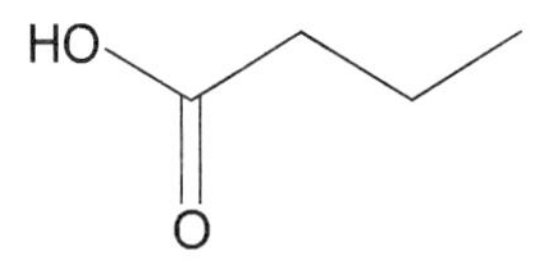

⑦ 骨格　直鎖炭素鎖（飽和）

⑧ 官能基　カルボキシル基

⑨ 用途　香料

⑩ 外観　油状の液体

⑪ 臭気　不快な腐敗バターのようなにおい（汗くさいにおい）

⑫ その他外観的特徴　記載なし

⑬ 物理的性状

分子量　88.11 ～ 88.12

比重　0.9587 ～ 0.959

比重測定温度（℃）　20 ～ 20

蒸気密度　3.04

溶解度　易溶（混和する）

融点（℃）　－ 7.9 ～ － 6

沸点（℃）　163.5 ～ 164.05

蒸気圧（hPa）　0.57

蒸気圧測定温度（℃）　20

⑭ 燃焼・爆発特性

燃焼性　熱，炎に曝すと中程度に燃焼

爆発範囲（%）　2 ～ 10

引火点（℃）　71.7 ~ 72
発火点（℃）　453

⑮　分解性
熱分解性　　加熱分解し，刺激性のガスを発生

⑯　その他化学反応特記　　酸化作用のある物質と反応することがある

⑰　大気汚染防止法，水質汚濁防止法，PRTR 法及び化審法における取扱い
なし

⑱　毒性症状
体内への摂取，吸入は有害。皮膚，目，粘膜を腐食する。
吸入：咽頭痛，咳，灼熱感，息切れ，息苦しさ（症状は遅れて現れることがある）
皮膚：痛み，発赤，水疱，皮膚熱傷
眼　：痛み，発赤，重度の熱傷，視力喪失
経口摂取：灼熱感，腹痛，ショックまたは虚脱

⑲　主要な発生源事業場
畜産農業，化製場，魚腸骨処理場，鶏糞乾燥場，畜産食料品製造工場，でん粉製造工場，し尿処理場，廃棄物処分場等

2.5.21　ノルマル吉草酸

①　物質名　　吉草酸
②　日本語名　キッソウサン，n－キッソウサン
③　英語名　　VALERICACID,　PENTANOICACID
④　示性式　　$CH_3(CH_2)_3COOH$
⑤　分子式　　$C_5H_{10}O_2$
⑥　構造式

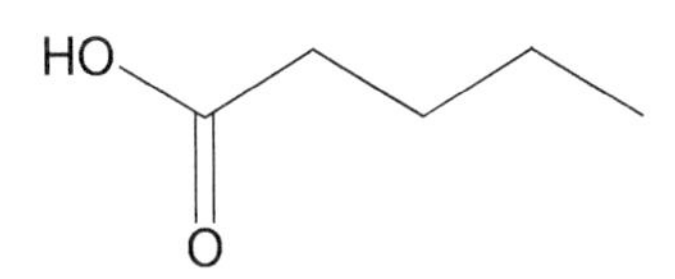

⑦　骨格　　直鎖炭素鎖（飽和）
⑧　官能基　　カルボキシル基
⑨　用途　　香料，合成中間体
⑩　外観　　記載なし

⑪　臭気　　むれた靴下のようなにおい

⑫　その他外観的特徴　　記載なし

⑬　物理的性状

分子量　　102.13

比重　　0.939

　比重測定温度（℃）　20 ～ 20

蒸気密度　　3.52

溶解度　　2.4 g / 100 ml（微溶）

融点（℃）　　−34.5

沸点（℃）　　186 ～ 187

蒸気圧（kPa）　　0.02

　蒸気圧測定温度（℃）　　20

⑭　燃焼・爆発特性

爆発範囲（%）　1.6 ～ 7.6

引火点（℃）　　86

発火点（℃）　　400

⑮　分解性　　記載なし

⑯　その他化学反応特記　　記載なし

⑰　大気汚染防止法，水質汚濁防止法，PRTR 法及び化審法における取扱い

なし

⑱　毒性症状

吸入　　：灼熱感，咳，咽頭痛

皮膚　　：発赤，痛み，皮膚熱傷

眼　　　：発赤，痛み，重度の熱傷

経口摂取：灼熱感，腹痛，ショックまたは虚脱

⑲　主要な発生源事業場

畜産農業，化製場，魚腸骨処理場，鶏糞乾燥場，畜産食料品製造工場，でん粉製造工場，し尿処理場，廃棄物処分場等

2.5.22　イソ吉草酸

①　物質名　　イソ吉草酸

②　日本語名　イソキッソウサン

③　英語名

ISOVALERICACID, 3-METHYLBUTANOICACID, ISOPROPYLACETICACID

④ 示性式　$(CH_3)_2CHCH_2COOH$

⑤ 分子式　$C_5H_{10}O_2$

⑥ 構造式

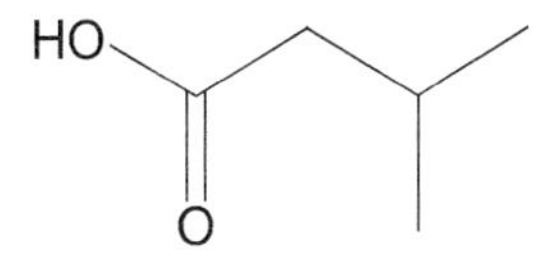

⑦ 骨格　分枝炭素鎖（飽和）

⑧ 官能基　カルボキシル基

⑨ 用途　香料，合成中間体

⑩ 外観　無色液体

⑪ 臭気　強いチーズのような香り。不快臭（むれた靴下のようなにおい）

⑫ その他外観的特徴　酸味がある

⑬ 物理的性状

分子量　102.13 ～ 102.15

比重　0.931

比重測定温度（℃）　20 ～ 20

溶解度　16℃で水に溶ける

融点（℃）　－34.5 ～ －29.3

沸点（℃）　175 ～ 177

⑭ 燃焼・爆発特性

記載なし

⑮ 分解性

熱分解性　加熱分解し，刺激性煙，ガスを発生

⑯ その他化学反応特記　記載なし

⑰ 大気汚染防止法，水質汚濁防止法，PRTR 法及び化審法における取扱い

なし

⑱ 毒性症状

皮膚接触で毒性を示す。経口摂取，静脈内投与で中程度の毒性。皮膚や眼を刺激。

⑲ 主要な発生源事業場

畜産農業，化製場，魚腸骨処理場，鶏糞乾燥場，畜産食料品製造工場，でん粉製造工場，し尿処理場，廃棄物処分場等

2.6 規制基準

2.6.1 規制基準に関する定めの概観

規制基準についての定めは4条である。同条は，以下のことを定めている。

第1に，都道府県知事（市の区域については市長。3条）は，規制地域について，その自然的，社会的条件を考慮して，必要に応じ当該地域を区分し，特定悪臭物質の種類ごとに，①事業場における事業活動に伴って発生する特定悪臭物質を含む気体で当該事業場から排出されるものの当該事業場の敷地の境界線の地表における規制基準，②事業場における事業活動に伴って発生する特定悪臭物質を含む気体で当該事業場の煙突その他の気体排出施設から排出されるものの当該施設の排出口における規制基準，③事業場における事業活動に伴って発生する特定悪臭物質を含む水で当該事業場から排出されるものの当該事業場の敷地外における規制基準，を定めなければならない（4条1項）。

第2に，4条1項の規定にかかわらず，都道府県知事（市の区域については市長）は，規制地域のうちにその自然的，社会的条件から判断して同項の規定による規制基準によっては生活環境を保全することが十分でないと認められる区域があるときは，その区域における悪臭原因物の排出については，同項の規定により規制基準を定めることに代えて，①事業場における事業活動に伴って発生する悪臭原因物である気体で当該事業場から排出されるものの当該事業場の敷地の境界線の地表における規制基準，②事業場における事業活動に伴って発生する悪臭原因物である気体で当該事業場の煙突その他の気体排出施設から排出されるものの当該施設の排出口における規制基準，③事業場における事業活動に伴って発生する悪臭原因物である水で当該事業場から排出されるものの当該事業場の敷地外における規制基準，を定めることができる（4条2項）。

上記のうち，第1は機器分析法による規制であり，第2は嗅覚測定法による規制である。後者は平成7年の悪臭防止法の改正によって導入された規制であり（2.1で前述した），同一の地域については機器分析法による規制と嗅覚測定法による規制のいずれか一方のみを適用できる。このことは，4条2項の「同項（1項のこと・・・筆者注）の規定により規制基準を定めることに代えて」という文言によって示されている。

都道府県知事は，規制基準を定めたり，変更したり，廃止したりしようとするときは，当該規制地域を管轄する町村長の意見を聴かなければならない(5条1項)。この場合において，都道府県知事は，必要があると認めるときは，当該規制地域を管轄する町村長のほか，当該規制地域の周辺地域を管轄する市町村長の意見を聴くものとする（5条2項)。

市長は，規制基準を定めたり，変更したり，廃止したりしようとする場合において，必要があると認めるときは，当該規制地域の周辺地域を管轄する市町村長の意見を聴くものとする（5条3項)。5条は同時に規制地域の指定の場合についても定めているので，規制地域の指定（3条）に関する2.4の説明が，5条にも同様に当てはまる。

都道府県知事（市の区域内の地域については市長）は，規制基準を定めるときや，変更するとき，または廃止するときは，環境省令で定めるところにより，公示しなければならない（6条)。6条は規制基準の設定（4条）と規制地域の指定（3条）の双方に関する規定であり，規制地域の指定に関して述べたことが同様に当てはまる。

「悪臭防止法の施行について」（環境事務次官通知）の第五の（二)[103]によれば，規制基準の設定は規制地域の指定と同時に行うものとされている。また，4条の規制基準の適用に係る特定悪臭物質の測定については，事業場の操業状況，気象状況等が生活環境に係る被害が発生したときの状況と同等もしくは類似していると認められる場合において行うこととされている（「悪臭防止法の施行について」[大気保全局長通知］第五の（一)[104])。

2.6.2　機器分析法による規制基準

2.6.2.1　機器分析法による規制基準全般

規制基準の指定権者[105]

規制基準の設定は，町村の区域については都道府県知事が，市の区域内の区域については市長（特別区については区長）が行うことや，その理由については規制地域の指定の説明のところ（2.4）で述べたことと同様である。

自然的・社会的条件の考慮[106]

都道府県知事（または市長）は，特定悪臭物質の規制基準を定める場合には，その地域の自然的・社会的条件を考慮しなければならないとされているが，この理由は次の通りである。

一般的に，においの感じ方や不快感には，個人差や地域差，さらには民族差などが見られ，悪臭についても，その住民が嫌悪感・不快感をもつにおいが地域の特性によって異なることがしばしばある。従って，公害としての悪臭の規制を問題にする場合には，地域の特性によって同一のにおいに対する悪臭としての評価が異なっていることを考慮しなければならず，地域の実態に応じてきめ細かく規制基準を設定する必要がある。たとえば，魚のにおいは，漁港・漁村地域では日常生活に密接に関係したにおいとしてとらえられることから，悪臭として問題化することは比較的少なかったが，近年は漁村周辺が市街地化し，新たな住民が住むようになったことで悪臭問題が生じているところもある。

このように，その地域の住民の生業のにおいとは別のにおい（たとえば漁村におけるパルプ工場からのにおい）が漂ってくる場合には，直ちに問題化する傾向がある。従って，悪臭の規制という見地からは，用途地域の区分による規制地域と規制基準の設定だけでは必ずしも十分ではなく，地域の環境の総合的な評価をもとに，その地域の特性と悪臭問題の特性を十分に考慮したきめ細かい規制が必要と考えられるのである。

次に，都道府県知事（または市長）が特定悪臭物質の設定にあたって考慮すべき地域の自然的・社会的条件とは，たとえば次のようなものが考えられる。

規制地域の自然的条件とは，その地域が山間の盆地，平野部など，どのような地形にあり，また，風向・風速・気温・逆転層（気温の逆転が起こっている空気層）の発生状況など，どのような気象条件にあるかといったことである。事業場から排出される特定悪臭物質の濃度が高くても，その地域が海沿いで風が強いため特定悪臭物質が洋上に飛ばされるのであれば，規制基準が緩やかでも差し支えない場合もある。反対に，山間の盆地や風が弱く逆転層の発生しやすい地域は，悪臭問題の起こりやすい条件にあるといえる。

規制地域の社会的条件とは，その地域における工場その他の事業場の立地の状況，住宅・学校・病院などの設置の状況，その地域の歴史的な発展の形態，その地域の都市計画上の用途地域の位置づけ，あるいは，ある種の悪臭に対する順応の有無などである。

一般に，住居地域であれば，あらゆる特定悪臭物質の規制基準は可能な限り厳しいものでなければならないが，農業振興地域では住居地域よりも緩やかにし（あるいは，畜産業などから発生する特定悪臭物質の規制基準は，他の特定悪臭物質よりも緩やかに設定するなどし），商業地域については住居と同等，工業地域については緩い基準を定めることなどが考えられる。

これらの自然的・社会的条件を総合的に考慮して，地域の実情・住民の意向に応じたきめ細かい規制基準を定めることが大切である。

地域を区分した上での規制基準の設定[107]

都道府県知事（または市長）は，特定悪臭物質の規制基準を定める場合には，必要に応じて，一つの規制地域をいくつかに区分して定めなければならない（4条1項）。

異なる規制地域についてそれぞれ別個の規制基準を定めることもできるし，また，規制地域として指定した一つの地域が自然的・社会的条件の異なるいくつかの区域から成り立っている場合には，その地域を，規制の必要の程度に応じていくつかに区分し，その区分ごとに規制基準を設定することもできる。

地域を区分する必要がある場合に関して，「悪臭防止法の施行について」（環境事務次官通知）の第五の（3）[108]は，当該地域を区分する必要がある主な場合としては，当該地域のうちに主として工業の用に供されている地域その他悪臭に対する順応の見られる地域がある場合が該当すると述べた上で，このような地域については，その土地利用の実態等に応じて，区分して規制基準を定めることと述べ，その定め方を具体的に示している（注）。

但し，この通知は同時に，主として工業の用に供されている地域その他悪臭に対する順応の見られる地域内に存する事業場からの悪臭により他の規制地域内の住民の生活環境がそこなわれていると認められる場合については，所要の区域を当該他の規制地域に係る規制基準を適用すべき地域として指定するとも述べている。

（注）地域を区分した規制基準の具体的な定め方

「悪臭防止法の施行について」（環境事務次官通知）の第五の（三）が示している具体的な定め方は以下の通りである。

後述する通り，規制基準は，特定悪臭物質（平成7年改正の前までは「悪臭物質」）ごとに，悪臭防止法施行規則の定める一定の範囲内（大気中の当該特定悪臭物質の含有率によって定められる）で都道府県知事または市長が定めることになっているが，地域を区分した規制基準の定め方は，上記の「一定の範囲」をさらに2つに区分し，数値の大きいほうの範囲（つまり，規制がゆるやかなほう）を「主として工業の用に供されている地域その他悪臭に対する順応の見られる地域」において規制基準として設定すべき範囲とし，数値の小さいほう（規制が厳しいほう）の範囲をそれ以外の地域において規制基準として設定すべき範囲とする方法である。

その後，悪臭防止法施行令により（特定）悪臭物質が追加されるごとに，大気保全局長の通知により，追加された（特定）悪臭物質ごとに「一定の範囲」の2つの区分が示された。その具体的な数値については後述する。

そして，上記の「主として工業の用に供されている地域その他悪臭に対する順応の見られる地域」について，「悪臭防止法の施行について」(大気保全局長通知)[109]の第二の(一)は，次のような地域が考えられると述べている。

ア　都市計画法8条の規定に基づく工業地域

イ　都市計画法に基づく用途指定がなされていない地域であって，同法8条の規定に基づく工業地域に相当する地域

ウ　工業専用地域（原則として規制地域に指定しないとされている）であって，当該地域内の事業場からの悪臭により当該地域外の規制地域内の住民の生活環境がそこなわれていると認められる場合に，所要の区域（当該工業専用地域）が規制地域として指定された場合の，その地域(当該工業専用地域)

エ　農村，漁村等の地域であって，当該地域に固有の悪臭に対する順応の見られる地域

特定悪臭物質の種類ごとの規制基準の定め[110]

都道府県知事（または市長）は，特定悪臭物質の種類ごとに規制基準を定めなければならない（4条1項)。

特定悪臭物質の種類ごとに規制基準を定めなければならないとされる理由は，第1に，特定悪臭物質の閾値や6段階臭気強度表示法に対応する特定悪臭物質の濃度は，特定悪臭物質の種類によって異なっており，同一濃度であっても特定悪臭物質の種類によって特定悪臭物質に対する不快感の強さが異なることである。

第2に，地域の特性によって個々の特定悪臭物質に対し住民が示す不快感・嫌悪感の程度の大きな差が見られる場合があることである。このような場合には，ある規制地域について，一定の臭気強度に対応する特定悪臭物質

の濃度をもって一律に規制基準を設定する必要はない。たとえば，Aという特定悪臭物質については臭気強度３に対応する濃度を一律に規制基準として定める一方，Bという特定悪臭物質については，その規制地域のうちXという区域については臭気強度2.5に対応する濃度，Yという区域については臭気強度3.5に対応する濃度とし，Zという区域についてはBについての規制基準を定めない（区域Zについては，Bという特定悪臭物質の排出の規制を必要とする程度の嫌悪感を住民に生じさせる状況がないため，Bを規制しない）といった方法が可能である。

3種類の規制基準[111]

前述の通り，４条１項は，①事業場における事業活動に伴って発生する特定悪臭物質を含む気体で当該事業場から排出されるものの当該事業場の敷地の境界線の地表における規制基準，②事業場における事業活動に伴って発生する特定悪臭物質を含む気体で当該事業場の煙突その他の気体排出施設から排出されるものの当該施設の排出口における規制基準，③事業場における事業活動に伴って発生する特定悪臭物質を含む水で当該事業場から排出されるものの当該事業場の敷地外における規制基準，の３種類の規制基準を定めなければならないものとしている。これは，工場その他の事業場から特定悪臭物質が排出されたり漏出したりする形態には，a.養豚場や養鶏場などのように特定の煙突・排気口のようなものがなく，その事業場の建屋や敷地全体から特定悪臭物質が排出されたり，漏出したりしている場合，b.石油精製工場などのように煙突など特定の気体排出施設などから特定悪臭物質が排出される場合，ｃ．化製場などのように事業場から排出される廃水に含まれた特定悪臭物質が気化・蒸散する場合，の３つの形態が考えられることから，３種類の規制基準を設けることとしたものである。

３種類の規制基準のうちでは，悪臭を事業場の敷地から外に出さないという観点から設けられた敷地境界の地表の規制基準（上記①の規制基準）がベースとなる。そして，煙突などの気体排出口から出される特定悪臭物質が敷地境界の上方を飛び越えて遠方の敷地外の地域に着地する場合には，そのときの最大着地濃度が敷地境界線上に設けられた①の規制基準に適合するように，総理府令で定める換算式に基づいて算出した気体排出口での流量または濃度（上記②の規制基準）で規制する。また，排出水中における規制基準についても，同様の考え方により総理府令で定めた換算式に基づいて算出した，事業場の敷地外に出た排出水中の特定悪臭物質の濃度（上記③の規制基準）の許容限度として定めることとしている。

従って，上記①の規制基準（4条1項1号…敷地境界線上の地表における規制基準）は，4条1項における基礎的な規制基準であり，気体排出口における規制基準（上記②の規制基準…4条1項2号）及び排出水中における規制基準（上記③の規制基準…4条1項3号）は，①の規制基準を達成するための排出基準であるということができる。

測定方法

4条1項の規制基準を適用する場合における特定悪臭物質の測定の方法については，「特定悪臭物質の測定の方法」(昭和47年5月30日環境庁告示第9号）の定めるところによることとされている（悪臭防止法施行規則5条)。

この「特定悪臭物質の測定の方法」の全文は，ハンドブックの259頁～310頁に掲載されている。

2.6.2.2 敷地境界線の地表における規制基準

4条1項1号の文言は以下の通りである。

「事業場における事業活動に伴つて発生する特定悪臭物質を含む気体で当該事業場から排出されるものの当該事業場の敷地の境界線の地表における規制基準　環境省令で定める範囲内において，大気中の特定悪臭物質の濃度の許容限度として定めること。」

「環境省令で定める範囲」は，悪臭防止法施行規則2条及び別表第1により，以下のように定められている[112]（別表第1ではppmでなく「百万分の○」という表現で定められている)。

特定悪臭物質ごとの敷地境界線における規制基準の範囲

	特定悪臭物質	規制基準の範囲 (大気中の含有率)(ppm)
1	アンモニア	1 ～ 5
2	メチルメルカプタン	0.002 ～ 0.01
3	硫化水素	0.02 ～ 0.2
4	硫化メチル	0.01 ～ 0.2
5	二硫化メチル	0.009 ～ 0.1
6	トリメチルアミン	0.005 ～ 0.07
7	アセトアルデヒド	0.05 ～ 0.5
8	プロピオンアルデヒド	0.05 ～ 0.5

9	ノルマルブチルアルデヒド	0.009 ~ 0.08
10	イソブチルアルデヒド	0.02 ~ 0.2
11	ノルマルバレルアルデヒド	0.009 ~ 0.05
12	イソバレルアルデヒド	0.003 ~ 0.01
13	イソブタノール	0.9 ~ 20
14	酢酸エチル	3 ~ 20
15	メチルイソブチルケトン	1 ~ 6
16	トルエン	10 ~ 60
17	スチレン	0.4 ~ 2
18	キシレン	1 ~ 5
19	プロピオン酸	0.03 ~ 0.2
20	ノルマル酪酸	0.001 ~ 0.006
21	ノルマル吉草酸	0.0009 ~ 0.004
22	イソ吉草酸	0.001 ~ 0.01

「悪臭防止法の施行について」（環境事務次官通知）の第五の（一）[113]によれば，上記の敷地境界線における規制基準の範囲は，規制地域の住民の大多数が悪臭による不快感をもつことがないような濃度の範囲として定められたものである。すなわち，規制基準の範囲としては，調香師による嗅覚試験を基礎として 6 段階臭気強度表示法によるものとし，その下限は臭気強度 2.5 に対応する濃度とし，上限は，地域の自然的，社会的条件により悪臭に対する順応の見られる場合があることを考慮し，臭気強度 3.5 に対応する濃度とされた。これは，昭和 47 年 5 月の中央公害対策審議会の答申で示された「事業場敷地境界線における規制基準値は，6 段階臭気強度表示法の臭気強度 2.5 から 3.5 に対応する悪臭物質の濃度として定め，気体排出口における規制基準及び排出水中の悪臭物質に係る規制基準については，それぞれ拡散された濃度が敷地境界線における規制基準値と等しくなるよう許容限度を定めるべきである」とする考えに沿っている[114]。

その後，悪臭防止法施行令の改正により悪臭物質（現在は特定悪臭物質）が追加される都度，大気保全局長通知により，同じ趣旨が説明されている[115]。

都道府県知事（または市長）は，この濃度範囲の中から，地域の自然的，社会的条件を考慮して規制基準を設定することとなる[116]。

また，前述した通り，「悪臭防止法の施行について」（環境事務次官通知）

や，悪臭物質（現在は特定悪臭物質）を追加する悪臭防止法施行令の改正の都度出された大気保全局長通知により，上表の通り定められた規制基準の制定範囲がさらに「主として工業の用に供されている地域その他悪臭に対する順応の見られる地域」とそれ以外の地域とで区分して示されている。その内容を現在の 22 の特定悪臭物質すべてについてまとめると，次の表の通りである[117]。

地域の区分と敷地境界線の地表における規制基準の範囲

特定悪臭物質	敷地境界線の地表における規制基準の範囲（ppm）	
	右記以外の地域	主として工業の用に供されている地域その他悪臭に対する順応が見られる地域
アンモニア	1 ～ 2	2 ～ 5
メチルメルカプタン	0.002 ～ 0.004	0.004 ～ 0.01
硫化水素	0.02 ～ 0.06	0.06 ～ 0.2
硫化メチル	0.01 ～ 0.05	0.05 ～ 0.2
二硫化メチル	0.009 ～ 0.03	0.03 ～ 0.1
トリメチルアミン	0.005 ～ 0.02	0.02 ～ 0.07
アセトアルデヒド	0.05 ～ 0.1	0.1 ～ 0.5
プロピオンアルデヒド	0.05 ～ 0.1	0.1 ～ 0.5
ノルマルブチルアルデヒド	0.009 ～ 0.03	0.03 ～ 0.08
イソブチルアルデヒド	0.02 ～ 0.07	0.07 ～ 0.2
ノルマルバレルアルデヒド	0.009 ～ 0.02	0.02 ～ 0.05
イソバレルアルデヒド	0.003 ～ 0.006	0.006 ～ 0.01
イソブタノール	0.9 ～ 4	4 ～ 20
酢酸エチル	3 ～ 7	7 ～ 20
メチルイソブチルケトン	1 ～ 3	3 ～ 6
トルエン	10 ～ 30	30 ～ 60
スチレン	0.4 ～ 0.8	0.8 ～ 2
キシレン	1 ～ 2	2 ～ 5
プロピオン酸	0.03 ～ 0.07	0.07 ～ 0.2
ノルマル酪酸	0.001 ～ 0.002	0.002 ～ 0.006
ノルマル吉草酸	0.0009 ～ 0.002	0.002 ～ 0.004
イソ吉草酸	0.001 ～ 0.004	0.004 ～ 0.01

事業場の敷地境界線において悪臭物質の濃度の測定を行う場合には，その測定点は当該事業場から排出された悪臭物質が住民の生活環境に対し最

も影響を与える地点を選定することとし，事業場の敷地境界線からおおむね10メートル以内の地点の地上２メートル以内で試料を採取して行う。また，同種の事業場が集合して設置されている場合など，複数の事業場から同種の悪臭物質が排出されているため，個々の事業場から排出されている悪臭物質の量を測定しがたいと認められる場合においては，操業状況，気象状況等を配慮し，他の事業場から排出されている悪臭物質による影響が少ない時期を選定して測定するよう努めることされている（「悪臭防止法の施行について」［大気保全局長通知］の第五の（二）[118]）。

2.6.2.3　気体排出口における規制基準[119]

算出方法

気体排出口における規制基準は，特定悪臭物質が事業場の煙突などの気体排出施設から排出される場合を規制する規制基準であり，４条１項２号の表現は以下の通りである。

「二　事業場における事業活動に伴つて発生する特定悪臭物質を含む気体で当該事業場の煙突その他の気体排出施設から排出されるものの当該施設の排出口における規制基準　前号の許容限度を基礎として，環境省令で定める方法により，排出口の高さに応じて，特定悪臭物質の流量又は排出気体中の特定悪臭物質の濃度の許容限度として定めること。」

煙突などから特定悪臭物質が排出される場合には，敷地境界線の地表面では悪臭がないが（従って，第１号の規制基準には適合している），敷地外の遠く離れたところで最も強い臭いがする（そこで第１号の規制基準値を超える濃度になる）ということがあり得る。従って，事業場の煙突などから排出される特定悪臭物質については，当該特定悪臭物質が大気中で拡散して着地した地表面における濃度（すなわち当該地域の住民が悪臭として感知する場合の濃度）が，当該地域を含む規制地域についての第１号の規制基準に適合しなければならないことになる。

また，特定悪臭物質の排出源を規制するためには，敷地外の遠く離れたところで測定するよりも，排出口のところで測定するほうが，特定悪臭物質の濃度が高く，流量も多く，また濃度も一定しているので，より正確に測定することができるという利点がある。

このようなことから，第２号の規制基準は，その規制地域についての第１号の規制基準を基礎におき，排出口の高さすなわち特定悪臭物質の大気中への拡散を考慮に入れて，環境省令で定める方法（換算式）により算出した排出口における規制基準とされている。

基準に関し，「悪臭防止法の施行について」（環境事務次官通知）の第五の(四）は，次のように述べている[120]。

「煙突等の気体排出口に係る規制基準の算出の方法は，最大着地濃度地域における大気中の濃度が事業場敷地境界線における規制基準値と等しくなるよう，気体排出口における悪臭物質の流量の許容限度を算出する方法として定められたものであること。」

第２号にいう「煙突その他の気体排出施設の排出口」とは，特定悪臭物質を大気中に排出するために設けられた気体排出施設の開口部をいい，排出ガス量の測定が可能なところをいう。従って，換気口，換気筒等であっても，その排出口において排出ガス量の測定が可能であるものは，気体排出施設の排出口に該当する（悪臭防止法の施行について［大気保全局長通知］第五の（三))[121]。その他の気体排出施設としては，化学プラント等の出口や，屋根に排気のため専用に設けられた開口部等がある。

４条２項にいう「環境省令で定める方法」とは，特定悪臭物質（メチルメルカプタン，硫化メチル，二硫化メチル，アセトアルデヒド，スチレン，プロピオン酸，ノルマル酪酸，ノルマル吉草酸及びイソ吉草酸を除く。後述する通り，これらについては２号の規制基準は定められていない）の種類ごとに次の式により流量を算出する方法である（悪臭防止法施行規則３条１項)。

$$q = 0.108 \times He^2 \cdot Cm$$

この式において，q，He 及び Cm は，それぞれ次の値を表す。

q　流量（単位　温度零度，圧力１気圧の状態に換算した立方メートル毎時)

He　後述する方法により補正された排出口の高さ（単位　メートル)

Cm　悪臭防止法４条１項１号の規制基準として定められた値（単位　百万分率)

次に示す方法により補正された排出口の高さが５メートル未満となる場合については，この式は適用しない。

排出口の高さの補正は，次の算式により行う（悪臭防止法施行規則３条２項)。

$$He = Ho + 0.65\,(Hm + Ht)$$

$$Hm = \frac{0.795\sqrt{Q \cdot V}}{1 + \frac{2.58}{V}}$$

$$Ht = 2.01 \times 10^{-3} \cdot Q \cdot (T - 288) \cdot (2.30 \log J + \frac{1}{J} - 1)$$

$$J = \frac{1}{\sqrt{Q \cdot V}}(1460 - 296 \times \frac{V}{T - 288}) + 1$$

これらの式において，He，Ho，Q，V及びTは，それぞれ次の値を表す。

He　補正された排出口の高さ（単位　メートル）
Ho　排出口の実高さ（単位　メートル）
Q　温度15度における排出ガスの流量（単位　立方メートル毎秒）
V　排出ガスの排出速度（単位　メートル毎秒）
T　排出ガスの温度（単位　絶対温度）

この算出方式は，英国気象局式（パスキル式）の大気拡散式を使用したものである。

メチルメルカプタン，硫化メチル，二硫化メチル，アセトアルデヒド，スチレン，プロピオン酸，ノルマル酪酸，ノルマル吉草酸及びイソ吉草酸の9種の特定悪臭物質については，現時点では大気中の拡散の過程において生じる化学変化についての知見が不足していること，測定法上問題があること等により，気体排出口における規制基準は定められていない。今後これらについての規制基準設定方式が定められるまでの間は，これらの特定悪臭物質の最大着地濃度が事業場敷地境界線の地表における規制基準を超えることのないよう，法の運用にあたって十分配慮すべきである。(注)

(注) メチルメルカプタンと硫化メチル

メチルメルカプタンと硫化メチルの2物質は，悪臭防止法制定時の5つの悪臭物質に含まれているが，2号基準は定められなかった。

「悪臭防止法の施行について」(環境事務次官通知) の第五の（四）は，

「おつて，メチルメルカプタン及び硫化メチルについては，大気中の拡散の過程において化学変化をおこすことにより，その量が著しく減少することが知られているが，その減少の割合等については現在のところ明らかでないため，これら物質についての気体排出口に係る規制基準については，当面これを定めないこととした…。

なお，これらの算出の方法については，さらに調査研究を行ない，可及的すみやかに定めることとしているものである…」

と述べており[122]，メチルメルカプタン及び硫化メチルについても「可及的すみやかに」2号基準を定めることが予定されていた。

しかし，現在に至るまで，この2物質についての2号基準は定められていない。

補正された排出口の高さ（有効煙突高，He）が5メートル未満となる場合については，上記の通り，流量を算出する式は適用しないとされているが，これは，この場合にこの方法を適用することについて理論的に難点があり，かつ，特定悪臭物質による影響が多くの場合に当該事業場の敷地境界線の内部において最大となることから，事業場敷地境界線における規制基準によって十分に対処しうるものと認められるためである（「悪臭防止法の施行について」[環境事務次官通知] 第五の（四））[123]。

気体排出施設から排出され，大気中で拡散された特定悪臭物質の濃度が最大となる地点が，当該特定悪臭物質を排出している事業場の敷地内である場合においては，第2号の規制基準の設定の趣旨にかんがみれば，この規制基準を適用する必要はなく，第1号の規制基準が適用されることになる。一般に，気体排出施設と最大着地濃度地点との間の距離（Dメートル）は，次式によって算出しうるとされている（悪臭防止法の施行について［大気保全局長通知］第二の（二））[124]。

$D = 7.36 \times He^{1.1}$

（He は，上記の悪臭防止法施行規則3条2項の式によって補正された排出口の高さである）

具体的な計算例

ハンドブックには，気体排出口における規制基準の具体的な計算例が示されている[125]（悪臭公害規制指導マニュアル［埼玉県環境部・平成2年3月］より埼玉県の了解を得て一部加筆修正の上転載したとのことである）。以下の通りである。

（気体排出施設の排出口における測定の計算例）

〈事例〉

準工業地域に存する工場において，煙突出口（高さ30 m）で硫化水素の測定を実施して次の（1），（2）の結果が得られた場合の規制基準値（流量の許容限度）との適合状況を判定する。

(1)　硫化水素に係る測定結果

ア　排出ガス量（Qt）　　　　　　　　　Q = 13200 N m^3/h

→日本工業規格 (JIS) Z8808 に定める方法で測定する。

イ　排出ガス中の硫化水素濃度 (Ct)　　　　Ct = 160 ppm

→「特定悪臭物質の測定の方法」(昭和 47 年 5 月 30 日環境庁告示第 9 号）に定める方法で測定する。

(2)　規制基準値の算出条件等

ア　当該工場の敷地境界線における規制基準値（Cm）

Cm = 0.02 ppm

イ　排出口の実高さ (Ho)　　　　　　　Ho = 30.0 m

ウ　15℃における排出ガスの流量（Q）　　Q = 3.86 m^2/sec

エ　排出ガスの排出速度（V）　　　　　V = 10.0 m/sec

オ　排出ガスの絶対温度（T）　　　　　T = 422°　K

※ウ～オは，JIS Z8808 に定める方法で測定する。

(3)　規制基準値の算出

ア　排出口の高さの補正（有効煙突高さの計算）

算出式は次の通りである（前述したものを再掲する)。

$$He = Ho + 0.65\,(Hm + Ht)$$

$$Hm = \frac{0.795\sqrt{Q \cdot V}}{1 + \frac{2.58}{V}}$$

$$Ht = 2.01 \times 10^{-3} \cdot Q \cdot (T - 288) \cdot (2.30 \log J + \frac{1}{J} - 1)$$

$$J = \frac{1}{\sqrt{Q \cdot V}}\,(1460 - 296 \times \frac{V}{T - 288}) + 1$$

He：補正された排出口の高さ（単位…m）←有効煙突高さ

Ho：排出口の高さ（単位…m）

Q ：温度 15 度における排出ガスの流量（単位…m^3/sec)

V ：排出ガスの排出速度（単位…m/sec)

T ：排出ガスの温度（単位…K)

前記（2）の「規制基準値の算出条件」をもとに，J，Ht，Hm 及び He（排出口の高さの補正値）を順次計算する。

① Jの計算

$$J = \frac{1}{\sqrt{Q \cdot V}}(1460 - 296 \times \frac{V}{T-288}) + 1$$

$$= \frac{1}{\sqrt{3.86 \times 10.0}} \times (1460 - 296 \times \frac{10.0}{422-288}) + 1$$

$$= 233$$

② Htの計算

$$Ht = 2.01 \times 10^{-3} \cdot Q \cdot (T - 288) \cdot (2.30 \log J + \frac{1}{J} - 1)$$

$$= 2.01 \times 10^{-3} \times 3.86 \times (422-288) \times (2.30 \times \log 233 + \frac{1}{233} - 1)$$

$$= 4.63$$

③ Hmの計算

$$Hm = \frac{0.795\sqrt{Q \cdot V}}{1 + \frac{2.58}{V}}$$

$$= \frac{0.795 \times \sqrt{3.86 \times 10.0}}{1 + \frac{2.58}{10.0}}$$

$$= 3.93$$

④ He（排出口の高さの補正値）の計算

$$He = Ho + 0.65 \, (Hm + Ht)$$

$$= 30.0 + 0.65 \times (3.93 + 4.63)$$

$$= 35.6 \text{（m）}$$

イ　規制基準値の算出

算出式は以下の通りである（前述したものを再掲する）。

$q = 0.108 \times He^2 \cdot Cm$

q：　流量（単位…N m^3/h）←規制基準値

He：　排出口の高さの補正値（単位 m）←有効煙突高さ

Cm：　当該事業場の敷地境界線における規制基準値（単位 ppm）

この事例での気体排出口における硫化水素の規制基準値q（流量）は，アで算出した排出口の高さの補正値（He ＝ 35.6 m）と敷地境界線における規制基準値（Cm = 0.02 ppm）から，

$q = 0.108 \times 35.6^2 \times 0.02 = 2.7 \, Nm^3/h$

となる。

(4)　硫化水素排出量の算出

この事例での工場の煙突からの硫化水素排出量q'（流量）は，排出ガス量（Qt = 13200 N m³/h）と排出ガス中の硫化水素濃度（Ct = 160 ppm）から，

$$q' = 160 \times 10^{-6} \times 13200 = 2.1 \text{ N m}^3/\text{h}$$

となる。

(5)　規制基準値との適合状況の判定

（3）のイで求めた規制基準値q（流量）と（4）で求めたこの工場の煙突からの硫化水素排出量q'（流量）を比較すると，この事例では，$q \geq q'$であるから，気体排出施設の排出口からの硫化水素の排出量は規制基準値に適合している。

2.6.2.4　排出水に関する規制基準[126]

4条1項3号の定め

4条1項3号は，排出水に関する規制基準の定めであり，同号の表現は以下の通りである。

「事業場における事業活動に伴つて発生する特定悪臭物質を含む水で当該事業場から排出されるものの当該事業場の敷地外における規制基準　第1号の許容限度を基礎として，環境省令で定める方法により，排出水中の特定悪臭物質の濃度の許容限度として定めること。」

この規制基準の必要性と制定の経緯[127]

工場その他の事業場からの排出水中に含まれる特定悪臭物質が排水口から敷地外に排出された場合に，排水口や敷地境界線のところでは悪臭が発生していなくても（つまり，第1号や第2号の規制基準には適合していても），時間の経過とともに特定悪臭物質が気化・蒸散してくると悪臭を発生する（つまり，第1号の規制基準値以上になる）ことがある。従って，工場排水等による悪臭を防止するためには，単に大気中の特定悪臭物質の濃度をもって規制するだけでは不十分であり，工場排水中に溶け込んでいる特定悪臭物質の濃度をもって規制する必要がある。ここに，排出水に関する規制基準を設けることが必要な理由がある。

次に，同一の規制地域に関し，同種の特定悪臭物質について，異なったレベルの規制基準が設定されることは不合理であることから，第3号の規

制基準は第１号の規制基準と同レベルの規制基準であることが必要である。それゆえ，排出水に含まれる特定悪臭物質の規制基準については，排出水から放散し，大気中で拡散した特定悪臭物質の濃度が，当該地域に係る事業場敷地境界線における規制基準値と等しくなるように定める必要がある。

しかし，排出水中の悪臭物質の濃度と大気中に蒸散した当該悪臭物質の濃度との関係が明らかでなかったため（これは，「悪臭防止法の施行について」［環境事務次官通知］及び排出水中に関する規制基準を定めた悪臭防止法施行規則改正時の「悪臭防止法施行規則の一部を改正する総理府令の施行等について」［平成６年大気保全局長通知］[128] の表現である。このことについて，ハンドブックは，より詳しく，「排出水中の特定悪臭物質の大気中への放散及び大気中での拡散の状況は排出水の流速，温度，水素イオン濃度等のほか，排水路の構造（幅，深さ，勾配等）及び風向風速等により複雑に変化するものと考えられ，その詳細については不明な点が多く残されていたため」と説明している[129]），この排出水中に関する規制基準は，悪臭防止法の施行後，長い間定められていなかった。

しかし，事業場から排出される排出水中に含まれる悪臭物質に起因する悪臭苦情に十分対処しきれない実情にあったこと，また，ビルの地下貯留槽からの排水に伴う悪臭が問題となっていたことなどにより，排出水に係る規制基準の設定方法を定めることが強く望まれていたため，環境庁は，関係機関の協力を得て，悪臭公害の実態，悪臭物質の測定方法，悪臭防止技術等について調査研究を進め，平成６年３月 28 日に中央環境審議会の答申を得て，これを基に総理府令（悪臭防止法施行規則）等の改正を行い，特定悪臭物質のうちの硫黄系４物質（メチルメルカプタン，硫化水素，硫化メチル，二硫化メチル）についてのみ，排出水に含まれる悪臭物質に係る規制基準の設定方法を定めた（前記「悪臭防止法施行規則の一部を改正する総理府令施行等について」［平成６年大気保全局長通知］[130]）。

前述の通り，排出水中に含まれる悪臭物質に係る環境基準については，排出水から放散し，大気中で拡散した悪臭物質の濃度が，当該地域に係る事業場敷地境界線における規制基準値と等しくなるよう排出水中の悪臭物質の濃度の許容限度を定めるべきであるという要件を満たす算出の方法として定められている（前記平成６年大気保全局長通知。この通知によれば，このような考え方は，昭和 47 年１月の中央公害対策審議会の答申に示されているとのことである）。

平成６年３月の中央環境審議会での審議の結果，事業場の敷地外に排出される排出水の排出形態は各事業場ごとに異なっていること，排水口近傍の大気の拡散については拡散理論式等の適用可能性等について十分な知見が得られないことなどから，特定悪臭物質の水中濃度と大気中濃度の関係を表す理論式の設定は無理であると判断された。このため，既に実測値の得られている硫黄系物質（メチルメルカプタン，硫化水素，硫化メチル，二硫化メチルの４物質）について，特定悪臭物質の排水中の濃度と大気中の評価地点における濃度との関係について検討し，これをもって両者の関係とすることが現実的な方法であるとの結論に達した。この実測値には，排出水の量，排出形態，放流先の水量，気温，風向・風速等の要因が影響していると考えられるが，このうち，影響の著しい排出水の量については特に考慮し，その他の要因については総合的に影響しているものとして，次に示す関係式を求めたものである。

規制基準を定める方法を設定した前記硫黄系４物質は，実測データの有無に加えて，特定悪臭物質としての代表性，ヘンリー定数（注）に代表されるような液相から気相への移動のしやすさ等の特性を考慮して選定された。

排出水に係る規制基準は，事業場等から敷地境界の外に排出されるすべての水について適用される。この場合，一つの事業場の２つ以上の排出口から排出水が排出されていれば，その各々に規制基準が適用される。また，事業場が排出水を下水道に排出している場合であっても，当該事業場の排出水に対し，悪臭防止法による排出水に係る規制基準が適用される。

下水道終末処理場から河川等に排水される排出水は悪臭防止法の規制対象となるが，これらの排出水が事業場からの受け入れ排水が原因で規制基準を超過し，生活環境を損なっている場合には，当該原因となる事業場に対して法に基づき適切に措置することが必要である。

（注）ヘンリー定数[131]

ヘンリー係数ともいう。ヘンリーの法則によると，理想気体の法則にほぼ従う程度に低い圧力範囲で気体が液体にわずかに溶解する場合，一定温度のもとで気体の圧力 p を変えると，気体の溶解度 C はその圧力に比例する。$C=kp$　この定数 k をヘンリー定数という。

規制基準の設定方法

環境省令で定める方法として，悪臭防止法施行規則４条は，以下のように定めている。

「法第４条第１項第３号の環境省令で定める方法は，特定悪臭物質（アンモニア，トリメチルアミン，アセトアルデヒド，プロピオンアルデヒド，ノルマルブチルアルデヒド，イソブチルアルデヒド，ノルマルバレルアルデヒド，イソバレルアルデヒド，イソブタノール，酢酸エチル，メチルイソブチルケトン，トルエン，スチレン，キシレン，プロピオン酸，ノルマル酪酸，ノルマル吉草酸及びイソ吉草酸を除く。）の種類ごとに次の式により排出水中の濃度を算出する方法とする。

$C_{Lm} = k \times C_m$

この式において，C_{Lm}，k 及び C_m は，それぞれ次の値を表すものとする。

C_{Lm}　排出水の濃度（単位　1リットルにつきミリグラム）

k　別表第二の第二欄に掲げる特定悪臭物質の種類及び同表の第三欄に掲げる当該事業場から敷地外に排出される排出水の量ごとに同表の第四欄に掲げる値（単位　1リットルにつきミリグラム）

C_m　法第4条第1項第1号の規制基準として定められた値（単位　百万分率）

別表第二は次の通りである。

別表第二（第4条関係）

一	メチルメルカプタン	0.001立方メートル毎秒以下の場合	16
		0.001立方メートル毎秒を超え，0.1立方メートル毎秒以下の場合	3.4
		0.1立方メートル毎秒を超える場合	0.71
二	硫化水素	0.001立方メートル毎秒以下の場合	5.6
		0.001立方メートル毎秒を超え，0.1立方メートル毎秒以下の場合	1.2
		0.1立方メートル毎秒を超える場合	0.26
三	硫化メチル	0.001立方メートル毎秒以下の場合	32
		0.001立方メートル毎秒を超え，0.1立方メートル毎秒以下の場合	6.9
		0.1立方メートル毎秒を超える場合	1.4
四	二硫化メチル	0.001立方メートル毎秒以下の場合	63
		0.001立方メートル毎秒を超え，0.1立方メートル毎秒以下の場合	14
		0.1立方メートル毎秒を超える場合	2.9

上記のように排出水の量を3段階に区分し，各区分ごとに排出水中における規制基準値を算出することとしたのは，排出水の量により悪臭物質の放散の度合が異なり，結果として大気中の濃度が影響を受けるためである（前記「悪臭防止法施行規則の一部を改正する総理府令施行等について」［平成6年

大気保全局長通知］第一の二[132]）。

但し，メチルメルカプタンについては，当該事業場から敷地外に排出される排出水の量が0.1立方メートル毎秒を超える場合においては，上記のように定められた方法により算出した排出水中の濃度の値が1リットルにつき0.002ミリグラム未満となる場合には，測定方法の精度に鑑み，規制基準値としての許容限度は，当分の間，1リットルにつき0.002ミリグラムとされる（悪臭防止法施行規則の一部を改正する総理府令附則2項，前記「悪臭防止法施行規則の一部を改正する総理府令施行等について」［平成6年大気保全局長通知］第三の一の（三）[133]）。

事業場から敷地外に排出される排出水の量の把握は，事業場の操業状況，気象状況等が，生活環境に係る被害が発生したときの状況と同等もしくは類似している条件下で行うべきである（前記「悪臭防止法施行規則の一部を改正する総理府令施行等について」［平成6年大気保全局長通知］第三の一の（二）[134]）。

上記4物質以外の特定悪臭物質については，排出水中の悪臭物質の濃度と大気中に蒸散した当該特定悪臭物質の濃度との関係が明らかでないため，今回は，これら物質についての排出水に係る規制基準の設定方法を定めないこととしたものであるが，これらについては，「今後さらに調査研究を行い，可及的速やかに定めることとしている」とされている（前記「悪臭防止法施行規則の一部を改正する総理府令施行等について」［平成6年大気保全局長通知］第三の一の（一）[135]）。

上記の別表第二で定められた数値に基づき，具体的な規制基準値を算出すると，以下のようになる[136]。

関係式から求められた排出水に係る規制基準値

排出水量（㎥/s）	Q ≦ 0.001			0.001 ＜ Q ≦ 0.1			0.1 ＜ Q		
臭気強度の別	2.5	3.0	3.5	2.5	3.0	3.5	2.5	3.0	3.5
メチルメルカプタン	0.03	0.06	0.2	0.007	0.01	0.03	0.001（特例として0.002）	0.003	0.007
硫化水素	0.1	0.3	1	0.02	0.07	0.2	0.005	0.02	0.05
硫化メチル	0.3	2	6	0.07	0.3	1	0.01	0.07	0.3
二硫化メチル	0.6	2	6	0.1	0.4	1	0.03	0.09	0.3

2.6.3 嗅覚測定法による規制基準

2.6.3.1 嗅覚測定法による規制基準全般

4条1項の規定にかかわらず，都道府県（市の区域については市長）は，規制地域のうちにその自然的，社会的条件から判断して同項の規定による規制基準（すなわち物質濃度規制）によっては生活環境を保全することが十分でないと認められる区域があるときは，その区域における悪臭原因物の排出については，同項の規定により規制基準を定めることに代えて，2項各号の規制基準（敷地境界線の地表における規制基準，排出口における規制基準及び排出水に関する規制基準の3種）を定めることができる（4条2項柱書）。

これは嗅覚測定法による規制方法（すなわち臭気指数規制）が可能であることを定めた規定であり，平成7年改正によって新設された。

嗅覚測定法による規制基準は，現に3条に基づく規制地域である（すなわち物質濃度規制が既に行われている）区域について，物質濃度規制に代えて定めることができるし，また，従来は規制地域でなかった区域を新たに規制地域とし，当該区域に新たに悪臭防止法による悪臭原因物の排出規制を行おうとするときに，その自然的，社会的条件から，物質濃度規制を定めたとしても生活環境を保全することが十分でない状況があると判断された場合に，規制地域に指定した当初から，当該区域に嗅覚測定法による規制基準を設定することもできる[137]。すなわち，法の趣旨は第1項及び第2項に優先順位をつけたものではない[138]。

前者の場合（従来の物質濃度規制を臭気指数規制に変更する場合）には，各地方公共団体における現在の物質濃度規制による規制基準が悪臭発生施設の立地状況及び自然的・社会的条件の違い，地方公共団体ごとの悪臭対策の歴史等を踏まえて設定されたものであることから，臭気指数規制による規制基準を設定するにあたっても，既に定められている物質濃度規制による規制基準との整合を図りつつ，同様な考え方を基本として規制基準を設定することが考えられる[139]。

また，後者の場合（新たに規制基準を設定するにあたり，嗅覚測定法による規制基準を採用する場合）には，業種別悪臭の臭気強度と臭気指数の関係や，臭気測定調査等をもとに，当該区域において目標とする臭気強度に対応する臭気指数の範囲を求め，その中から第1号の規制基準（敷地境界線の地表における規制基準）を設定することができる[140]。

４条２項柱書にいう「自然的，社会的条件」としては，物質濃度規制による規制基準の設定にあたって考慮すべき自然的，社会的条件として示した，地形，気象，発生源の立地状況，住宅等の設置の状況，その地域の歴史的な発展の形態，都市計画上の用途地域の位置づけ，悪臭に対する順応の有無等について，嗅覚測定法による規制基準を設定するにあたっても同様に考慮すべきであるほか，４条２項の趣旨からは，物質濃度規制では十分に対応できない悪臭を発生する事業場の設置状況や，これらの事業場に対する住民苦情の状況等を十分に勘案する必要がある[141]。

「同項の規定により規制基準を定めることに代えて」という文言から，ある一つの区域については，物質濃度規制の規制基準または臭気指数規制の規制基準のいずれか一方のみを適用しうるだけで，重畳的に適用することはできない。そして，一の区域について規制手法を混在させること（たとえば敷地境界線については物質濃度規制，気体排出口については臭気指数規制をそれぞれ適用するという手法）もできない[142]。

臭気指数規制の規制基準は，平成７年３月の中央環境審議会答申（「悪臭防止対策の今後のあり方について」）において物質濃度規制による規制の枠組みと同様とすべきであるとされていることを踏まえ，物質濃度規制の規制基準と同様に，敷地境界線，気体排出口及び排出水の３種類について定めることができるとされている[143]。そして，物質濃度規制と同様に，臭気指数規制の規制基準においても，敷地境界線における規制基準が基礎的な規制基準であり（「悪臭防止法の一部を改正する法律の施行について」［平成７年環境事務次官通知］の第二の一の（二）[144]），気体排出口及び排出水中における各規制基準は，その基礎的な規制基準を達成するための基準である[145]。

平成７年の臭気指数規制の導入時点では，敷地境界線における規制基準しか定められていなかったが，平成 11 年３月 12 日付で気体排出口における規制基準の設定方法等が定められ，残る排出水における規制基準の設定方法については，平成 12 年６月 15 日に公布された「悪臭防止法施行規則の一部を改正する総理府令」によって定められ，この改正により，臭気指数に係るすべての規制基準が定められた[146]。

2.6.3.2　敷地境界線における規制基準

４条２項１号の定め

４条２項１号は，敷地境界線における嗅覚測定法による規制基準を定めている。同号の規定は以下の通りである。

「事業場における事業活動に伴つて発生する悪臭原因物である気体で当該事業場から排出されるものの当該事業場の敷地の境界線の地表における規制基準

環境省令で定める範囲内において，大気の臭気指数の許容限度として定めること。」

「臭気指数」は2条2項で定義されており，同項の規定は，

「この法律において「臭気指数」とは，気体又は水に係る悪臭の程度に関する値であつて，環境省令で定めるところにより，人間の嗅覚でその臭気を感知することができなくなるまで気体又は水の希釈をした場合におけるその希釈の倍数を基礎として算定されるものをいう。」

というものである。そして，この規定中の「環境省令」とは，悪臭防止法施行規則1条の

「悪臭防止法（以下「法」という。）第2条第2項の規定による気体又は水に係る臭気指数の算定は，環境大臣が定める方法により，試料とする気体又は水の希釈をした場合におけるその希釈の倍数（以下「臭気濃度」という。）を求め，当該臭気濃度の値の対数に十を乗じた値を求めることにより行うものとする。」

であり，さらにこの規定中の「環境大臣が定める方法」については，平成8年2月22日環境庁告示第7号「臭気指数及び臭気排出強度の算定の方法」において，「悪臭防止法施行規則第1条の臭気指数及び同規則第6条の2の臭気排出強度の算定の方法は，別表のとおりとする」と規定されている。この別表に示された算定方法は，三点比較式臭袋法によるものである（「三点比較式臭袋法」という語は用いられていない）。

なお，この規制基準を定めることに関しては，臭気指数規制ガイドラインが詳細な指針を示している。

環境省令の定める範囲

4条2項1号の「環境省令の定める範囲」とは，大気の臭気指数が10以上21以下の範囲である（悪臭防止法施行規則6条）。これは，概ねすべての業種の臭気強度と臭気指数の関係を調査した結果をもとに（臭気指数規制ガイドライン7頁），特定悪臭物質における場合と同様に，規制地域の住民の大多数が悪臭による不快感を持つことがないような臭気指数の範囲として，6段階臭気強度表示法の臭気強度2.5を下限，臭気強度3.5を上限として，これに対応する臭気指数の値の範囲として定められた[147]。

具体的には，臭気強度と臭気指数との関係は次の表の通りとされてい

る[148]。この表は，全国の自治体が昭和58年から平成４年に実施した測定結果をもとに，概ねすべての業種の臭気強度と臭気指数の関係から求めたものである。業種によってにおいの質等が異なることにより，臭気指数には一定の幅がある[149]。

臭気強度と臭気指数との関係
（ハンドブック85頁，環境省・臭気対策行政ガイドブック13頁）

臭気強度	臭気指数の範囲
2.5	10 ～ 15
3.0	12 ～ 18
3.5	14 ～ 21

さらに，臭気指数規制ガイドラインは，業種ごとの臭気強度と臭気指数の関係についての次の一覧表を示した上,「区域内の関係事業場からの悪臭につき想定される臭気強度と臭気指数との関係については，表－６（下の表のこと…筆者注）を参考とし，操業状態が同業種の他の事業場と著しく異なると考えられる事業場や表－６のいずれにも該当しない事業場については臭気測定調査を行う等、所要の補完的な調査を行ってこれを求める。」と述べている[150]。ハンドブックにも同趣旨のことが述べられている[151]。

なお，臭気指数による規制基準は整数値で定める[152]。

業種別の臭気強度と臭気指数の関係（環境省・臭気指数規制ガイドライン22頁）。

業種		各臭気強度に対応する臭気指数		
		2.5	3.0	3.5
畜産農業	養豚業	12	15	18
	養牛業	11	16	20
	養鶏場	11	14	17
飼料・肥料製造業	魚腸骨処理場	13	15	18
	獣骨処理場	13	15	17
	複合飼料製造工場	11	13	15
食料品製造工場	水産食料品製造工場	13	15	18
	油脂系食料品製造工場	14	18	21
	でんぷん製造工場	15	17	19
	調理食料品製造工場	13	15	17
	コーヒー製造工場	15	18	21
	その他	12	14	17

業種		各臭気強度に対応する臭気指数		
		2.5	3.0	3.5
化学工場	化学肥料製造工場	11	14	17
	無機化学工業製品製造工場	10	12	14
	プラスチック工場	12	14	17
	石油化学工場	14	16	18
	油脂加工品製造工場	11	16	20
	アスファルト製造工場	12	16	19
	クラフトパルプ製造工場	14	16	17
	その他のパルプ・紙工場	11	14	16
	その他	14	16	18
その他の製造工場	繊維工場	11	16	20
	印刷工場	12	13	15
	塗装工場	14	16	19
	窯業・土石製品製造工場	14	17	21
	鋳物工場	11	14	16
	輸送用機械器具製造工場	10	13	15
	その他	14	17	20
サービス業・その他	廃棄物最終処分場	14	17	20
	ごみ焼却場	10	13	15
	下水処理場	11	13	16
	し尿処理場	12	14	17
	クリーニング店・洗濯工場	13	17	21
	飲食店	14	17	21
	その他	13	15	18
最大値		15	18	21
最小値		10	12	14

（注）昭和58年～平成4年の全国自治体の測定結果から，臭気強度2.0以上4.0以下のものを使用。

資料：平成8年3月環境庁「悪臭防止行政ガイドブック」業種別悪臭の臭気強度と臭気指数の関係

臭気指数規制ガイドライン42頁は，事業場の敷地境界線の地表における臭気指数の測定について，以下のように述べている。

① 物質濃度規制における測定と同様に，対象とする事業場の操業状況，気象状況等が生活環境に係る被害が発生したときと同等若しくは類似していると認められる場合において，当該事業場から排出された悪臭原因物が住民の生活環境に対し最も影響を与える地点を選定し，当該事業場の敷地の境界線から概ね10 m以内の地点の地上2 m以内で試料を採取して行う。

② 測定対象の事業場の周辺に他の悪臭原因物の発生源が存在する場合には，操業状況，気象状況等に配慮し，他の発生源から排出されている悪臭

原因物の影響を受けないようにする。

③　個別事業場における臭気指数の測定値の規制基準への適否については，小数点以下を四捨五入した整数値をもって判定する。

④　臭気指数の測定を厳正かつ公正に行うためには，測定を実施する者の資質及びパネルの公正性が重要であることから，測定を実施するこれらの者の資質の確保及び公正性の確保が必要である。この場合，パネルはあらかじめ公募等により多数確保した者のうちから，測定の対象事業場と直接の利害関係を有する者，当日の体調が不調な者等判定試験に不適切な者を除いて無作為に抽出して選定すること，当該パネルに測定の対象となる試料がどの事業場のものであるかを知らせないこと等により，測定の公正性を確保する。

2.6.3.3　煙突等の気体排出口の臭気指数による規制基準

4条2項2号の規定

4条2項2号は，煙突等の気体排出口における臭気指数の規制基準を定めている。同号の規定は以下の通りである。

> 「事業場における事業活動に伴つて発生する悪臭原因物である気体で当該事業場の煙突その他の気体排出施設から排出されるものの当該施設の排出口における規制基準　前号の許容限度を基礎として，環境省令で定める方法により，排出口の高さに応じて，臭気排出強度（排出気体の臭気指数及び流量を基礎として算定される値をいう。第12条において同じ。）又は排出気体の臭気指数の許容限度として定めること。」

この規制基準は，気体排出口から拡散した臭気の地表上での最大着地濃度が第1号の規制基準を超えないように定められたものである[153]。この規制基準については，環境省のパンフレットである「よくわかる臭気指数規制2号基準」が詳細に解説している。

「排出口の高さに応じて，臭気排出強度（排出気体の臭気指数及び流量を基礎として算定される値をいう。…）又は排出気体の臭気指数の許容限度として定めること」とは，具体的には，排出口の高さが15メートル以上の施設については臭気排出強度の許容限度により定められ，排出口の高さが15メートル未満の施設については排出気体の臭気指数の許容限度によって定められている（悪臭防止法施行規則6条の2)。これは，原則として環境濃度と直接比例関係にある排出ガスの流量も反映できるよう，臭気排出強度の許容限度として定めることとするが，小規模な施設については，流量の測定が実際上困難であり，いくつかの条件により流量を測定しない簡易な方法も許容されることから，排出口の高さが 15 メートル未満の施設の基準値は臭気指数の許容限度として定めることとしているものである[154]。(注)

(注) 排出口の高さが 15 メートル以上の場合と 15 メートル未満の場合の相違

臭気対策行政ガイドブックは，排出口の高さが 15 メートル以上の場合と 15 メートル未満の場合との相違点を次のように整理している[155]。

○　気体排出口の高さが 15 メートル以上の場合

悪臭発生施設は一般的に小規模施設が多く，臭気の拡散に対する建物の影響も大きいことから，建物の影響などを考慮した算出式を用い，これに建物条件や排出ガスの流量等をあてはめることにより，気体排出口からの臭気の排出量（臭気排出強度）を求めて規制する方法である。

・指標　　　：臭気排出強度

・大気拡散式：建物の影響による拡散場の乱れ（ダウンドラフト）を考慮した大気拡散式（※）

※ダウンドラフトとは，煙突の近くに，あまり高さが違わない建屋等がある場合，煙突から放出された気塊が建屋背後に生じる気流の乱れや渦によって巻き込まれ，急激に下方へ拡散しつつ地表付近に吹き下ろされる現象をいう[156]。

○　気体排出口からの高さが 15 メートル未満の場合

気体排出口の高さの低い施設については，精度の面から見て，流量を測定しない簡易な算定方法を用いることも許容されると考えられ，また，小規模な施設についてまで流量の測定を行うことは実際上困難であることから，流量の測定を行わず，臭気指数の測定のみで規制する方法である。

・指標　　　：臭気指数

・大気拡散式：流量を測定しない簡易な方法

排出口の実高さが 15 メートル以上の施設の規制基準の設定方法

排出口の実高さが 15 メートル以上の施設についての規制基準は，次のイに定める式により算出された臭気排出強度（排出ガスの臭気指数及び流量を基礎として，環境大臣が定める方法により算出される値）として定められる(悪臭防止法施行規則 6 条の 2 第 1 号)。

イ　$q_1 = \frac{60 \times 10^A}{F_{max}}$

$A = \frac{L}{10} - 0.2255$

これらの式において，q^1，Fmax 及び L はそれぞれ次の値を表すものとする。

q_1　排出ガスの臭気排出強度（単位　温度零度，圧力 1 気圧の状態に換算した立方メートル毎分）

Fmax 別表第三に定める式により算出される F(x)（温度零度，圧力 1 気圧の状態における臭気排出強度 1 立方メートル毎秒に対する排出口からの風下距離 x（単位　メートル）における地上での臭気濃度）の最大値（単位　温度零度，圧力 1 気圧の状態に換算した秒毎立方メートル）。ただし，F(x) の最大値として算出される値が 1 を排出ガスの流量（単位　温度零度，圧力 1 気圧の状態に換算した立方メートル毎秒）で除した値を超えるときは，1 を排出ガスの流量で除した値とする。

L　法第 4 条第 2 項第 1 号の規制基準として定められた値

ロ　イに規定する Fmax の値は，次に掲げる場合の区分に応じ，それぞれ次に定める条件により算出するものとする。

(1)　次項に定める方法により算出される初期排出高さが，環境大臣が定める方法により算出される周辺最大建物（対象となる事業場の敷地内の建物（建築基準法（昭和 25 年法律第 201 号）第 2 条第 1 号に定める建築物及び建築基準法施行令（昭和 25 年政令第 338 号）第 138 号第 3 項で指定する工作物をいう。）で，排出口から当該建物の高さの 10 倍の距離以内の範囲に当該建物の一部若しくは全部が含まれるもののうち，高さが最大のもの。以下同じ。）の高さ（以下「周辺最大建物の高さ」という。）の 2.5 倍以上となる場合，排出口からの風下距離が排出口と敷地境界の最短距離以上となる区間における最大値

(2)　次項に定める方法により算出される初期排出高さが，周辺最大建物の高さの 2.5 倍未満となる場合，排出口からの風下距離がただし書きにより定める R 以上となる区間における最大値。ただし，R は排出口と敷地境界の最短距離と，環境大臣が定める方法で算出される周辺最大建物と敷地境界の最短距離のうち，いずれか小さい値

上記にいう，初期排出高さを算出するための「次項に定める方法」とは，次の式である。但し，当該方法により算出される値が排出口からの実高さの

値を超える場合，初期排出高さは排出口の実高さ（単位　メートル）とする(悪臭防止法施行規則６条の２第２項)。

$H_i = H_o + 2\,(V - 1.5)\,D$

これらの式において，Hi，Ho，Ｖ及びＤは，それぞれ次の値を表すものとする。

H_i　初期排出高さ（単位　メートル）

H_o　排水口の実高さ（単位　メートル）

Ｖ　排出ガスの排出速度（単位　メートル毎秒）

Ｄ　排出口の口径（単位　メートル）。ただし，排出口の形状が円形でない場合には，その断面積を円形とみなしたときの直径とする。

排出口の実高さが 15 メートル未満の施設の規制基準の設定方法

排出口の実高さが 15 メートル未満の施設の規制基準は，次の式により算出された排出ガスの臭気指数である(悪臭防止法施行規則６条の２第２号)。

$I = 10 \times \log C$

$C = K \times H_b^2 \times 10^B$

$B = \dfrac{L}{10}$

これらの式において，Ｉ，Ｋ，Hb 及びＬは，それぞれ次の値を表すものとする。

Ｉ　排出ガスの臭気指数

Ｋ　次表の左欄に掲げる排出口の口径の区分ごとに，同表の右欄に掲げる値。ただし，排出口の形状が円形でない場合，排出口の口径はその断面積を円形とみなしたときの直径とする。

排出口の口径が 0.6 メートル未満の場合	0.69
排出口の口径が 0.6 メートル以上 0.9 メートル未満の場合	0.20
排出口の口径が 0.9 メートル以上の場合	0.10

H_b　周辺最大建物の高さ（単位　メートル）。ただし，算出される値が 10 未満である場合または 10 以上であって排出口の実高さ（単位　メートル）の値の 1.5 倍以上である場合には，次の表の第１欄に掲げる算出される値の大きさ及び第２欄に掲げる排出口の実高さごとに，同表の第３欄に掲げる式により算出される高さ（単位　メートル）とする。

10未満	6.7メートル以上	10メートル
	6.7メートル未満	排出口の実高さの1.5倍
10以上であって排出口の実高さ（単位　メートル）の値の1.5倍以上		排出口の実高さの1.5倍

L　法第4条第2項第1号の規制基準として定められた値

排出口の実高さが15メートル以上か未満かにかかわらず，臭気指数に係る第2号規制については，以下の点に注意する必要がある。

① 給水塔や鉄塔といった，骨組みのみで構成される工作物等，排出ガスの拡散に影響を与えないものは，施行規則6条の2第1号のロ（1）で定められる周辺最大建物として考慮する必要はない[157]。

② 周辺最大建物となる建物は，当該事業場の敷地内の建物とし，事業場の平面図や実測等により定める[158]。また，「周辺最大建物の高さ及び周辺最大建物と敷地境界の最短距離の算定の方法」（平成11年3月12日環境庁告示第19号）1条において，周辺最大建物の高さの算定方法については，建築基準法施行令2条に規定する建築物の高さの算定方法を準用すると定められている[159]が，建築確認において用いた事業場の図面等を参考にすることや，実測等により定める必要がある[160]。

③ 特定悪臭物質に係る第2号基準については，悪臭防止法施行規則3条1項の規定により，補正された排出口の高さが5メートル未満となる場合には規制基準の算出が行われないが，臭気指数規制における第2号基準については，同規則6条の2第1項2号に定める式により，5メートル未満においても規制基準が算出される。

また，特定悪臭物質に係る第2号基準については，濃度が最大となる地点が当該事業場の敷地内となる場合を適用除外とし，その場合は第1号基準を適用するものとしているが（「悪臭防止法の施行について」［大気保全局長通知］の第二の（二）…前述），臭気指数第2号規制基準については，その場合も適用される[161]。

④ 悪臭防止法4条に定める各規制基準は，それぞれ排出形態に応じて遵守すべき基準であり，排出口における基準を満足していれば敷地境界や排出水における規制基準を満足しなくてもよいということにはならない[162]。

2.6.3.4　排出水の臭気指数による規制基準

排出水に関する臭気指数の規制基準については，長い間定められていなかったが，平成12年6月に設定され，平成13年4月1日から施行された[163]。

この基準値は，中央環境審議会答申「悪臭防止対策の今後のあり方について（第三次答申）(臭気指数規制に係る排出水における規制基準の設定方法について)」（平成12年2月10日）を踏まえ，悪臭防止法4条1項3号の規制基準（特定悪臭物質濃度に係る基準）の場合と同様に，排出水が拡散している水面1.5メートル地点における大気中の臭気指数が該地域に係る事業場敷地境界線における規制基準値と等しくなるよう算定された排出水の臭気指数の許容限度として定められる[164]。

具体的には，排出水臭気指数と1.5メートル上臭気指数の関係を希釈度(排出水臭気濃度と1.5メートル上臭気濃度の比の対数に十を乗じたもので，排出水臭気指数と1.5メートル上臭気指数の差と同じ）でとらえ，その平均値を基礎として，臭気指数第1号基準に対応する排出水の臭気指数を規制基準として設定される[165]。

その計算式は以下の通りである（悪臭防止法施行規則6条の3）。

$I_w = L + 16$

この式において，I_w 及び L は，それぞれ次の値を表すものとする。

I_w　排出水の臭気指数

L　4条2項1号の規制基準として定められた値

排出水に係る臭気指数の算定は，「三点比較式フラスコ法」による（臭気指数及び臭気排出強度の算定の方法［平成7年9月13日環境庁告示第63号］)[166]。これは，3つの300ミリリットルのフラスコのうち1つに一定倍率に希釈された試料，残り2つには無臭水を入れ，6人以上のパネルがにおいの有無を判定する方法であり，三点比較式臭袋法と同様である[167]。

排出水に係る規制基準は，特定悪臭物質の場合と同様に，事業場等から敷地境界の外に排出されるすべての水について適用される。この場合，一つの事業場の2つ以上の排出口から排水されていれば，その各々に規制基準が適用される[168]。

この第3号基準については，以下に留意する必要がある[169]。

① 評価地点は，基本的に水質汚濁防止法における考え方と同一とし，いわゆる公共用水域との接点及びそれに準じた地点とする。但し，排水口が地下に埋設されているなど，試料採取が困難な場合には，対象となる事業場のみの排水であることが確認できれば排水ピット等から採取してもよい。

② 対象とする事業場の操業状況，気象状況等が生活環境に係る被害が発生

したときと同等もしくは類似していると認められる場合において採取した結果とする。

③ 第3号規制基準は，物質濃度規制と同様に，排出水が拡散している水面上1.5 m地点における大気中の臭気指数が臭気指数第1号規制基準値と等しくなるよう算定された排出水の臭気指数の許容限度として定められており，排水量区分を行わないこととされている。

2.7 国，地方公共団体及び行政機関の責務・権限

国の責務

(1) 悪臭の防止による生活環境の保全に関する施策に関する責務

国は，悪臭の防止に関する啓発及び知識の普及その他の悪臭の防止による生活環境の保全に関する施策を総合的に策定し，及び実施するとともに，地方公共団体が実施する悪臭の防止による生活環境の保全に関する施策を推進するために必要な助言その他の措置を講ずるように努めなければならない(17条2項)。

この規定は，国の，①自ら悪臭の防止による生活環境の保全に関する施策を策定・実施すること及び②地方公共団体が実施する悪臭の防止による生活環境の保全に関する施策について助言等をすることという2つの責務を規定している。

この規定は，平成7年の悪臭防止法の一部改正により新たに規定されたものである[170]。

この規定の新設の趣旨について,「悪臭防止法の一部を改正する法律の施行について」(平成7年環境事務次官通知) の第三は,

「近年，日常生活に伴う悪臭の苦情の割合が増加する傾向にあることにかんがみ，環境への負荷をできる限り少なくする等の行動がすべての者の公平な役割分担の下に自主的かつ積極的に行われることが必要である旨の環境基本法の基本理念に沿って，国民一人ひとりや国，地方公共団体その他の関係者が適切な役割分担の下で悪臭の防止を図っていくべきことを明らかにするため，悪臭の防止に関する国民の責務並びにこれに対する支援等を行う地方公共団体及び国の責務が規定された…」

と述べている[171]。

(2) 悪臭防止のための施設の設置または改善についての国の援助

国は，事業場において発生する悪臭を防止するため必要な施設の設置または改善につき，資金のあっせん，技術的な助言その他の援助に努めるものとする (18条)。

この規定の趣旨は，次のように説明されている[172]。

悪臭防止法の適正かつ円滑な施行を図るためには，発生源である工場その他の事業場における悪臭防止設備の設置または改善を積極的に促進することが必要である。しかし，悪臭防止設備の整備には多額の費用や高度の技術を

要するものも多く，また，その整備を必要とする工場その他の事業場には中小企業等も多いので，その整備の必要性は認めながらも資金繰りや技術的能力などの都合で容易に実現できない場合がある。しかも，悪臭防止設備の整備は生産性の向上に直接的にはつながらないことから，国が積極的な助成措置を講ずることによりこれを積極的に促進する必要がある旨を明らかにしたものである。

(3) 研究の推進

国は，悪臭を発生する施設の改良のための研究，悪臭の生活環境及び健康に及ぼす影響の研究，悪臭の測定方法の研究その他悪臭の防止に関する研究を推進し，その成果の普及に努めるものとする（19条)。

この規定に基づき国が行った悪臭防止に関する研究の成果は，ハンドブック 168 頁以下に記載されている。

環境大臣の責務

環境大臣は，臭気指数等に係る測定の業務に従事するのに必要な知識及び適正を有するかどうかを判定するため，臭気指数等に係る測定に関する必要な知識についての試験及び臭気指数に係る測定に関する嗅覚についての適性検査を行う（13条1項)。これは，平成12年の悪臭防止法改正において，それまで総理府令で規定していた臭気判定士試験について，法律で規定したものである[173]。

また，環境大臣は，環境省令で定めるところにより，一般社団法人または一般財団法人であって，所定の条件に適合していると認めるものとして環境大臣の指定する者（「指定機関」と呼ばれる）に，上記の試験及び適性検査の実施に関する事務（「試験検査事務」と呼ばれる）を行わせることができる（13条2項)。臭気判定士は国家資格であるため，本来は国が試験等の事務を行うことが必要であるが，事務量の軽減等の観点から指定機関制度を採用するものである。試験検査事務を指定機関が行う場合には，環境大臣はこれを行わない[174]。

13条の3項以下には，指定機関や試験検査事務についての定めがあり，さらに詳細な事項については環境省令に委任されている（同条9項)。

上記の13条2項の規定に従い，平成13年5月30日付「悪臭防止法第13条第2項に規定する指定機関を指定する環境省令」により，指定機関として公益社団法人におい・かおり環境協会が指定された。

この試験及び適正検査に合格した者は，臭気判定士あるいは臭気測定業務従事者と呼ばれる。(注)

（注）「臭気判定士」と「臭気測定業務従事者」

「臭気判定士」と「臭気測定業務従事者」という2つの名称の関係については文献によって説明内容が異なる（「臭気判定士」は「臭気測定業務従事者」に変更されたと述べる文献もあれば，両者は同一であるかのような説明をする文献もある）ので，あまり明確でない。臭気測定業務従事者の定義については後述する。

環境大臣は，試験検査事務の適正な実施を確保するために必要があると認めるときは，指定機関に対し，試験検査事務の状況に関し必要な報告を求め，またはその職員に，指定機関の事務所に立ち入り，試験検査事務の状況若しくは設備，帳簿，書類その他の物件を検査させることができる（20条2項）。

この強制権を担保するために罰則があり，この規定による報告をせず，若しくは虚偽の報告をし，または検査を拒み，妨げもしくは忌避した場合には，その違反行為をした指定機関の役員または職員は30万円以下の罰金に処せられる（29条）。

この立入検査の権限は，犯罪捜査のため認められたものと解釈してはならない（20条4項）。この立入検査は，他の公害規制法に基づく立入検査と同様に，行政監督上の必要から，またその限度で，行政上の措置として行使されるものであって，刑事手続として行われるものではないからである。従って，この立入検査にあたっては裁判官の令状は必要でない[175]。

都道府県知事または市長の権限・責務

都道府県知事または市長は，悪臭防止法の目的を達成するために必要があると認めるときは，関係行政機関の長または関係地方公共団体の長に対し，悪臭原因物を発生する事業場の事業活動，悪臭原因物の排出防止技術その他悪臭の防止に関し必要な事項につき，資料または情報の提供，意見の開陳その他の協力を求めることができる（21条1項）。

また，関係行政機関の長は，悪臭防止法の円滑かつ適正な施行を図るため，都道府県知事及び市町村長に対し，特定悪臭物質の濃度または気体若しくは水の臭気指数の測定方法，悪臭原因物の排出防止技術その他悪臭の防止に関し必要な事項につき，助言その他の援助に務めるものとする（21条2項）。

21条の立法趣旨は，次のように説明されている[176]。

悪臭防止法の制定により初めて規制が行われるようになった悪臭について

は，その伝達機序，人体への影響などについて，未解明の点も多く，また，監視，測定，分析，防止技術などについても未確立な点が多い。従って，悪臭防止法の適切な施行によって悪臭公害の解決を図るためには関係者の協力が必要である。21条の規定は，このような悪臭対策の現状にかんがみ，悪臭防止法の適正な施行を図るための同法上の権限として，都道府県知事または市長が，同法による規制等の円滑な実施に必要であれば，環境省その他の関係行政機関の長または隣接する都道府県の知事または市長その他の関係地方公共団体の長に対して協力を求めることができるとするとともに，関係行政機関の長は都道府県知事及び市町村長に対して助言その他の援助に務めるものとしたものである。

悪臭防止法の目的を達成するために必要があると認めるときの具体例として，次のようなケースがあげられている[177]。

① 規制地域の指定や規制基準の設定をしようとする場合

② 改善勧告等の措置をとろうとする場合

③ 悪臭原因物を発生する事業場が都道府県や市町村の境界付近にある場合，あるいは悪臭原因物を発生する事業場自体が廃棄物処理施設のように地方公共団体が設置するものであって，隣接する市町村の住民がその悪臭の被害を受けている場合

このような場合に，本条の規定によって資料または情報の提供を要請することができ，また市町村長はそれに基づいて９条の規定による要請（後述する）を行うことができるとされている。

また，関係行政機関の長が行う「助言その他の援助」の具体的内容として，例示されている悪臭原因物の測定方法や悪臭原因物の排出防止技術についての助言のほか，関係地方公共団体の職員に対して，悪臭原因物の測定方法や排出防止技術について研修を行うことがあげられている[178]。

なお,「悪臭防止法の施行について」(大気保全局長通知）の第八は，以下の通り，大気保全局長に対する報告を求めている[179]。

「第八　報告事項について

悪臭防止対策の拡充強化に資するため，左記事項を本職まで報告されたいこと。

ア　規制地域の指定，変更または解除および規制基準の設定，変更または廃止に関する公示の内容

イ　改善勧告または改善命令の発動に係る悪臭公害の状況および当該改善勧告または改善命令の内容等

ウ　悪臭発生事業場の実態調査結果，悪臭防止技術に関する調査研究結果等

エ　悪臭を規制する条例を制定または改廃しようとする場合には，当該条例案の内容」

市町村長の都道府県知事や市町村長に対する要請

市町村長は，当該市町村の住民の生活環境を保全するため必要があると認めるときは，関係都道府県知事若しくは関係市長に対し，規制地域を指定し，若しくは規制基準を設定し，若しくは強化すべきことを要請し，又は関係市町村長に対し，悪臭原因物を排出する事業場について８条１項もしくは２項の規定による措置（改善勧告または改善命令）を執るべきことを要請することができる（９条）。

本条は，悪臭問題がきわめて地域性の強い公害であること，及び数市町村にわたる広域的な悪臭問題もあることにかんがみ，市町村の地域的実情に明るく，また地域住民の健康と福祉の向上に第一義的な責務を有する市町村長に，関係都道府県知事への要請権を認めることにより，実態に応じたきめ細かな悪臭防止行政を行い得るように配慮した規定である[180]。

市町村長の悪臭の測定義務・測定の委託

(1)　悪臭の測定義務

市町村長は，住民の生活環境を保全するため，規制地域における大気中の特定悪臭物質の濃度または大気の臭気指数について必要な測定を行なわなければならない（11 条）。

この規定のうち，大気中の特定悪臭物質の濃度の測定は機器分析法による測定，大気の臭気指数の測定は嗅覚測定法による測定にあたる。

上記のうち前者については，悪臭防止法施行規則５条に基づく「特定悪臭物質の測定の方法」（昭和 47 年環境庁告示第９号）により，また後者については同規則１条に基づく「臭気指数の算定の方法」（平成７年環境庁告示第 63 号）により行なうことが適当である（前者については「悪臭防止法の施行について」［環境事務次官通知］に明記されている）[181]。

この規定に基づく測定は，12 条に基づき，①特定悪臭物質の濃度の測定については，これを適正に行うことができる者として環境省令で定める者に，②臭気指数等に係る測定については，国，地方公共団体または臭気測定業務従事者に，それぞれ委託することができる（次の（2）を参照）。しかし，これら以外の者には委託することができない[182]。

なお，市町村長が規制基準の適用（遵守状況の把握），改善勧告等の発動に際し，個々の事業場から排出される悪臭原因物についての測定をする場合には，この規定によることなく，20条等に基づいて測定をすることができる[183]。

(2) 測定の委託

市町村長は，11条による測定の円滑な実施を図るため必要があると認めるときは，特定悪臭物質の濃度の測定についてはこれを適正に行うことができるものとして環境省令で定める要件を備える者に，臭気指数及び臭気排出強度（以下「臭気指数等」という）に係る測定については国，地方公共団体または臭気測定業務従事者若しくは臭気指数等に係る測定の業務を行なう法人（当該測定を臭気測定業務従事者に実施させるものに限る）にそれぞれ委託することができる（12条柱書)。

この記述の中で，特定悪臭物質の濃度の測定を適正に行うことができるものとして環境省令で定める要件とは，大気（大気中に放出される気体を含む）または水中の物質の濃度の計量証明の事業に関し，計量法107条の規定に基づき都道府県知事の登録を受けた者並びに同条但書の規定による国，地方公共団体及び独立行政法人通則法2条1項に規定する独立行政法人であって当該計量証明の事業を適正に行う能力を有するものとして政令で定めるものである（悪臭防止法施行規則8条)。

これは，計量法に基づく環境計量士及び環境計量士のいる計量証明事業所を意味する。計量法上,「計量」とは，長さ，質量，時間その他72種類の限定列挙されたものの「物象の状態の量」を計ることであり（計量法2条)，特定悪臭物質の測定は物質濃度の測定であるから計量法の対象である。一方，悪臭に係る嗅覚を用いた測定については，計量法の対象である「物象の状態の量」には含まれないので，臭気指数に係る測定については計量法の対象外であり，臭気測定業務従事者が測定することとなる[184]。

臭気測定業務従事者とは，臭気指数等に係る測定の業務に従事する者であって次のいずれかに該当する者をいう（12条1号・2号)。

① 13条1項の試験及び適性検査（「環境大臣の責務」のところで述べた）に合格し，かつ，臭気指数等に係る測定の業務を適正に行うことができるものとして環境省令で定める条件に適合する者（「臭気指数等に係る測定の業務を適正に行うことができるものとして環境省令で定める条件に適合する者」とは，臭気判定士免状の交付を受けている者である…悪臭防止法施行規則11条)

② ①と同等以上の能力を有すると認められる者で，環境省令で定めるもの（現在，これについての環境省令の定めはない)

市町村長の報告徴収及び検査

市町村長は，8条1項（改善勧告）若しくは2項（改善命令）または10条3項（事故時の応急措置命令）の規定による措置に関して必要があると認めるときは，当該事業場を設置している者に対し，悪臭原因物を発生させている施設の運用の状況，悪臭原因物の排出防止設備の設置の状況，事業場における事故の状況及び事故時の応急措置その他悪臭の防止に関し必要な事項の報告を求め，またはその職員に，当該事業場に立ち入り，悪臭の防止に関し，悪臭原因物を発生させている施設その他の物件を検査させることができる（20条1項）。

この規定により立入検査をする職員は，その身分を示す証明書を携帯し，関係人に提示しなければならない（同条3項）。

この立入検査の権限は，犯罪捜査のため認められたものと解釈してはならない（同条4項）。

8条1項（改善勧告）若しくは2項（改善命令）または10条3項（事故時の応急措置命令）の規定による措置に関して必要があると認めるときという条件に該当する場合としては，次のようなケースが考えられる[185]。

① 規制地域内の住民の生活環境が悪臭によって損なわれているときに，その悪臭の原因となる悪臭原因物を排出または漏出していると思われる個々の工場その他の事業場から報告を徴収し，または煙突その他の気体排出施設の排出口や排水口における悪臭原因物の測定を行う場合。たとえば，11条に基づいて都道府県知事が測定した悪臭原因物が，悪臭防止法に基づく排出規制によって保全しようとしているその地域の敷地境界線上の大気に係る規制基準値を超えている場合。このような場合には，都道府県知事は，その発生源と思われる工場その他の事業場から報告を徴収し，またはその事業場に立ち入り，気体排出口，排水口等における悪臭原因物を測定する必要がある。

② 8条に基づき改善勧告または改善命令を発動する場合に，その勧告または命令に係る改善措置の具体的内容を明らかにし，実態に適応したものとするため，予め発生源となっている工場その他の事業場から報告を徴収し，またはその事業場に立ち入り，悪臭原因物を発生させている施設，悪臭物質の排出防止設備，原材料の種類及び量，関係帳簿書類等を検査する場合。

③ 8条に基づき改善勧告または改善命令を発動した後に，その勧告または命令に係る措置の実施状況を確認するために報告を徴収し，立入検査を行

う場合。

④　事故時において，悪臭原因物の不快なにおいにより住民の生活環境が損なわれ，または損なわれるおそれがあると認め，市町村長が10条3項に基づき応急措置命令を発動する場合に，応急措置その他の措置の実施状況を確認するために報告を求め，立入検査を行う場合。

⑤　10条3項に基づき応急措置命令を発動した後に，その命令に係る措置の実施状況を確認するために報告を徴収し，立入検査を行う場合。

この規定の強制権を担保するために罰則があり，20条1項による報告をせず，若しくは虚偽の報告をし，または検査を拒み，妨げ若しくは忌避した者は30万円以下の罰金に処せられる（28条）。これには両罰規定がある（30条）。

地方公共団体の責務

地方公共団体は，その区域の自然的，社会的条件に応じ，悪臭の防止のための住民の努力に対する支援，必要な情報の提供その他の悪臭の防止による生活環境の保全に関する施策を策定し，及び実施するように努めなければならない（17条1項）。

この規定は，17条2項（国の責務）及び14条（国民の責務）とともに，平成7年の悪臭防止法の一部改正によって新たに設けられたものである。環境基本法（平成5年11月19日施行）及びこれに基づき平成6年12月に閣議決定された環境基本計画を踏まえ，国民一人一人や，国，地方公共団体その他の関係者が適切な役割分担のもとで悪臭の防止を図っていくべきことを明らかにするものである[186]。

「自然的，社会的条件」とは，4条1項または2項でいう自然的，社会的条件と同様に解するのが適当であり，地形，気象，発生源の立地状況，住宅等の設置の状況，その地域の歴史的な発展の形態，都市計画上の用途地域の位置づけ，悪臭に対する順応の有無，住民苦情の状況等を指すと考えられる[187]。

「悪臭の防止による生活環境の保全に関する施策」として具体的には，地域住民に対する悪臭の防止に関する情報や行動指針等の提供・提示や，良好な臭気環境の維持・創造に関する計画・指針等の作成などが考えられる[188]。

水路等を管理する者の義務[189]

下水溝，河川，池沼，港湾その他の汚水が流入する水路または場所を管理する者は，その管理する水路または場所から悪臭が発生し，周辺地域における住民の生活環境が損なわれることのないよう，その水路または場所を適切に管理しなければならない（16 条）。

本条は，下水溝，河川，池沼，港湾等が，工場廃水，生活雑排水，自然流下物の流入，廃棄物の投棄，腐敗等により，しばしば悪臭の発生源となっていることにかんがみ，その管理者に対して，その水域や場所から悪臭が生ずることのないよう適切な管理を求めた訓示規定である。

しかし，これらの管理者は，通常，悪臭の生じる原因となる行為をした者ではなく，むしろ被害者であることが多いので，これらの管理者に対して直接的な規制は行われず，また，16 条違反の行為について罰則は規定されていない。同条の規定は，これらの水域等を管理する者は，管理者という責任ある立場において，その水域や場所に起因する被害を周辺住民に与えないように，悪臭の防止という見地からその水域を十分に管理する責務を有するものであることを明らかにすることにより，管理者の自主的な悪臭防止措置の実施を期待するものである。

本条による規制対象は直接的には地方公共団体とは規定されていないが，この後述べるように，実質的には地方公共団体その他の行政機関が対象と考えられるので，この節に入れた。

下水溝とは，道路側溝，下水道等の汚水を排除するために設けられた公共溝渠をいう。

道路側溝は，通常小規模な，雨水の排除を目的とするものであり，生活雑排水の流入，廃棄物の投棄・腐敗等によりしばしば悪臭の原因となっているほか，河川，池沼等の悪臭や水質汚濁の原因として問題にされることが多い。

下水道は，下水道法 2 条に規定されている通り，公共下水道，流域下水道及び都市下水路の 3 種がある。公共下水道と流域下水道は，下水の排除と終末処理とを目的とするものであり，終末処理場を有する。一方，都市下水路は，単に下水の排除のみを目的とする水路であり，終末処理場を有していない。

これらの下水道のうち，終末処理場，ポンプ施設等を除いた管きょの部分を下水溝という。下水溝の大部分は暗渠であるため悪臭が問題化することは少ないが，その開口部等においては悪臭が問題となることがある。

河川とは，流水，敷地，堤からなる国の公共用物であり，河川法によって，同法が適用される一級河川及び二級河川，同法が準用される準用河川に分類されているが，悪臭防止法においては，河川法上の河川の分類のいずれに該当する河川も，また同法の適用や準用がされない普通河川をも含む，社会通念上実態的にみて河川であるとみなされるものすべてを河川に該当するものとして扱うことが適当である。

河川を管理する者は行政庁であり，一級河川は国土交通大臣，二級河川は都道府県知事，準用河川は市町村長が管理している。河川法に規定されている一級河川，二級河川及び準用河川以外のその他の河川である普通河川（河川法が適用または準用されない河川）は地方公共団体が管理している。

池沼とは，池，沼及び湖を指す。池沼は河川法上の取扱いでは河川として取り扱われており，一級河川，二級河川の指定の行われているものもあるが，ため池的なものについては，指定は行われていない。池沼のうち，河川による水の流入や流出がない閉鎖的なものについては，特に汚廃水の流入や，廃棄物の投棄，腐敗によって悪臭が問題化することがある。

港湾とは，船舶の出入，貨物の積み降ろし，旅客の乗降等に必要な設備を備えた水域をいい，港湾法に規定されている港湾と，漁港漁場整備法に規定されている漁港とがある。漁港については原則として港湾法は適用されない。

港湾を管理する者は港務局である（注）。港務局のない港湾では関係地方公共団体がその議会の議決を経て指定した地方公共団体等が管理する（港湾法２条１項，33条）。

漁港については，漁港の所在地の地方公共団体が，場合によっては港湾管理会がその助けを得て漁港の維持管理に当たる。

（注）港務局[190]

地方公共団体が港湾の管理のために設置する公の財団法人。港湾法第２章の規定に基づき港湾の施設を管理する公共団体などが単独または共同して定款を定め，運輸大臣または都道府県知事の認可を受け，登記をすることによって成立する。業務は，港湾区域及び港湾施設を良好な状態に維持し，港湾施設の建設及び改良の計画を作成し，その工事を行い，水域施設や係留施設の使用を規制し，船舶に対する給水などの役務を提供することなど広範にわたる。

港湾は，比較的海水の移動が少なく，また河川，下水溝等から汚廃水が流入したり，あるいは船舶の船荷の積み降ろし等に伴って木材のくずや廃棄物等が投棄されるなどの理由により，悪臭が発生する場合がある。

汚水とは，下水道法２条１項に規定されている下水と同義であり，生活または事業に起因若しくは付随する廃水並びに雨水の総称である。

汚水が流入する水路または場所としては，16条に例示された通り，下水溝，河川，池沼及び港湾があるが，これらのうち，下水道の終末処理場のように事業場であるものまたは事業場の一部を構成するものについては，16条に規定される管理義務が課せられる他，規制基準の遵守義務も課せられる。

周辺地域とは，一般的に水路または場所から発生する悪臭による被害の生ずるおそれのある地域の範囲をいうものと考えられる。

「適切に管理」の具体的な方法としては，たとえば港湾区域内の漂流物の除去清掃，堆積物のしゅんせつ，汚水処理施設の設置等があげられる。

2.8 その他の悪臭防止法の規定

経過措置

悪臭防止法の規定に基づき命令を制定し，または改廃する場合においては，その命令で，その制定または改廃に伴い合理的に必要と判断される範囲内において，所要の経過措置（罰則に関する経過措置を含む）を定めることができる（22 条）。

具体例としては，罰則に関し，特定悪臭物質を政令に追加して定める場合に，政令の施行前に当該政令で定める特定悪臭物質について規制基準に超過するような行為をしていても罰則はかからない旨の経過措置を政令で規定する場合があげられている[191]。

条例との関係

悪臭防止法の規定は，地方公共団体が，同法に規定するもののほか，悪臭原因物の排出に関し条例で必要な規制を定めることを妨げるものではない（23 条）。

この規定の立法趣旨について，「悪臭防止法の施行について（環境事務次官通知）」の第一の二の（一）は，

「法は，全国的な見地に立って，悪臭物質を指定するとともに，事業場からの悪臭物質の排出の規制等を行なおうとするものであるので，法に定めのない事項について，地域の実情に応じ地方公共団体が条例で必要な規制を行うことを妨げるものではない…」

と述べている[192]。また，ハンドブック悪臭防止法六訂版は，より詳細に，

「本法は，国民の生活環境を保全するため，全国的な見地から，国の事務としての事業場からの悪臭原因物の排出に対する規制に関する事務を規定したものであり，地域の特性を考慮しつつ全国的・一般的に必要と考えられる規制措置を定めたものである。したがって，本法は，地域の特殊な事情により，本法において定められている事項以外の事項を地方公共団体が条例で定めて規制を行うことを何ら制限したり禁止したりするものではない。」

と説明している[193]。

この規定はいわゆる入念規定であり，法律と条例との関係を変えるものではない[194]。

地方公共団体が地域の実情に応じて独自に行う規制の具体例として，以下

の3つがあげられる。

① 悪臭防止法の規制地域において，事業場からの特定悪臭物質以外の悪臭の原因となる物質の排出に関して規制を行うこと。

② 悪臭防止法の規制地域以外の地域において，特定悪臭物質，特定悪臭物質以外の悪臭の原因となる物質または臭気指数の排出に関して規制を行うこと。

③ 悪臭の主要な発生源である工場その他の事業場，またはそれらに設置される悪臭原因物を発生し排出するおそれのある施設の設置の届出制，認可制など悪臭防止法に特別の定めのない規制の手法を定めること。

但し，これらのうち②については，実際上はこのような規制の必要性はほとんどないものと考えられるとされている。なぜなら，都道府県知事及び市長は，あらかじめ町村長の意見を聴いた上で，悪臭を防止することにより住民の生活環境を保全する必要があると認める地域はこれを規制地域として指定しなければならず（3条），さらに，市町村長は関係都道府県知事もしくは関係市長に対して規制地域として指定すべきことを要請することができる権限が認められている（9条）からである[195]。

なお，「悪臭防止法の施行について（環境事務次官通知）」の第一の二の（二）（三）は，法に定めのない事項について，地方公共団体が条例で規制を行おうとするときは，その規制の方法等は，できるかぎり，法で定める規制の方法等に準じたものとすることを求め，また，地方公共団体が悪臭を規制する条例を制定または改廃しようとする場合には，あらかじめ，環境庁にその旨を連絡し，法と条例の関係について疑義を生じないようにすることを求めている[196]。

さらに，「悪臭防止法の施行について」（大気保全局長通知）は，悪臭防止対策の拡充強化に資するため，悪臭を規制する条例を制定または改廃しようとする場合には，当該条例案の内容を大気保全局長に通知することを求めている（上記それぞれの文中の「法」は悪臭防止法である）[197]。

条例による悪臭の規制の実際については，3.5で述べる。

1　ハンドブック1頁・386頁
2　ハンドブック2頁・386頁
3　ハンドブック329頁
4　ハンドブック3頁
5　環境省・臭気指数規制ガイドライン1頁・11頁
6　ハンドブック49頁
7　ハンドブック9頁

8　ハンドブック 378 頁
9　ハンドブック 33 頁，330 頁
10　ハンドブック 339 頁，348 頁，365 頁
11　ハンドブック 10 頁
12　ハンドブック 12 頁，環境省・臭気指数規制ガイドライン 2 頁
13　環境省・臭気対策行政ガイドブック 7 頁
14　ハンドブック 50 頁
15　ハンドブック 311 頁
16　ハンドブック 376 頁
17　ハンドブック 376 頁
18　環境省・臭気指数規制ガイドライン 11 頁
19　環境省・臭気指数規制ガイドライン 16 頁
20　環境省・臭気指数規制ガイドライン 12 頁
21　環境省・臭気指数規制ガイドライン 12 頁
22　環境省・臭気指数規制ガイドライン 13 頁
23　環境省・臭気指数規制ガイドライン 46 頁
24　環境省・臭気指数規制ガイドライン 40 頁
25　環境省・臭気指数規制ガイドライン 3 頁
26　ハンドブック 23 頁，環境省・臭気指数規制ガイドライン 41 頁
27　ハンドブック 105 頁
28　ハンドブック 45 頁，330 頁
29　ハンドブック 330 頁
30　ハンドブック 24 頁
31　環境省・臭気指数規制ガイドライン 46 頁
32　ハンドブック 377 頁
33　環境省・臭気指数規制ガイドライン 46 頁
34　環境省・悪臭苦情対応事例集 9 頁
35　環境省・臭気指数規制ガイドライン 43 頁，ハンドブック 42 頁
36　ハンドブック 106 頁
37　ハンドブック 105 頁
38　ハンドブック 120 頁
39　ハンドブック 114 頁
40　環境省・臭気対策行政ガイドブック 15 頁
41　環境省・臭気指数規制ガイドライン 36 頁
42　ハンドブック 114 頁
43　ハンドブック 121 頁・333 頁
44　ハンドブック 119 頁
45　ハンドブック 123 頁・336 頁
46　環境省・臭気指数規制ガイドライン 43 頁
47　環境省・臭気対策行政ガイドブック 14 頁
48　ハンドブック 115 頁，120 頁
49　ハンドブック 121 頁
50　ハンドブック 121 頁
51　ハンドブック 121 頁
52　ハンドブック 130 頁
53　ハンドブック 129 頁
54　ハンドブック 131 頁
55　ハンドブック 132 頁
56　ハンドブック 132 頁

57 「応急措置とは」からここまで，ハンドブック 133 頁
58 ハンドブック 333 頁
59 ハンドブック 129 頁
60 ハンドブック 150 頁
61 ハンドブック 151 頁
62 ハンドブック 151 頁
63 ハンドブック 152 頁
64 ハンドブック 153 頁
65 ハンドブック 153 頁
66 ハンドブック 154 頁
67 ハンドブック 154 頁
68 環境省・臭気指数規制ガイドライン 38 頁，ハンドブック 39 頁
69 ハンドブック 45 頁
70 ハンドブック 40 頁
71 環境省・臭気指数規制ガイドライン 43 頁，ハンドブック 41 頁
72 環境省・臭気指数規制ガイドライン 44 頁，ハンドブック 42 頁
73 環境省・臭気指数規制ガイドライン 44 頁，ハンドブック 42 頁
74 環境省・臭気指数規制ガイドライン 44 頁，ハンドブック 42 頁
75 環境省・臭気指数規制ガイドライン 44 頁，ハンドブック 42 頁
76 ハンドブック 45 頁・330 頁
77 環境省・臭気指数規制ガイドライン 44 頁，ハンドブック 43 頁
78 ハンドブック 44 頁
79 ハンドブック 44 頁
80 ハンドブック 45 頁
81 ハンドブック 44 頁
82 ハンドブック 44 頁
83 ハンドブック 98 頁
84 ハンドブック 98 頁
85 ハンドブック 100 頁
86 ハンドブック 100 頁
87 ハンドブック 99 頁
88 ハンドブック 98 頁
89 ハンドブック 101 頁，環境省・臭気指数規制ガイドライン 28 頁
90 ハンドブック 103 頁・336 頁
91 ハンドブック 335 頁，339 頁，348 頁，365 頁
92 小学館・精選版日本国語大辞典（電子書籍版）
93 東京化学同人化学辞典 1081 頁
94 otu4.mayap.net/kiso/kiso1.htm，東京化学同人化学辞典 1130 頁
95 旺文社化学事典 42 頁
96 旺文社化学事典 309 頁
97 広辞苑（電子書籍版）
98 旺文社化学事典 253 頁
99 ハンドブック 55 頁
100 東京化学同人化学辞典 636 頁
101 環境省のウェブサイト
102 広辞苑（電子書籍版）
103 ハンドブック 331 頁
104 ハンドブック 336 頁
105 ハンドブック 51 頁

106　環境省・臭気指数規制ガイドライン 44 頁，ハンドブック 52 頁
107　ハンドブック 56 頁
108　ハンドブック 77 頁・331 頁
109　ハンドブック 335 頁
110　ハンドブック 57 頁
111　ハンドブック 59 頁
112　ハンドブック 61 頁・242 頁
113　ハンドブック 76 頁・331 頁
114　ハンドブック 10 頁
115　ハンドブック 340 頁・349 頁・366 頁
116　ハンドブック 60 頁
117　ハンドブック 58 頁・332 頁・341 頁・350 頁・368 頁
118　ハンドブック 79 頁・336 頁
119　ハンドブック 60 頁
120　ハンドブック 332 頁
121　ハンドブック 79 頁・336 頁
122　ハンドブック 332 頁
123　ハンドブック 332 頁
124　ハンドブック 78 頁・335 頁
125　ハンドブック 66 頁
126　ハンドブック 65 頁
127　ハンドブック 65 頁,「悪臭防止法施行規則の一部を改正する総理府令の施行等について」(平成 6 年大気保全局長通知)
128　ハンドブック 73 頁・373 頁
129　ハンドブック 69 頁
130　ハンドブック 73 頁・373 頁
131　東京化学同人化学辞典 1341 頁
132　ハンドブック 73 頁・374 頁
133　ハンドブック 74 頁・374 頁
134　ハンドブック 74 頁・374 頁
135　ハンドブック 74 頁・374 頁
136　ハンドブック 74 頁
137　ハンドブック 83 頁
138　環境省・臭気指数規制ガイドライン 37 頁
139　ハンドブック 85 頁
140　ハンドブック 85 頁
141　ハンドブック 84 頁
142　ハンドブック 84 頁
143　ハンドブック 84 頁
144　ハンドブック 377 頁
145　ハンドブック 85 頁
146　環境省・臭気指数規制ガイドライン 3 頁
147　ハンドブック 85 頁
148　ハンドブック 85 頁
149　環境省・臭気対策行政ガイドブック 12 頁
150　環境省・臭気指数規制ガイドライン 21 頁・22 頁
151　ハンドブック 86 頁
152　環境省・臭気指数規制ガイドライン 27 頁，ハンドブック 86 頁
153　環境省・臭気指数規制ガイドライン 8 頁，環境省・2 号規準 2 頁，ハンドブック 88 頁

154 ハンドブック 88 頁
155 環境省・臭気対策行政ガイドブック 13 頁
156 環境省・臭気指数規制ガイドライン 47 頁
157 環境省・臭気指数規制ガイドライン 42 頁，ハンドブック 92 頁
158 環境省・臭気指数ハンドブック 42 頁，ハンドブック 93 頁
159 ハンドブック 93 頁・320 頁
160 環境省・臭気指数規制ガイドライン 42 頁
161 ハンドブック 92 頁，環境省・臭気指数規制ガイドライン 42 頁
162 環境省・臭気指数規制ガイドライン 42 頁，ハンドブック 93 頁
163 ハンドブック 95 頁
164 ハンドブック 95 頁
165 ハンドブック 94 頁
166 ハンドブック 95 頁・311 頁，環境省・臭気指数規制ガイドライン 8 頁
167 環境省・臭気指数規制ガイドライン 46 頁
168 ハンドブック 94 頁
169 環境省・臭気指数規制ガイドライン 43 頁
170 ハンドブック 162 頁
171 ハンドブック 164 頁・378 頁
172 ハンドブック 165 頁
173 ハンドブック 143 頁
174 ハンドブック 144 頁
175 ハンドブック 173 頁
176 ハンドブック 177 頁
177 ハンドブック 178 頁
178 ハンドブック 179 頁
179 ハンドブック 337 頁
180 ハンドブック 126 頁
181 ハンドブック 136 頁・333 頁
182 ハンドブック 136 頁
183 ハンドブック 135 頁
184 ハンドブック 138 頁
185 ハンドブック 174 頁（「悪臭防止法の施行について」［大気保全局長通知］も立入検査が必要となる場合を例示しているが，ハンドブック 174 頁の記述のほうが詳しい）
186 ハンドブック 162 頁
187 ハンドブック 162 頁
188 ハンドブック 163 頁
189 ハンドブック 155 頁
190 ブリタニカ・ジャパン「ブリタニカ国際大百科事典」(電子辞書版)
191 ハンドブック 180 頁
192 ハンドブック 183 頁・330 頁
193 ハンドブック 181 頁
194 ハンドブック 181 頁
195 ハンドブック 182 頁
196 ハンドブック 183 頁・330 頁
197 ハンドブック 183 頁

第３章　悪臭に関するその他の法令

3.1 大気汚染防止法・水質汚濁防止法

3.1.1 悪臭防止法との関係[1]

環境汚染の形態からみれば，悪臭は，大気汚染や水質汚濁による生活環境被害の一態様であり，悪臭問題は大気汚染や水質汚濁のカテゴリーに入るものである。従って，悪臭からの生活環境の保全という悪臭防止法の目的を達成するためには，悪臭の排出についても大気汚染防止法や水質汚濁防止法によって規制すれば足りるのではないか，また，悪臭防止法による悪臭規制は大気汚染防止法や水質汚濁防止法による規制との二重規制となるのではないか，という議論もある。

しかし，悪臭による固有の被害がもっぱら感覚的な被害にとどまることを考慮すれば，悪臭の排出について大気汚染防止法や水質汚濁防止法による全国的な規制をかけること，あるいは規制基準違反に対して直ちに罰則を科すこと（直罰）等は適当でなく，悪臭問題の特性と実態に則した別の規制措置が必要であると考えられることから，悪臭の排出については悪臭防止法を制定し，悪臭問題の特性に対応した特別の規制措置を講ずることになった。

従って，ある悪臭の原因となる物質が，同時に大気汚染防止法や水質汚濁防止法の規制対象物質に該当する場合であっても，主として悪臭の防止の見地からその物質の排出を規制するときは，大気汚染防止法や水質汚濁防止法の規定によることなく，悪臭防止法の規定が適用されるべきである。

3.1.2 大気汚染防止法[2]

目的

大気汚染防止法の目的は，大きく分けて次の２つである（同法１条。以下この項では，大気汚染防止法の条文は条文番号のみで引用する）。

① 大気の汚染に関し，国民の健康を保護するとともに生活環境を保全すること。

② 大気の汚染に関して人の健康に係る被害が生じた場合における事業者の損害賠償の責任について定めることにより，被害者の保護を図ること。

そして，上記①の目的を達成するための具体的方法について，「工場及び事業場における事業活動並びに建築物等の解体等に伴うばい煙，揮発性有機化合物及び粉じんの排出等を規制し，有害大気汚染物質対策の実施を推進し，並びに自動車排出ガスに係る許容限度を定めること等」と述べられている（1条。「等」であるから，これらに限定されるわけではない）。

環境基本法に基づく環境基準との関係

環境基本法16条は，政府は，大気の汚染，水質の汚濁，土壌の汚染及び騒音に係る環境上の条件について，それぞれ，人の健康を保護し，及び生活環境を保全する上で維持されることが望ましい基準を定めるものと規定している。

この規定に基づき，大気汚染については，現在，次の環境基準が定められている[3]。

① 大気の汚染に関する環境基準（対象は，二酸化いおう，一酸化炭素，浮遊粒子状物質，光化学オキシダント）（昭和48年5月8日環境庁告示）
② 二酸化窒素に係る環境基準（昭和53年7月11日環境庁告示）
③ ベンゼン等による大気の汚染に関する環境基準（対象は，ベンゼン，トリクロロエチレン，テトラクロロエチレン，ジクロロメタン）（平成9年2月4日環境庁告示）
④ 微小粒子状物質による大気の汚染に関する環境基準（平成21年9月9日環境省告示）

また，この他に，ダイオキシン類対策特別措置法7条に基づき，「ダイオキシン類による大気の汚染，水質の汚濁（水底の底質の汚染を含む。）及び土壌の汚染に係る環境基準」（平成11年12月27日環境庁告示）がある[4]。

環境基準は，環境の保全のための施策を総合的，計画的に推進するための行政上の目標としての基準であり，工場や事業場に対する規制の基準である「排出基準」（水質汚濁防止法では「排水基準」，騒音規制法及び振動規制法では「規制基準」と呼ばれる）とは性格が異なる。すなわち，排出基準が，個々の工場，事業場等から排出される汚染物質等の許容限度を定めたものであるのに対し，環境基準は個々の工場，事業場等から排出される汚染物質の集積によって生じる地域（水域）全体の環境汚染の改善目標を示すものであり，環境の状況が環境基準を超える状況にある場合，環境基準以下に改善し，維持することを目標にして汚染物質等の規制，土地利用の規制，工場等の立地の規制，公害防止施設の整備等の諸施策が推進される[5]。

そして，大気汚染防止法による規制は，大気汚染に関する環境基準を達成することを目的に行われているものである[6]。このことの同法の文言上の根拠としては，5条の2（総量規制基準）が，3条1項若しくは3項または4条1項の排出基準のみでは大気汚染に係る環境基準の確保が困難であると認められる地域において総量規制基準を定めるとの趣旨を規定していることに求められる。(注)

(注）総量規制基準

総量規制基準とは，工場に設置されているすべてのばい煙発生施設において発生し，排出口から大気中に排出される特定のばい煙の合計量について定められる許容限度である（5条の2第4項)。排出基準が個々のばい煙発生施設ごとに定められているのと異なる。

規制対象物質

大気汚染防止法が規制等の対象としている物質は，以下の通りである[7]。

① **ばい煙**（定義は2条1項)

② **揮発性有機化合物**（定義は2条4項)

③ **粉じん**（定義は2条8項。一般粉じん及び特定粉じんがあり［2条9項]，後者としては石綿のみが指定されている。大気汚染防止法施行令2条の4)

④ **特定物質**（物の合成，分解その他の化学的処理に伴い発生する物質のうち，人の健康若しくは生活環境に係る被害を生ずるおそれがあるものとして政令で定めるものをいう［17条1項])

現在，28種類の特定物質が指定されている（大気汚染防止法施行令10条)。

特定物質についての規定は，事故発生により大気中に多量に排出されたときの事業者の義務（下記17条）と，無過失損害賠償責任（下記25条1項）である。

⑤ **有害大気汚染物質**（継続的に摂取される場合には人の健康を損なうおそれがある物質で大気の汚染の原因となるもの［一部のばい煙及び特定粉じんを除く］をいう。2条13項)

有害大気汚染物質は，低濃度であっても長期的に摂取することにより健康に影響を及ぼすおそれのある物質である。平成8年10月の中央環境審議会の答申（第二次答申）の中で，有害大気汚染物質に該当する可能性のあるものとして234物質が提示され，その中で健康リスクがある程度高いと考えられる物質（優先取組物質）として22物質がリスト化された。このリストについては，平成22年10月の中央環境審議会答申（第九次答申）において,「有害大気汚染物質に該当する可能性がある物質」として248物質,「優先取組物質」として23物質に見直された。

有害大気汚染物質のうち，指定物質として指定されているベンゼン，トリクロロエチレン及びテトラクロロエチレンの3物質については，それぞれ排出抑制基準が定められている（大気汚染防止法附則9条）[8]。

⑥　**自動車排出ガス**（自動車の運行に伴い発生する一酸化炭素，炭化水素，鉛その他の人の健康または生活環境に係る被害を生ずるおそれがある物質で政令で定めるものをいう［2条14項］）

現在，一酸化炭素，炭化水素，鉛化合物，窒素酸化物及び粒子状物質の5種類が定められている（大気汚染防止法施行令4条）。

規制等の内容

下線をつけた条文は，罰則のあるものである。

①　**ばい煙の排出等の規制**

ばい煙を大気中に排出する者は，以下のような義務を負う（以下は主要な義務であり，すべての義務を網羅しているものではない）。

a.　ばい煙を発生させる施設（「ばい煙発生施設」と呼ばれ，2条2項の委任により，大気汚染防止法施行令2条で定められる）の設置やその変更を都道府県知事に届け出る義務（6条・8条）

b.　排出基準（3条の委任により，大気汚染防止法施行規則3条1項，4条及び5条で定められる）を超えるばい煙を排出してはならない義務（13条）

c.　ばい煙量を測定，記録する義務（16条）

d.　ばい煙発生施設において事故が起きた場合に，直ちにその事故の状況を都道府県知事に報告した上，応急の措置を講じ，かつその事故を速やかに復旧するよう努める義務（17条1項・2項）

特定物質を発生する施設を設置している者にも同様の義務が課せられている（同条項）。

e.　都道府県知事の計画変更命令や改善命令，事故時の措置命令等に従う義務（9条，14条，17条3項）

②　**揮発性有機化合物の排出等の規制**

揮発性有機化合物を大気中に排出する者（「揮発性有機化合物排出者」と呼ばれる。17条の10）は，以下の義務を負う。

a.　揮発性有機化合物を排出する施設（「揮発性有機化合物排出施設」と呼ばれ，2条5項の委任により，大気汚染防止法施行令2条の3で定

められている）の設置やその変更を都道府県知事に届け出る義務（17条の5，7）

b. 揮発性有機化合物に係る排出基準（17条の4の委任により，大気汚染防止法施行規則15条の2で定められている）を遵守する義務（17条の10）

c. 揮発性有機化合物濃度を測定し，その結果を記録する義務（17条の12）

d. 都道府県知事の計画変更命令等や改善命令等に従う義務（17条の8，17条の11）

③ 粉じんの排出等の規制

一般粉じんを発生させる施設（「一般粉じん発生施設」と呼ばれ，2条10項の委任により，大気汚染防止法施行令3条で指定されている）を設置する者は，その設置を都道府県知事に届け出る義務及び当該一般粉じん発生施設について環境省令で定める構造並びに使用及び管理に関する基準を遵守する義務を負い（18条，18条の3），また，都道府県知事の基準適合命令や一時停止命令に従う義務を負う（18条の4）。

特定粉じんを発生させる施設（「特定粉じん発生施設」と呼ばれ，2条11項の委任により，大気汚染防止法施行令3条の2で定められている）を設置する者は，その設置を都道府県知事に届け出る義務（18条の6）を負う。また，特定粉じんを工場または事業場から大気中に排出し，または飛散させる者（18条の10により，「特定粉じん排出者」と呼ばれる）は，都道府県知事の計画変更命令等に従う義務（18条の8），敷地境界基準（特定粉じん発生施設に係る隣地との敷地境界における規制基準で，18条の5の委任により，大気汚染防止法施行規則16条の2で定められる）を遵守する義務（18条の10）及び特定粉じんの濃度を測定，その結果を記録する義務（18条の12）を負う。

特定粉じんを排出等する作業（「特定粉じん排出等作業」と呼ばれ，2条12項の委任により，大気汚染防止法施行令3条の4で定められている）を伴う建設工事（「特定工事」）を施工する者は，その施工を都道府県知事に届け出る義務（18条の15），都道府県知事の計画変更命令に従う義務（18条の16）及び作業基準（18条の14の委任により，大気汚染防止法施行規則16条の4で定められる）を遵守する義務（18条の18）を負う。

④ 有害大気汚染物質対策

有害大気汚染物質による大気の汚染の防止を目的として，事業者の責務

(18条の22)，国の施策（18条の23)，地方公共団体の施策（18条の24)，国民の努力（18条の25）に関する規定がそれぞれ定められている。

⑤ **自動車排出ガスに係る許容限度**

環境大臣は，自動車の排出ガスの量の許容限度を定めなければならず(19条)，都道府県知事は，大気中の自動車排出ガスの濃度の測定を行うものとされ（20条)，この測定を行った場合において，自動車排出ガスにより大気の汚染が環境省令で定める限度を超えていると認められるときは，都道府県知事は都道府県公安委員会に対し，道路交通法の規定による措置をとるべきことを要請するものとされている（21条1項)。また，何人も，自動車の運転や使用または交通機関の利用にあたっては自動車排出ガスの排出が抑制されるように努めなければならない（21条の2)。

⑥ **大気の汚染の状況の監視等**

都道府県知事は，大気の汚染の状況を常時監視し（22条1項)，その結果を環境大臣に報告しなければならない（同条2項)。また，緊急時(大気の汚染が著しくなり，政令で定める場合に該当する事態が発生した場合）に都道府県知事がとるべき措置が定められている（23条)。

また，都道府県知事は，当該都道府県の区域に係る大気の汚染の状況を公表しなければならない（24条)。

事業者の無過失損害賠償責任

工場または事業場における事業活動に伴う健康被害物質（ばい煙，特定物質または粉じんで，生活環境のみに係る被害を生ずるおそれがある物質として政令で定めるもの以外のものをいう。但し，この政令は未制定である[9]）の大気中への排出（飛散を含む）により，人の生命または身体を害したときは，当該排出に係る事業者は，これによって生じた損害を賠償する責めに任ずる（25条1項)。

適用除外

電気事業法に規定する電気工作物，ガス事業法に規定するガス工作物または鉱山保安法に定める施設であるばい煙発生施設，特定施設，揮発性有機化合物排出施設，一般粉じん発生施設または特定粉じん発生施設において発生し，または飛散するばい煙，特定物質，揮発性有機化合物，一般粉じんまたは特定粉じんを排出し，または飛散させる者については，大気汚染防止法の一部規定を適用せず，電気事業法，ガス事業法または鉱山保安法の相当規定の定めるところによる（27条1項)。

条例との関係

大気汚染防止法の規定は，地方公共団体が以下の事項に関して条例で必要な規制を定めることを妨げるものではない（32条）。

① ばい煙発生施設について，そのばい煙発生施設において発生するばい煙以外の物質の大気中への排出

② ばい煙発生施設以外のばい煙を発生し，及び排出する施設について，その施設において発生するばい煙の大気中への排出

③ 揮発性有機化合物排出施設について，その揮発性有機化合物排出施設に係る揮発性有機化合物以外の物質の大気中への排出

④ 揮発性有機化合物排出施設以外の揮発性有機化合物を排出する施設について，その施設に係る揮発性有機化合物の大気中への排出

⑤ 一般粉じん発生施設以外の一般粉じんを発生し，及び排出し，または飛散させる施設について，その施設において発生し，または飛散する一般粉じんの大気中への排出または飛散

⑥ 特定粉じん発生施設について，その特定粉じん発生施設において発生し，または飛散する特定粉じん以外の物質の大気中への排出または飛散

⑦ 特定粉じん発生施設以外の特定粉じんを発生し，及び排出し，または飛散させる施設について，その施設において発生し，または飛散する特定粉じんの大気中への排出または飛散

⑧ 特定粉じん排出等作業について，その作業に伴い発生し，または飛散する特定粉じん以外の物質の大気中への排出または飛散

⑨ 特定粉じん排出等作業以外の建築物等を解体し，改造し，または補修する作業について，その作業に伴い発生し，または飛散する特定粉じんの大気中への排出または飛散

悪臭防止法との相違点

大気汚染防止法が悪臭防止法と異なる大きな点は，次の４つである。

① 大気汚染については，人の健康を保護し生活環境を保全する上で維持されることが望ましい基準として，環境基本法16条に基づく環境基準が設定されており，大気汚染防止法による規制はこの環境基準を達成することを目的とする。

これに対して，悪臭については，環境基本法に基づく環境基準はないので，悪臭防止法については，環境基準を達成するための法律という性格はない。

② 悪臭防止法については，規制地域が定まっており，その規制地域内に存在する悪臭を発生させる施設のみが規制対象となる。これに対して，大気汚染防止法では，そのような規制地域の定めはなく，日本国内のすべての地域が規制対象となる（注)。
③ 大気汚染防止法では直罰規定（排出基準違反に対して直ちに罰則を科す規定）がある（13条1項，13条の2第1項，33条の2第1号）が，悪臭防止法では直罰規定がなく，規制基準違反があることを前提として出される市町村長の改善命令に違反した場合に初めて罰則が科されうる（悪臭防止法8条2項，24条)。
④ 大気汚染防止法では事業者の無過失損害賠償責任の規定があるが（25条)，悪臭防止法にはない。

（注）大気汚染防止法では日本国内のすべての地域が規制対象となる

このことの条文上の根拠は以下の通りである。

a. 13条1項は，排出基準に適合しないばい煙を排出することを禁じている。
b. ばい煙に係る排出基準は，ばい煙発生施設において発生するばい煙について，環境省令で定めることになっているが（3条1項)，ばい煙のうちのいおう酸化物についての排出基準は，政令で定める地域の区分ごとに排出口の高さに応じて定める許容限度とされている（3条2項1号)。
c. 上記3条2項1号を受けて，大気汚染防止法施行令5条及び別表第3は地域区分を定めているが，別表第3は，1号から99号の3までにわたって具体的な地域名を掲げた上で，最後の100号で，「前各号に掲げる区域以外の地域」と規定している。従って，日本国内のすべての地域がこの地域区分に含まれることになる。

3.1.3 水質汚濁防止法

目的

水質汚濁防止法の目的は，大きく分けて次の2つである（1条。以下この項では，水質汚濁防止法の条文は条文番号のみで引用する)。

① 公共用水域及び地下水の水質の汚濁（水質以外の水の状態が悪化することを含む）の防止を図り，もって国民の健康を保護するとともに生活環境を保全すること。
② 工場及び事業場から排出される汚水及び廃液に関して人の健康に係る被

害が生じた場合における事業者の損害賠償の責任について定めることにより，被害者の保護を図ること。

下線部は大気汚染防止法と共通する部分である。

そして，上記①の目的を達成するための具体的方法について，「工場及び事業場から公共用水域に排出される水の排出及び地下に浸透する水の浸透を規制するとともに，生活排水対策の実施を推進すること等」と述べられている（1条。「等」であるから，これらに限定されるわけではない）。

環境基本法に基づく環境基準との関係[10]

大気汚染防止法のところで述べた環境基本法16条に基づき，水質汚濁については，現在，水質汚濁に係る環境基準（昭和46年12月28日環境庁告示）及び地下水の水質汚濁に係る環境基準（平成9年3月13日環境庁告示）が定められている。

また，これらとは別に，ダイオキシン類対策特別措置法7条に基づき，ダイオキシン類による水質の汚濁等に係る環境基準（「ダイオキシン類による大気の汚染，水質の汚濁（水底の底質の汚染を含む）及び土壌の汚染に係る環境基準について」）（平成11年12月27日環境庁告示）が定められている。

水質汚濁防止法による規制は，これらの水質汚濁に関する環境基準を達成することを目的に行なわれているものである。このことの同法の文言上の根拠は，4条の2（総量削減基本方針）が，3条1項または3項の排水基準のみでは水質汚濁に係る環境基準の確保が困難であると認められる水域において総量削減基本方針を定めるとの趣旨を規定していることに求められる。（注）

（注）総量削減基本方針

総量削減基本方針とは，特定の水域（指定水域）の水質の汚濁に関係のある地域として指定水域ごとに政令で定める地域（指定地域）について，汚濁負荷量の総量の削減に関する基本方針である（4条の2第1項）。

排水規制の対象

排水規制の対象は，特定施設を設置する工場または事業場（「特定事業場」…2条6項）から公共用水域に排出される水（「排出水」…2条6項）及び地下に浸透する水（「特定地下浸透水」…2条8項）である（1条）。

特定施設とは，

①カドミウムその他の人の健康に係る被害を生ずるおそれがある物質として政令で定める物質（「有害物質」）を含むか，あるいは
②化学的酸素要求量その他の水の汚染状態（熱によるものを含み，前記①の有害物質によるものを除く）を示す項目として政令で定める項目に関し，生活環境に係る被害を生ずるおそれがある程度のものである，

のいずれかの要件を備える汚水または廃液を排出する施設で政令で定めるものをいう（2条2項）。この規定に基づき，水質汚濁防止法施行令1条によって特定施設が指定されており，製造業関係の施設に加え，水道施設，下水道終末処理施設，し尿処理施設，共同排水処理施設のほか，旅館業，洗たく業，写真現像業などの第3次産業の関係施設も指定されている[11]。

公共用水域とは，河川，湖沼，港湾，沿岸海域その他公共の用に供される水域及びこれに接続する公共溝渠，かんがい用水路その他公共の用に供される水路（下水道法に規定する公共下水道及び流域下水道であって，終末処理場を設置しているもの［その流域下水道に接続する公共下水道を含む］を除く）をいう（2条1項）。

水質汚濁防止法は，「排出水」と「汚水等」という用語を使い分けている。汚水等とは，特定施設から排出される汚水または廃液のことであり（2条7項），排出水とは，特定事業場から公共用水域（河川等）に排出される水をいう（2条6項）。従って，排出水は汚水等（特定施設から排出されるもの）を含むが，それよりも広く，「特定事業場内の施設であるが特定施設ではないもの」から排出される水（排水，冷却水，雨水）をも含むものである。

汚水とは有害物質等によって汚濁した水をいい，廃液とは，たとえば酸・アルカリ洗浄施設の廃酸や廃アルカリのように製造工程から不要物として排出される液体である[12]。

排水基準

排出水の規制の基準となる排水基準は，環境省令で定めることとされ（3条1項），有害物質による汚染状態にあっては，排出水に含まれる有害物質の量について有害物質の種類ごとに定める許容限度とし，その他の汚染状態にあっては，化学的酸素要求量その他の水の汚染状態（熱によるものを含み，有害物質によるものを除く）を示す項目として政令で定める項目に関し，項目ごとに定める許容限度である（3条2項）。

この規定に基づき，排水基準を定める省令（昭和46年6月21日総理府令）により，排水基準が定められている。排水基準のうち，有害物質についての基準は，特定事業場から河川等に排出される排出水量の規模にかかわら

ず適用されるが，その他の汚染状態についての基準（「生活環境項目に関する排水基準」と呼ばれる[13]。但し，これは水質汚濁防止法や排水基準を定める省令上の用語ではない）は，1日あたりの平均的な排出水の量が50立方メートル以上である工場または事業場に係る排出水についてのみ適用される(排水基準を定める省令別表第2の備考2)。

なお，都道府県は，排水基準を定める省令で定める排水基準によっては人の健康を保護し，または生活環境を保全することが十分でないと認められる区域については，政令（水質汚濁防止法施行令4条）で定める基準に従い，これに代わる基準として，条例で，より厳しい排水基準を定めることができる（3条3項）。この条例においては，当該区域の範囲を明らかにしなければならない（3条4項）。

これは上乗せ排水基準と呼ばれるが[14]（法令上の用語ではない），対象物質または項目ごとに，排水基準を定める省令で定める排水基準に代えて適用されるものであり，それ以外の物質または項目を対象とすることはできない。但し，排水基準の適用されない物質または項目（有害物質を除く）については，条例による排水規制（横出し規制）をすることができる（29条。後述する)。

排水基準の遵守の強制

① 特定施設の設置・変更の届出

工場または事業場から公共用水域に水を排出する者は，特定施設を設置しようとするときは，環境省令（水質汚濁防止法施行規則3条）で定めるところにより，所定の事項を都道府県知事に届け出なければならず（5条)，届出が受理された日から60日を経過した後でなければ，特定施設を設置してはならない（9条)。また，その届出に係る所定の事項について変更しようとするときも同様である（7条，9条)。いずれも罰則がある（32条，33条)。

届出を要するのは，特定施設を設置して公共用水域に水を排出するすべての工場・事業場であり，特定施設が設置される工場または事業場の規模や排出水の量の大小を問わない[15]。

都道府県知事は，これらの届出に係る特定事業場の排出水の汚染状態が，当該特定事業場の排水口（排出水を排出する場所をいう）においてその排出水に係る排水基準（上乗せ排水基準を含む）に適合しないと認めるときは，届出を受理した日から60日以内に限り，その届出に係る特定施設の構造若しくは使用の方法若しくは汚水等の処理の方法に関する計画の変更または特定施設の設置計画の廃止を命じることができる（8条1項）。

② 排水基準の遵守義務

排出水を排出する者は，その汚染状態が当該特定事業場の排水口において排水基準に適合しない排出水を排出してはならない（12条1項）。罰則がある（31条）。

都道府県知事は，排出水を排出する者が，当該特定事業場の排水口において排水基準に適合しない排出水を排出するおそれがあると認めるときは，その者に対し，期限を定めて特定施設の構造若しくは使用の方法若しくは汚水等の処理の方法の改善を命じ，または特定施設の使用若しくは排出水の排出の一時停止を命ずることができる（13条1項）。この命令の違反に対しては罰則がある（30条）。

排出水の汚染状態の測定・排出水の排出方法の適正化

排出水を排出する者は，その汚染状態を測定し，結果を記録し，これを保存しなければならない（14条1項）。罰則がある（33条3号）。

また，排出水を排出する者は，公共用水域の水質の汚濁の状況を考慮して，特定事業場の排出口の位置その他の排出水の排出の方法を適切にしなければならない（14条4項）。

この規定の趣旨は，排水基準に適合している排出水を排出していても，排水口の位置がたとえば上水道用水や養殖場の取水口に近接しているような場合には水質汚濁問題を生じるおそれがあるので，そのような場合には排水口の位置その他の排出水の排出方法を適切にしなければならない旨を定めたものである。その他の排出水の排出の方法としては，季節的，時間的な排出水の量の調整などが考えられる。これは訓示規定であって，罰則はない[16]。

事故時の措置

特定事業場の設置者，指定施設を設置する工場または事業場（「指定事業場」）の設置者及び貯油施設等を設置する工場または事業場（「貯油事業場等」）の設置者は，施設の破損その他の事故が発生し，有害な水が公共用水域に排出され，または有害物質を含む水が地下に浸透したことにより人の健康または生活環境に係る被害を生ずるおそれがあるときには，直ちに応急の措置を講ずるとともに，速やかにその事故の状況及び講じた措置の概要を都道府県知事に届け出なければならない（14条の2第1項～第3項）。

指定施設とは，有害物質を貯蔵し，若しくは使用し，または有害物質及び重油その他の政令で定める油以外の物質であって公共用水域に多量に排出されることにより人の健康若しくは生活環境に係る被害を生ずるおそれがある物質として政令で定めるもの（「指定物質」…水質汚濁防止法施行令３条の３により，ホルムアルデヒド，ヒドラジン，ヒドロキシルアミン，過酸化水素等，多数の物質が指定されている）を製造し，貯蔵し，使用し，若しくは処理する施設をいう（２条４項）。

貯油施設等とは，重油その他政令で定める油（「油」…水質汚濁防止法施行令３条の４により，原油，重油，潤滑油等，７種類の油が指定されている）を貯蔵し，または油を含む水を処理する施設で政令で定めるもの（水質汚濁防止法施行令３条の５により，油を貯蔵する貯油施設と，油を含む水を処理する油水分離施設が指定されている）をいう（２条５項）。

都道府県知事は，特定事業場の設置者，指定事業場の設置者または貯油事業場等の設置者が上記の応急の措置を講じていないと認めるときは，これらの者に対し，応急の措置を講ずべきことを命ずることができる（14条の２第４項）。この命令の違反に対しては罰則がある（31条２号）。

事業者の無過失損害賠償責任

工場または事業場における事業活動に伴う有害物質の汚水または廃液に含まれた状態での排出または地下への浸透により，人の生命または身体を害したときは，当該排出または地下への浸透に係る事業者は，これによって生じた損害を賠償する責めに任ずる（19条１項）。

適用除外

鉱山保安法の鉱山施設，電気事業法の電気工作物，海洋汚染等及び海上災害の防止に関する法律の廃油処理施設については，水質汚濁防止法に基づく各種届出や事故時の措置に関する規定などは適用せず，それぞれの法律の相当規定によることとされている（23条１項）。

条例との関係

前述した通り，都道府県は，条例で，上乗せ排水基準を定めることができる（3条3項）。

また，都道府県または水質汚濁防止令10条で規定する市は，排出水等の水質の汚染状態の測定回数を定めることができる（水質汚濁防止法施行規則９条２号及び５号）。

また，水質汚濁防止法の規定は，地方公共団体が条例で以下の規制をすることを妨げるものではない（29条）。

① 排出水について，排水基準の適用されていない項目（有害物質を除く）に関する規制
② 特定地下浸透水について，有害物質による汚染状態以外の水の汚染状態に関する事項についての規制
③ 特定事業場以外の工場または事業場から公共用水域に排出される水について，有害物質及び生活環境項目に関する規制
④ 特定事業場以外の工場または事業場から地下に浸透する水について，有害物質についての規制

その他の規定

都道府県知事の水質の汚濁の状況の監視義務（15条），緊急時の措置（水質の汚濁が著しくなった異常時に，水質の改善を図るために，排水規制の例外的な措置として，都道府県知事が緊急時の措置をとりうる）（18条），特定地下浸透水の浸透の規制（12条の3），生活排水対策（14条の5～14条の11）等の規定がある。

悪臭防止法との相違点

水質汚濁防止法が悪臭防止法と異なる大きな点は，大気汚染法について述べたことと同じ4点である。

このうち，水質汚濁防止法に規制地域の定めはなく，日本国内のすべての地域が規制対象となることの条文上の根拠は，①特定施設の定義（2条2項，水質汚濁防止法施行令1条，別表第1）にも，②排水基準の定め（3条，排水基準を定める省令）にも，地域による限定はないことである。

要監視項目[17]

要監視項目とは，環境省（旧環境庁）が設定した化学物質のリストで，人の健康の保護に係る項目と，水生生物の保全に係る項目とがある。

人の健康の保護に係る項目は，平成5年1月の中央公害対策審議会答申（水質汚濁に係る人の健康の保護に関する環境基準の項目追加等について）を受け，「人の健康の保護に関連する物質ではあるが，公共用水域等における検出状況等からみて，直ちに環境基準とはせず，引き続き知見の集積に努めるべきもの」として，平成5年3月に設定されたものであり，現在は26項目（すなわち26物質）が設定され，各物質について指針値が示されている。

水生生物の保全に係る項目は，平成15年9月の中央環境審議会答申（水生生物の保全に係る水質環境基準の設定について）を受け，「生活環境を構成

する有用な水生生物及びその餌生物並びにそれらの生息又は生育環境の保全に関連する物質ではあるが，公共用水域等における検出状況等からみて，直ちに環境基準とはせず，引き続き知見の集積に努めるべきもの」として平成15年11月に設定されたものであり，現在は6項目（6物質）が設定され，各物質について指針値が示されている。

水環境保全に向けた取組のための要調査項目リスト[18]

環境庁は，平成10年6月に，水環境を経由して人の健康や生態系に有害な影響を与えるおそれ（以下「環境リスク」という）はあるものの比較的大きくはない，または環境リスクは不明であるが，環境中での検出状況や複合影響等の観点から見て，環境リスクに関する知見の集積が必要な物質（物質群を含む）として「水環境保全に向けた取組のための要調査項目」を300選定した。

これは，

「近年，多種多様な化学物質が製造・使用され，また，非意図的に生成され，環境中に放出されている。これらの物質の中には，人の健康や生態系に有害な影響を及ぼすものも数多く存在する。このため，環境庁では，環境基準項目の設定・監視，要監視項目の設定，排水規制等各種の施策を講じているところである。しかしながら，多種多様な化学物質による水環境の汚染に起因する人の健康や生態系への悪影響を未然に防止する観点からみれば，これら現状の対策を一歩進める必要がある」

という見地から行われたものである。

選定基準としては，以下のいずれかに該当するものを要調査項目として選定したとされている。

① わが国において一定の検出率を超えて水環境中から検出されていること。

② 国内，諸外国，国際機関が水環境を経由した人への健康被害の防止または水生生物の保護の観点から法規制の対象としている物質であって，わが国においても水環境中から検出されている物質，あるいは一定量以上製造・輸入・使用されている物質。

③ 国内，諸外国，国際機関が人への健康被害または水生生物への影響を指摘している物質であって，わが国においても水環境中から検出されている物質，あるいは一定量以上製造・輸入・使用されている物質。

④ わが国で精密な調査・分析が行われていない物質等であるが，専門家による知見等により，水環境を経由して人あるいは水生生物に影響を与える

可能性のある物質。

そして，今後の取組としては，選定された要調査項目について，毒性情報等の収集，水環境中の存在状況実態調査等を通じて，新たな知見の収集に努めるものとされている。また，要調査項目リストは，毒性情報等や水環境中の存在に係る新たな知見等を踏まえて，柔軟に見直されるべきものであるとされている。

3.2 PRTR 法（化学物質排出把握管理促進法，化管法）

3.2.1 PRTR 法の目的

PRTR 法（特定化学物質の環境への排出量の把握等及び管理の改善の促進に関する法律…化学物質排出把握管理促進法または化管法）は，特定の化学物質の環境への排出量等の把握に関する措置並びに事業者による特定の化学物質の性状及び取扱いに関する情報の提供に関する措置等を講ずることにより，事業者による化学物質の自主的な管理の改善を促進し，環境の保全上の支障を未然に防止することを目的とする法律であり（化管法 1 条），平成 11 年 7 月 13 日に公布された。

上記の「特定の化学物質の環境への排出量等の把握に関する措置」とは PRTR 制度をさし，「事業者による特定の化学物質の性状及び取扱いに関する情報の提供に関する措置」とは SDS 制度をさす。PRTR は Pollutant Release and Transfer Register の略，SDS は Safety Data Sheet の略である。

3.2.2 PRTR 制度[19]

概要

PRTR 制度とは，人の健康や生態系に有害なおそれのある化学物質が，事業所から環境（大気，水，土壌）へ排出される量及び廃棄物に含まれて事業所外へ移動する量を，事業者が自ら把握し国に対して届け出をし，国は届出データや推計に基づき，排出量・移動量を集計・公表する制度である。平成 13 年 4 月から実施されている。

しくみ

PRTR 制度は，以下の 3 つの部分からなる。

① 事業者による化学物質の排出量等の把握と届出

PRTR 制度の対象である事業者は，個別事業所ごとに化学物質の環境への排出量・移動量を把握し，都道府県経由で国（事業所管大臣）に届け出なければならない。

② 国における届出事項の受理・集計・公表

事業所管大臣は，届け出られた情報について，経済産業大臣及び環境大臣へ通知する。経済産業省及び環境省は共同で，届け出られた情報を電子ファイル化し，物質ごとに，業種別・地域別等に集計・公表するとともに，事業所管大臣及び都道府県に通知する。事業所管大臣及び都道府県は，通知された事業所ごとの情報をもとに，事業者や地域のニーズに応じ集計・公表することができる。

また，経済産業省及び環境省は共同で，化管法の届出義務対象外の排出源（家庭，農地，自動車等）からの排出量を推計して集計し，併せて公表する。

③ データの開示と利用

国（経済産業大臣，環境大臣及び事業所管大臣）は，国民からの請求があった場合は，個別事業所の届出データを開示する。

また，国はPRTRの集計結果等を踏まえて環境モニタリング調査及び人の健康等への影響に関する調査を実施する。

対象化学物質・対象製品

PRTR制度の対象となる化学物質は，化管法上「第一種指定化学物質」として定義されており，人や生態系への有害性（オゾン層破壊性を含む）があり，環境中に広く存在する（暴露可能性がある）と認められる物質として，計462物質が指定されている。そのうち，発がん性，生殖細胞変異原性及び生殖発生毒性が認められる「特定第一種指定化学物質」として15物質が指定されている。

また，PRTR制度に基づき年間取扱量や排出量等を把握する対象となる製品（取扱原材料，資材等）の要件は，対象化学物質（第一種指定化学物質）を一定割合以上（1質量%以上，但し特定第一種指定化学物質は0.1質量%以上）含有する製品である。代表的な種類としては，化学薬品，染料，塗料，溶剤等があげられる。

但し，事業者による取扱いの過程で対象化学物質が環境中に排出される可能性が少ないと考えられる製品については，事業者の負担等を考慮し，例外的に把握の対象外とされている。具体的には，固形物（粉状や粒状のものを除く），密封された状態で使用する製品，一般消費者用の製品，再生資源である。

対象事業者

PRTR 制度の対象となる事業者は，第一種指定化学物質を製造，使用その他業として取り扱う等により，事業活動に伴い当該化学物質を環境に排出すると見込まれる事業者であり，具体的には次の①～③の要件すべてに該当する事業者である。

① 対象業種として政令（特定化学物質の環境への排出量の把握等及び管理の改善の促進に関する法律施行令）で指定している 24 種類の業種に属する事業のいずれかを営んでいる事業者であること。

② 常時使用する従業員の数（本社及び全国の支社，出張所等を含め，全事業所を合算した従業員数）が 21 人以上の事業者であること。

③ いずれかの第一種指定化学物質の年間取扱量（年間製造量と年間使用量の合計）が 1 トン以上（特定第一種指定化学物質は 0.5 トン以上）の事業所を有する事業者等であるか，または他法令で定める特定の施設（特別要件施設）を設置している事業者であること。

特別要件施設は以下の各施設である。

- 鉱山保安法により規定される特定施設（金属鉱業，原油・天然ガス鉱業に属する事業を営む者が有するものに限る）
- 下水道終末処理施設（下水道業に属する事業を営む者が有するものに限る）
- 廃棄物の処理及び清掃に関する法律により規定される一般廃棄物処理施設及び産業廃棄物処理施設（ごみ処分業及び産業廃棄物処分業に属する事業を営む者が有するものに限る）
- ダイオキシン類対策特別措置法により規定される特定施設

届出事項

対象事業者は，年度ごとに所有する事業所における第一種指定化学物質の排出量及び移動量を把握し，事業所ごとに，その事業所の所在地の都道府県を経由して国（その事業者が行う事業を所管している省庁）に届け出る。

届出事項は，届出者の企業情報（事業者名，事業所名及び所在地，事業所において常時使用される従業員の数，事業所において行なわれる事業が属する業種）及び排出量・移動量（第一種指定化学物質ごとの排出量及び移動量）である。

集計データの公表

集計されたデータは，経済産業省及び環境省が共同で公表しており，各年のデータが経済産業省のウェブサイトで入手できる。

平成29年3月に公表された，平成27年4月1日～平成28年3月31日のデータによると，届出排出量・移動量の上位10物質の合計は281千トンで，総届出排出量・移動量378千トンの74％にあたる[20]。

上位5物質は以下の通りである。

① トルエン（合成原材料や溶剤として幅広く使用）
87千トン（構成比 23％）

② マンガン及びその化合物（特殊鋼・電池などに使用）
53千トン（〃 14％）

③ キシレン（合成原材料や溶剤として幅広く使用）
36千トン（〃 9.6％）

④ クロム及び三価クロム化合物（特殊鋼などに使用）
22千トン（〃 5.7％）

⑤ エチルベンゼン（溶剤などに使用）
18千トン（〃 4.8％）

3.2.3 化管法SDS制度[21]

概要

化管法SDS（Safety Data Sheet：安全データシート）制度は，事業者による化学物質の適切な管理の改善を促進するため，化管法で指定された「化学物質又はそれを含有する製品」（以下「化学品」）を他の事業者に譲渡または提供する際に，化管法SDS（安全データシート）により，その化学品の特性及び取扱いに関する情報を事前に提供することを義務づけるとともに，ラベルによる表示に努めさせる制度であり，平成13年1月から運用されている。

事業者が，取引先の事業者から化管法SDSの提供を受けることにより，自らが使用する化学品について必要な情報を入手し，化学品の適切な管理に役立てることをねらいとしている。

SDSは，国内では平成23年度までは一般的に「MSDS (Material Safety Data Sheet：化学物質等安全データシート)」と呼ばれていたが，国際整合の観点から，GHS（化学品の分類・表示方法の国際標準として2003年に国連で採択された「化学品の分類および表示に関する世界調和システム」）で定義されている「SDS」に統一された。

しくみ

事業者が自ら取り扱う化学品の適切な管理を行うためには，取り扱う原材料や資材等の有害性や取扱い上の注意等について把握しておく必要がある。このため，化管法や省令（指定化学物質の性状及び取扱いに関する情報の提供の方法等を定める省令［SDS省令］）により，化学品を事業者間で取引する際，化学品の譲渡・提供事業者に対し，SDSによる有害性や取扱いに関する情報の提供を義務づけるとともに，ラベルによる表示を行うよう努めることとしている。

また，化学物質管理指針においては，指定化学物質等取扱事業者が取り扱う化管法指定化学物質以外の危険有害性を有するすべての化学物質についても，GHSに対応した適切な情報伝達を行うよう努めることとしている。

なお，化管法とは別の観点から，労働安全衛生法及び毒物及び劇物取締法においてもSDS及びラベルの提供に係る規定があり，同様の制度が実施されている。

対象化学物質・対象製品

対象となる化学物質は，前述の第一種指定化学物質（PRTR制度の対象物質）である462物質はすべて対象となるほか，化管法SDS制度のみの対象となる物質として指定された第二種指定化学物質（100物質）も含まれ，計562物質である。

対象製品の定めはPRTR制度と同様であり，対象化学物質を一定割合以上（1質量%以上，但し特定第一種指定化学物質は0.1質量%以上）含有する製品であるが，固形物（粉状や粒状のものを除く），密封された状態で使用する製品，一般消費者用の製品，再生資源は対象から除外されている。

対象事業者

化管法SDS制度の対象となる事業者は，化管法SDSの対象化学物質または対象製品について他の事業者と取引を行うすべての事業者である。PRTR制度と異なり，化管法SDR制度には，業種の指定，常用雇用者及び年間取扱量の要件はない。

なお，化管法SDSは事業者間での取引において提供されるものであり，提供先は事業者であるので，一般消費者は提供の対象ではない。

提供する情報

化管法SDSで提供すべき情報については，前記SDS省令により，以下の通り定められている。

① 化学品及び会社情報
② 危険有害性の要約
③ 組成及び成分情報
※含有する指定化学物質の名称，指定化学物質の種別，含有率（有効数字2桁）
④ 応急措置
⑤ 火災時の措置
⑥ 漏出時の措置
⑦ 取扱い及び保管上の注意
⑧ ばく露防止及び保護措置
⑨ 物理的及び化学的性質
⑩ 安定性及び反応性
⑪ 有害性情報
⑫ 環境影響情報
⑬ 廃棄上の注意
⑭ 輸送上の注意
⑮ 適用法令
⑯ その他の情報

3.3 化審法（化学物質の審査及び製造等の規制に関する法律）[22]

制定の背景と経緯

化学物質の審査及び製造等の規制に関する法律（以下「化審法」と略称する）の制定の背景は，昭和43年のカネミ油症事件を始めとする，昭和40年代初期のポリ塩化ビフェニル（PCB）による環境汚染問題である。PCBによる環境汚染問題は，化学物質が使用されている製品の通常の使用・消費・廃棄（いわば「表口」）により環境に放出され，環境汚染を通じて人の健康をじわじわと蝕んでいくものであり，従来の化学物質対策（毒物・劇物等の急性毒性を有する化学物質や労働者が直接的に取り扱う化学物質の製造・使用等の規制及び工場の煙突や排水口からの排出［いわば「裏口」］により環境中に放出された不要な化学物質についての排出規制等）の盲点を突くものであった。

このような状況を背景として，PCB類似の性状，すなわち，環境中では容易に分解せず（難分解性），生物の体内に蓄積しやすく（高蓄積性），かつ,「継続的に摂取される場合に人の健康を損なうおそれ（人への長期毒性）」を有する化学物質が環境汚染を通じて人の健康に被害を及ぼすことを防止するため，これらの化学物質の製造・使用等について厳格な管理を行う必要があることが強く認識された。

そして,「化学物質の審査及び製造等の規制に関する法律」が昭和48年に成立・公布され，昭和49年4月16日に施行された。

この法律は，大きく分けて次の2つの部分から構成されており，その後数次の改正がなされているが，この基本的な構成には大きな変更はない。

第1は,「新規化学物質の事前審査制度」である。これは，新たに製造または輸入される工業用化学物質について，その製造または輸入を開始する前に，厚生大臣及び通商産業大臣（いずれも当時）に対して届出を行い，PCB類似の性状を有していないかどうかの審査をするとともに，その安全性について確認を受けた後でないと，その新規化学物質の製造または輸入をすることができないという制度である。

第2は,「特定化学物質の製造等に関する規制」である。これは，PCB類似の「難分解性」「高蓄積性」及び「人への長期毒性」を有する化学物質を特定化学物質として政令で指定し，指定された特定化学物質については，製造・輸入・使用について許可制等にかからしめ，いわば「クローズド・システム」のもとで厳格な管理を行うというものである。

改正の経緯

化審法は，制定後，昭和61年と平成15年に大きな改正がなされた。また，平成11年には中央省庁再編に伴う改正が行われ，このときから，化審法の所管省庁は経済産業省，厚生労働省及び環境省の3省となった。

また，平成21年にも，①包括的な化学物質の管理を行うため，審査や規制の体系を抜本的に見直すこと，②「残留性有機汚染物質に関するストックホルム条約」との整合性を確保すること，の2点を主要な内容とする改正が行われた。この改正により，従来の「第二種監視化学物質」及び「第三種監視化学物質」の名称は「優先評価化学物質」の創設に伴い廃止され，従来の「第一種監視化学物質」は「監視化学物質」に改められた。

目的

化審法1条は，同法の目的を次のように定めている。

「この法律は，人の健康を損なうおそれ又は動植物の生息若しくは生育に支障を及ぼすおそれがある化学物質による環境の汚染を防止するため，新規の化学物質の製造又は輸入に際し事前にその化学物質の性状に関して審査する制度を設けるとともに，その有する性状等に応じ，化学物質の製造，輸入，使用等について必要な規制を行うことを目的とする。」

現行法の内容

現行の化審法は，大きく分けて次の3つの部分から構成されている。

①　新規化学物質に関する審査及び規制

これは，日本において新たに製造または輸入される化学物質（新規化学物質）について，その製造または輸入を開始する前に，厚生労働大臣，経済産業大臣及び環境大臣（以下「三大臣」という）に対して届出を行い，三大臣が審査によって規制の対象となる化学物質であるか否かを判定するまでは，原則としてその新規化学物質の製造または輸入をすることができないという制度（事前審査制度）を定めるものである。

②　上市（市場に出すこと）後の化学物質に関する継続的な管理措置

これは，包括的な化学物質の管理を行うため，化審法の制定以前に製造・輸入が行われていた既存化学物質を含む「一般化学物質」等について，一定数量以上の製造・輸入を行った事業者に届出義務を課すものである。

国は，この届出によって把握した製造・輸入数量等を踏まえ，リスク評価を優先的に行う物質を「優先評価化学物質」に指定する。優先評価化学物質について，リスク評価のために必要な情報を収集できるよう，製造・輸入数量（実績）等の届出，情報の提供，有害性等の調査，有害性情報の報告，取扱いの状況の報告等に係る規定が設けられている。リスク評価の結果に基づき，必要に応じて後記の第二種特定化学物質等に指定することにより，所要の規制が講じられることになる。

③　化学物質の性状等に応じた規制

化審法は，自然的作用による化学的変化を生じにくいものであるかどうか（「分解性」），生物の体内に蓄積しやすいものであるかどうか（「蓄積性」），継続的に摂取等した場合に人の健康を損なうおそれ（「人への長期毒性」）または動植物の生息・生育に支障を及ぼすおそれがあるかどうか（「動植物への毒性」）といった性状や，必要な場合に環境中の残留状況に着目し，それらの性状等に応じて，規制の程度や態様を異ならせている。これらの規制の対象は，事前審査制度の対象となっている新規化学物質に限定されるものではなく，化審法の公布の際現に製造・輸入実績があった物質（既存化学物質）についても，国による安全性点検等の結果，要件に該当する性状が判明すれば，所要の規制が講じられる。

この規制は，さらに次の２つに大別される。

第１は，第一種特定化学物質に関する規制である。PCB 類似の三つの性状すなわち「難分解性」「高蓄積性」及び「長期毒性（人または高次捕食動物）」を有する化学物質は，いったん環境中に排出された場合には，容易に分解せず，食物連鎖等を通じて濃縮され，人の健康等に不可逆な悪影響を与える可能性がある。このため，こうした性状を有することが明らかとなった化学物質については，政令で「第一種特定化学物質」として指定し，その製造・輸入について許可制をとるとともに，その使用については政令で指定する特定の用途以外は認めない等の厳しい規制が課される。また，既存化学物質の中には，「長期毒性」の有無は明らかになっていないが，「熱分解性」及び「高蓄積性」を有することが明らかになっているものが存在しており，第一種特定化学物質に該当する可能性があるこうした化学物質についても，三大臣が「監視化学物質」に指定して，製造・輸入数量等の監視を行い，一定の場合には長期毒性の有無を調査する指示（有害性調査指示）を行い，長期毒性を有することが明らかになれば，速やかに第一種特定化学物質に指定することとされている。

第２は，第二種特定化学物質に関する規制である。「高蓄積性」の性状を有さない化学物質は，仮に環境中に排出されたとしても，環境中に相当程度残留するものでなければ，直ちに人の健康等に影響を生ずるものではない。そのため，環境中に相当程度残留することがないよう，環境中に放出される数量を一定以下に管理することが重要となる。こうした考え方に基づき,「高蓄積性」の性状を有さないものの,「長期毒性（人または生活環境動植物)」を有する化学物質のうち，相当広範な地域の環境において相当程度環境中に残留しているかまたはその見込みがあるものを「第二種特定化学物質」として政令で指定し，製造及び輸入の予定数量等の事前届出等を義務づけ，環境汚染の状況によっては，製造予定数量等の変更も命令しうることとされている。

3.4 悪臭と関連するその他の法律

環境省の『臭気対策行政ガイドブック』の65頁以下には，悪臭公害と関連する法令の説明があり，主な悪臭発生源ごとの関連法令の一覧表と，各関連法令の概要の説明が記載されている。

これらをそのまま以下に引用する。

悪臭発生源ごとの関連法令の一覧表（環境省・臭気対策行政ガイドブック66頁）

悪臭発生源		関連すると思われる法令
畜産・農業 畜産業・化製場 死亡獣畜取扱場等		水質汚濁防止法，化製場等に関する法律，家畜伝染病予防法
飼料・肥料製造		水質汚濁防止法，化製場等に関する法律，肥料取締法
食料品製造		水質汚濁防止法，食品衛生法，毒物及び劇物取締法
化学工業 石油・パルプ等		水質汚濁防止法，大気汚染防止法，労働安全衛生法，毒物及び劇物取締法，薬事法，高圧ガス保安法，消防法
その他の製造 塗装・印刷等		水質汚濁防止法，毒物及び劇物取締法，労働安全衛生法
サービス業・その他		
	し尿・廃棄物処理	水質汚濁防止法，ダイオキシン類対策特別措置法，都市計画法，廃棄物の処理及び清掃に関する法律，大気汚染防止法
	下水処理場	水質汚濁防止法，下水道法，都市計画法
	と畜場	水質汚濁防止法，と畜場法，都市計画法
	火葬場	墓地，埋葬等に関する法律，都市計画法
	クリーニング	クリーニング業法，水質汚濁防止法，下水道法
	飲食店	食品衛生法
	ビルピット	水質汚濁防止法，下水道法，建築物における衛生的環境の確保に関する法律

なお，廃棄物を排出し，処理する場合にはすべて「廃棄物の処理及び清掃に関する法律」の対象となるし，すべての建築物等は建築基準法の対象となる[23]。

主な関連法令の概要は以下の通りである[24]。

大気汚染防止法

事業活動に伴い発生するばい煙の排出等を規制。規制対象物質は，ばい煙(硫黄酸化物，ばいじん，有害物質)，粉じん，特定物質等。特定物質を使用する化学工業等，一定規模以上の廃棄物焼却炉，ボイラー，燃焼式脱臭装置等も特定施設に該当する。

水質汚濁防止法

事業場等から公共用水域に排出される水の規制。規制対象（特定施設）に畜産農業関係，食料品製造関係等，悪臭発生施設との関連が多い。洗浄式脱臭装置も特定施設に該当する場合あり。なお，下水道に排出する場合は，この法律は適用されない。

ダイオキシン類対策特別措置法

ダイオキシン類による環境の汚染の防止及びその除去等をするため，ダイオキシン類に関する施策の基本とすべき基準を定めるとともに，必要な規制，汚染土壌に係る措置等を定めている。

下水道法

下水道の整備計画，公共下水道等の設置・管理基準を定めている。また，下水道使用者に水質汚濁防止法に準じた規制基準あり。なお，下水道に排出する場合であっても，悪臭防止法の排出水の規制は適用される。

廃棄物の処理及び清掃に関する法律

廃棄物の処理が適正に行われるよう，処理の責任，種類と処理基準，処理業者の許可，処理施設の届出，構造，管理基準を定めている。畜産糞尿，各種汚泥等の廃棄物の処理が不適切なため，悪臭が発生している事例は多い。

化学物質の審査及び製造等の規制に関する法律

新規の化学物質の製造または輸入に際し事前にその化学物質が難分解性の性状を有するかどうかを審査する制度を設けるとともに，その有する性状に応じ，化学物質の製造，輸入，使用等について必要な規制を行うことを目的としている。

都市計画法

都市計画の内容，決定手続，計画制限等を定めている。都市施設として定めるものの設置にあたっては，都市計画決定を受けなければならない。悪臭関連都市施設としては，汚物等の処理場，と畜場等がある。

建築基準法

建築物の構造，用途等に関する最低基準を定めている。

化製場等に関する法律

化製場，死亡獣畜取扱場の設置許可，構造設備基準，管理基準を定めている。また，これら施設以外での死亡獣畜等の取扱いを禁止している。管理基準として悪臭処理が定められている。

と畜場法

と畜場の経営及び食用に供する獣畜の処理の適正化と公衆衛生の向上を目的とする。設置の許可，公衆衛生上の構造・管理基準がある。

家畜伝染病予防法

家畜伝染病の予防，畜産振興を目的とする。化製場，家畜集合施設の設備基準，死体処理方法等が定められている。

肥料取締法

肥料の品質保全，公正取引を目的に肥料の規格，登録，検査等を定めている。

食品衛生法

飲食に起因する衛生上の危害発生防止を目的としている。食品，添加物，加工等に使用する機器，包装容器等に清潔衛生の原則がある。

毒物及び劇物取締法

毒物，劇物を保健衛生上の見地から取り締まる。製造，販売，取扱い等に登録制を採用。

薬事法

医薬品，医薬部外品，化粧品，医療器具の有効，安全確保のための規制等により保健衛生の向上を目的としている。

労働安全衛生法

労働災害防止のための危険防止基準の確立等の対策により，職場における労働者の安全と健康を確保し，快適な職場環境を形成することを目的としている。

高圧ガス保安法

高圧ガスによる災害防止のため，製造，販売，貯蔵，移動，使用等及び容器について規制を行う。

墓地，埋葬等に関する法律

墓地，納骨堂，火葬場の管理，埋葬が公衆衛生の見地から適正に行われることを目的としている。火葬場の設置許可，公衆衛生等の見地からの改善命令等がある。

クリーニング業法

クリーニング業に対する公衆衛生上の見地からの指導，取締。機器及び作業場所についての措置が定められている。

建築物における衛生的環境の確保に関する法律

通称ビル管理法。建築物に関し，環境衛生上必要な事項等を定め，衛生的な環境を確保し，公衆衛生の向上を図ることを目的としている。

3.5 条例による悪臭の規制

2.8で述べた通り，悪臭防止法の規定は，地方公共団体が，同法に規定するもののほか，悪臭原因物の排出に関し条例で必要な規制を定めることを妨げるものではないことが明文で定められている（23条）。そして，ハンドブック182頁は，地方公共団体が地域の実情に応じて独自に行う規制の具体例として，以下の3つをあげつつ，②については，3条や9条の規定があるので（すなわち，地方公共団体が規制の必要があると考える地域は規制地域として指定されることになるので），実際上はこのような規制（地方公共団体が条例によって規制地域以外の地域について行う規制）の必要性はほとんどないものと考えられると述べている。

① 悪臭防止法の規制地域において，事業場からの特定悪臭物質以外の悪臭の原因となる物質の排出に関して規制を行うこと。

② 悪臭防止法の規制地域以外の地域において，特定悪臭物質，特定悪臭物質以外の悪臭の原因となる物質または臭気指数の排出に関して規制を行うこと。

③ 悪臭の主要な発生源である工場その他の事業場，またはそれらに設置される悪臭原因物を発生し排出するおそれのある施設の設置の届出制，認可制など悪臭防止法に特別の定めのない規制の手法を定めること。

各都道府県及び各道府県庁所在地の都市のウェブサイトで現実の条例の規定を調べたところ，悪臭を規制する条例は次のように類型化できる。

（1） 類型的に悪臭を発生する特定の施設に関する届出義務等

最も多いのは，類型的に悪臭を発生する施設を指定し，そのような施設を設置したり変更したりすることについて届出義務を課すという内容の条例である。また，届出義務を設けることとあわせて，当該施設の構造や維持管理方法についても規制する条例も多い。

（2） 悪臭防止法が物質濃度規制であるのに対し，条例で臭気指数規制を行う

次に多いのは，悪臭防止法上の規制は物質濃度規制であるのに対して，条例で臭気指数規制を行うというものである。ただ，この類型では，臭気指数規制を条例で定めているところよりも，地方公共団体の要綱（行政の執行についての指針を定める内部的規範をいう[25]）によって定めているところのほうが多い。

（3） 法の規制も条例の規制も臭気指数規制である

上記（2）とは異なり，悪臭防止法の規制と条例の規制とのいずれにおいても臭気指数規制がされている例もある。

（4） 悪臭防止法に基づく規制地域以外の地域において規制がされている

悪臭防止法に基づく規制地域以外の地域において，条例による規制がされている例もある。

（5） 事業場以外からの悪臭原因物質の排出に関する規制がされている

悪臭防止法の規制は事業場に対してのみなされるが，条例により，事業者以外の者（つまり一般私人）に対しても規制がされているものがある。

但し，この類型の条例はいずれも具体的・客観的な悪臭の規制値を定めておらず，抽象的な表現で規制されており，実効性には疑問がある。

1 ハンドブック22頁
2 技術と法規大気編Ⅱ大気概論12頁以下
3 技術と法規大気編Ⅱ大気概論5頁
4 技術と法規大気編Ⅱ大気概論5頁，同Ⅰ公害総論215頁
5 技術と法規大気編Ⅰ公害総論57頁
6 技術と法規大気編Ⅱ大気概論5頁，環境省水・大気環境局大気環境課「大気汚染防止法の概要」（環境省のウェブサイト）
7 技術と法規大気編Ⅱ大気概論7頁
8 技術と法規大気編Ⅱ大気概論8頁
9 技術と法規大気編Ⅱ大気概論176頁
10 技術と法規水質編Ⅱ水質概論4頁
11 技術と法規水質編Ⅱ水質概論20頁
12 技術と法規水質編Ⅱ水質概論19頁
13 技術と法規水質編Ⅱ水質概論20頁
14 技術と法規水質編Ⅱ水質概論21頁
15 技術と法規水質編Ⅱ水質概論23頁
16 技術と法規水質編Ⅱ水質概論28頁
17 環境省のウェブサイト
18 環境庁の平成10年6月5日付報道発表資料「水環境保全に向けた取組のための要調査項目リストについて」による（環境省のウェブサイト）
19 経済産業省のウェブサイト
20 経済産業省のウェブサイト
21 経済産業省のウェブサイト
22 経済産業省のウェブサイト
23 環境省・臭気対策行政ガイドブック65頁
24 環境省・臭気対策行政ガイドブック66頁
25 竹内昭夫・松尾浩也・塩野宏編集代表「法律学小辞典第三版」（有斐閣，1999年）1137頁

著者略歴：村頭秀人（Murakami Hideto）

平成12年10月	弁護士登録（第53期，東京弁護士会）
平成17年4月～平成21年3月	東京弁護士会公害・環境特別委員会副委員長
平成21年4月～平成24年3月	同委員会委員長
平成22年4月～平成23年3月	東京三弁護士会環境保全協議会議長
平成25年4月～現在まで	東京都環境審議会委員

著書『騒音・低周波音・振動の紛争解決ガイドブック』（慧文社，平成23年）

解説 悪臭防止法 上巻

2017年10月30日初版第1刷発行

著　者：村頭 秀人
発行者：中野 淳
発行所：株式会社 慧文社
〒174-0063
東京都板橋区前野町4-49-3
〈TEL〉03-5392-6069
〈FAX〉03-5392-6078
E-mail:info@keibunsha.jp
http://www.keibunsha.jp/
印刷所：慧文社印刷部
製本所：東和製本株式会社
ISBN978-4-86330-186-3